中文版

Maya 2016
实用教程

时代印象　编著

人民邮电出版社
北京

图书在版编目（CIP）数据

中文版Maya 2016实用教程 / 时代印象编著. -- 北
京：人民邮电出版社，2021.2（2023.6重印）
ISBN 978-7-115-53653-2

Ⅰ. ①中… Ⅱ. ①时… Ⅲ. ①三维动画软件—教材
Ⅳ. ①TP391.414

中国版本图书馆CIP数据核字(2020)第230935号

内 容 提 要

　　这是一本全面介绍中文版 Maya 2016 基本功能及实际运用的书，包含 Maya 的建模、灯光、摄影机、纹理、材质、渲染、动画、动力学、流体、布料和 Bifrost 等技术。本书针对零基础读者编写，是读者快速、全面掌握 Maya 2016 的实用参考书。

　　本书以 Maya 的各种重要技术为主线，对每个技术板块的重点内容进行细分介绍，并安排合适的课堂案例，帮助读者快速上手，熟悉软件功能和制作思路。另外，第 1～13 章的最后都安排了课后习题，这些课后习题都是有针对性的案例，读者可以根据制作提示或结合视频进行练习。

　　本书附带学习资源，内容包括课堂案例、综合实例和课后习题的场景文件（Scenes 文件夹）、实例文件（Examples 文件夹），以及教学 PPT 课件和在线教学视频。这些学习资源文件可在线获取，具体方法请参看本书前言。

　　本书适合作为院校艺术专业和培训机构相关课程的教材，也可以作为 Maya 自学人士的参考用书。请读者注意，本书所有内容均是基于中文版 Maya 2016 版本编写的。

◆ 编　　著　　时代印象
　　责任编辑　　张丹丹
　　责任印制　　马振武

◆ 人民邮电出版社出版发行　　北京市丰台区成寿寺路 11 号
　　邮编　100164　　电子邮件　315@ptpress.com.cn
　　网址　https://www.ptpress.com.cn
　　固安县铭成印刷有限公司印刷

◆ 开本：787×1092　1/16
　　印张：19.75　　　　　　　　　　2021 年 2 月第 1 版
　　字数：565 千字　　　　　　　　2023 年 6 月河北第 4 次印刷

定价：59.80 元

读者服务热线：(010)81055410　印装质量热线：(010)81055316
反盗版热线：(010)81055315
广告经营许可证：京东市监广登字 20170147 号

前　言

　　Autodesk Maya是一款应用比较广泛的三维动画软件，其功能强大，从诞生以来就一直受到CG艺术家的喜爱。Maya在模型塑造、场景渲染、动画及特效等方面都有突出表现，能制作出高品质的对象，这也使其在影视特效制作中占据重要地位。

　　目前，我国很多院校和培训机构的艺术专业，都将Maya作为一门重要的专业课程。为了帮助院校和培训机构的教师能够比较全面、系统地讲授这门课程，也为了帮助读者能够熟练地使用Maya进行角色制作和动画制作，时代印象组织从事Maya教学的教师及动画设计师共同编写了本书。

　　我们对本书的编写体例做了精心的设计，按照"软件功能解析→课堂案例→课后习题"这一思路进行编排，力求通过软件功能解析使读者深入学习软件功能和制作技巧，通过课堂案例演练使读者能够快速熟悉软件功能和设计思路，通过课后习题拓展读者的实际操作能力。在内容编写方面，我们力求通俗易懂、细致全面；在文字叙述方面，我们注意言简意赅、突出重点；在案例选取方面，我们强调案例的针对性和实用性。

　　本书的参考学时为72学时，其中讲授环节为44学时，实训环节为28学时，各章的参考学时如下表所示。

章	课程内容	学时分配	
		讲授	实训
第1章	认识Maya 2016	2	2
第2章	多边形建模技术	6	2
第3章	NURBS建模技术	6	2
第4章	变形工具	2	2
第5章	灯光技术	2	2
第6章	摄影机技术	2	2
第7章	纹理技术	2	2
第8章	材质与渲染技术	6	2
第9章	绑定技术	2	2
第10章	动画技术	2	2
第11章	动力学与流体	6	2
第12章	布料与毛发	2	2
第13章	Bifrost	2	2
第14章	综合实例	2	2
学时总计		44	28

　　本书中安排了课堂案例、综合实例和课后习题，凡是难易指数为3颗星以上的案例，都是比较难的，读者需要仔细领会，并认真学习，务必做到完全掌握。

本书中还有很多"技巧与提示"，这是一些需要注意的技术问题。不要小看这些"技巧与提示"，它们在实际工作中都很有用，能起到很好的辅助作用。

本书的版面结构如下图所示。

课堂案例：通过案例讲解，读者可以掌握本章知识要点，学以致用。

综合实例：综合实例是较难的综合型功能应用案例，读者必须仔细领会，并多加练习，才能做到完全掌握。

课后习题：读者通过练习，可以巩固前面学过的重要知识点。

技巧与提示：对软件的使用技巧及在案例制作过程中的难点进行提示。

本书附带学习资源，内容包括课堂案例、综合实例和课后习题的场景文件、实例文件，以及教学PPT课件和在线教学视频。其中，场景文件、实例文件和PPT课件均可在线获取，教学视频需在线观看。扫描"资源获取"二维码，关注"数艺设"的微信公众号，即可得到资源文件获取方式。如需资源获取技术支持，请致函szys@ptpress.com.cn。在学习的过程中，如果遇到问题，欢迎您与我们交流，客服邮箱：press@iread360.com。

资源获取

时代印象
2020年8月

目 录

第1章

认识Maya 2016

本章将带领读者进入Maya 2016的神秘世界。本章先简单介绍了Maya 2016的历史与应用领域，然后系统介绍了Maya 2016的工作界面组成及各种基本工具、组件的作用与使用方法。通过对本章的学习，读者可以对Maya 2016有个基本的认识，同时掌握其基本工具的使用方法。

课堂学习目标

了解Maya的历史与应用领域

掌握Maya界面元素和视图的操作方法

掌握Maya基本变换工具的使用方法

掌握Maya复制对象的方法

1.1 Maya 2016简介

Autodesk Maya是一款应用比较广泛的三维动画软件，其功能强大，从诞生以来就一直受到CG艺术家们的喜爱。

在Maya推出以前，三维动画软件大部分都应用于SGI工作站上，很多强大的功能只能在工作站上完成，而Alias公司推出的Maya采用了Windows NT作为作业系统的PC工作站，从而降低了制作要求，使操作更加简便，这样也促进了三维动画软件的普及。Maya继承了Alias所有的工作站级优秀软件的特性，界面简洁合理，操作快捷方便。

2005年10月，Autodesk公司收购了Alias公司，Maya的功能也发生了很大的变化。

作为优秀的三维动画软件，Maya在建模、渲染、动画和特效等方面的功能都比较强大。例如，在影视特效制作领域，使用Maya可以制作出逼真的角色效果，如图1-1所示。快捷的工作流程和批量化的生产也使Maya成为游戏行业不可缺少的软件工具，使用Maya制作的游戏画面如图1-2所示。

图1-1

图1-2

1.2 Maya 2016的工作界面

安装好Maya 2016以后，可以通过以下两种方式启动Maya 2016。

第1种：双击桌面上的快捷图标 。

第2种：执行"开始>所有程序>Autodesk>Autodesk Maya 2016"命令，如图1-3所示。

图1-3

Maya 2016的启动画面如图1-4所示。相比前几个版本，Maya 2016的启动画面的尺寸增大了不少。

图1-4

启动完成后将进入Maya 2016的操作界面，如图1-5所示。Maya 2016的操作界面由标题栏、菜单栏、状态栏、工具架、工具箱、工作区、通道盒/层编辑器、动画控制区、命令栏和帮助栏组成。

图1-5

1.2.1 标题栏

标题栏用于显示文件的一些相关信息，如当前使用的软件版本、文件保存目录和文件名等，如图1-6所示。

图1-6

1.2.2 菜单栏

菜单栏包含了Maya所有的命令和工具。因为Maya的命令非常多，无法在同一个菜单栏中显示出来，所以Maya采用模块化的显示方法，除了9个公共菜单命令外，其他的菜单命令都归纳在不同的模块中，这样菜单结构就一目了然了。例如，"动画"模块的菜单栏可以分为两个部分，分别是公共菜单和动画菜单，如图1-7所示。

图1-7

1.2.3 状态栏

状态栏中主要是一些常用的视图操作按钮，如模块选择器、选择模式、捕捉开关和编辑器开关等，如图1-8所示。

图1-8

1.模块选择器

模块选择器主要用来切换Maya的功能模块，从而改变菜单栏上相对应的命令，共有5个模块，分别是"建模"模块、"装备"模块、"动画"模块、"FX"模块和"渲染"模块。在5个模块下面的"自定义"模块，主要用于自定义菜单栏，如图1-9所示。制作一个符合自己习惯的菜单组可以大大提高工作效率。按F2~F6键可以切换相对应的模块。

图1-9

2.场景管理

场景管理的工具包含3个，分别是"创建新场景"■、"打开场景"■和"保存当前场景"■。

【场景管理工具介绍】

创建新场景■：对应"文件>新建场景"菜单命令，用于创建新场景。

打开场景■：对应"文件>打开场景"菜单命令，用于打开场景文件。

保存当前场景■：对应"文件>保存场景"菜单命令，用于保存场景文件。

> **技巧与提示**
> 新建场景、打开场景和保存场景对应的快捷键分别是Ctrl+N、Ctrl+O和Ctrl+S。

3.选择模式

选择模式的工具包含4个，分别介绍如下。

【选择模式工具介绍】

选择模式菜单 对象 ：设置可以使用"选择工具"■选择哪些组件类型。

按层级和组合选择■：可以选择成组的物体。

按对象类型选择■：使选择的对象处于物体级别，在此状态下，后面选择的遮罩将显示物体级别下的遮罩工具。

按次组件类型选择■：举例说明，在Maya中创建一个多边形球体，这个球体是由点、线、面构成的，这些点、线、面就是次物体级别，可以通过这些点、线、面再次对创建的对象进行编辑。

4.捕捉开关

捕捉开关的工具包含6个，分别介绍如下。

【捕捉开关工具介绍】

捕捉到栅格■：将对象捕捉到栅格上。当激活该按钮时，可以将对象在栅格点上进行移动。快捷键为X键。

捕捉到曲线■：将对象捕捉到曲线上。当激活该按钮时，操作对象将被捕捉到指定的曲线上。快捷键为C键。

捕捉到点■：将选择对象捕捉到指定的点上。当激活该按钮时，操作对象将被捕捉到指定的点上。快捷键为V键。

捕捉到投影中心■：启用该按钮后，将对象（关节、定位器）捕捉到选定网格或NURBS曲面的中心。

激活选定对象■：将选定的曲面转化为激活的曲面。

捕捉到视图平面■：将对象捕捉到视图平面上。

5.渲染工具

渲染工具包含4个，分别介绍如下。

【渲染工具介绍】

打开渲染视图■：单击该按钮，可打开"渲染视图"，如图1-10所示。

图1-10

14

渲染当前帧（Maya软件）：单击该按钮，可以渲染当前所在帧的静帧画面。

IPR渲染当前帧（Maya软件）：一种交互式操作渲染，其渲染速度非常快，一般用于测试渲染灯光和材质。

显示"渲染设置"窗口（Maya软件）：单击该按钮，可以打开"渲染设置"对话框，如图1-11所示。

图1-11

6.编辑器开关

编辑器开关的工具包含4个，分别介绍如下。

【编辑器开关工具介绍】

显示/隐藏建模工具包：单击该按钮，可以打开或关闭"建模工具包"面板。

显示/隐藏属性编辑器：单击该按钮，可以打开或关闭"属性编辑器"面板。

显示/隐藏工具设置：单击该按钮，可以打开或关闭"工具设置"面板。

显示/隐藏通道盒/层编辑器：单击该按钮，可以打开或关闭"通道盒/层编辑器"面板。

1.2.4　工具架

工具架在状态栏的下面，如图1-12所示。

图1-12

Maya的工具架非常有用，它集合了Maya各个模块下的常用命令，并以图标的形式分类显示在工具架上。这样，每个图标就相当于相应命令的快捷链接，只需要单击该图标，就等同于执行相应的命令。

工具架分上、下两部分，上面一层被称为标签栏，标签栏下方放置图标的一栏被称为工具栏。标签栏上的每一个标签都有文字，每个标签实际对应着Maya的一个功能模块，如"多边形"标签下的图标集合对应的就是多边形建模的相关命令，如图1-13所示。

图1-13

单击工具架左侧的"更改显示哪个工具架选项卡"按钮，在打开的菜单中选择"自定义"命令，可以自定义一个工具架，如图1-14所示。这样可以将常用的工具放在工具架中，形成一套自己的工作方式，同时还可以单击"更改显示哪个工具架选项卡"按钮下的"用于修改工具架的项目菜单"按钮，在打开的菜单中选择"新建工具架"命令，如图1-15所示，这样可以新建一个工具架。

图1-14　　　　　　　图1-15

1.2.5　工具箱

Maya 2016的工具箱在整个界面的左侧，这里集合了选择、移动、旋转和缩放等常用变换工具，如图1-16所示。

选择工具
套索工具
绘制选择工具
移动工具
旋转工具
缩放工具

图1-16

技巧与提示

工具箱中的工具相当重要,其具体作用将在下面的内容以及后面的案例中进行详细讲解。

工具箱的下方还有一排控制视图显示样式的快速布局按钮,如图1-17所示。

单个透视图
四个透视图
透视/大纲视图
透视/曲线图
Hypershade/透视
透视/曲线图/Hypershade
模型视图
进入主题

图1-17

技巧与提示

Maya将一些常用的视图布局集成为这些按钮,通过单击这些按钮,可快速切换各个视图。如果单击第1个按钮,就可以快速切换到单一的透视图,单击第2个按钮则是快速切换到四视图,其他几个按钮是Maya内置的几种视图布局,用来配合在不同模块下工作。

1.2.6 工作区

Maya的工作区是作业的主要活动区域,大部分工作都在这里完成,图1-18所示的是一个透视图的工作区。

视图菜单　　视图快捷栏　　视图导航器

世界坐标　　视图名称

图1-18

技巧与提示

Maya中所有的建模、动画、渲染都需要通过这个工作区来进行观察,可以形象地将工作区理解为一台摄影机,摄影机从空间45°来监视Maya的场景运作。

默认情况下,工作区中的内容会以Viewport 2.0模式显示,并且工作区不显示"视图导航器"。展开工作区中的"渲染器"菜单,如图1-19所示。选择"旧版默认视口"或"旧版高质量视口",可显示"视图导航器",效果如图1-20所示。

图1-19

图1-20

1.2.7 通道盒/层编辑器

"通道盒/层编辑器"位于界面的右侧,"通道盒"位于上部,而"层编辑器"位于下部。

1.通道盒

通道盒用来访问对象的节点属性,如图1-21所示。通过它可以方便地修改节点的属性,单击鼠标右键,会打开一个快捷菜单,通过这个菜单可以方便地为节点属性设置动画。

选择对象的名称
对象属性
输入节点
对象参数

图1-21

技巧与提示

图1-21中的"通道盒"只列出了部分常用的节点属性，而完整的节点属性需要在"属性编辑器"面板中进行修改。

【通道盒属性介绍】

通道：该菜单包含设置动画关键帧、表达式等属性的命令，与在对象属性上单击鼠标右键打开的菜单一样，如图1-22所示。

图1-22

编辑：该菜单主要用来编辑"通道盒"中的节点属性。

对象：该菜单主要用来显示选择对象的名称。对象属性中的节点属性都有相应的参数，如果需要修改这些参数，可以选中这些参数后直接输入要修改的参数值，然后按Enter键即可。拖曳鼠标选出一个范围，可以同时改变多个参数，也可以在按住Shift键的同时选中这些参数，再对其进行相应的修改。

显示：该菜单主要用来显示"通道盒"中的对象节点属性。

技巧与提示

有些参数设置框用"启用"和"关闭"来表示开关属性，在改变这些属性时，可以用0和1来代替，1表示"启用"，0表示"关闭"。

另外还有一种修改参数属性的方法。先选中要改变的属性前面的名称，然后用鼠标中键在视图中拖曳光标，就可以改变其参数值。单击 ⚡ 按钮，将其变成 ⚡ 按钮，此时就关闭了鼠标中键的上述功能，再次单击 ⚡ 按钮会出现 ⚡ 🌙 📊3个按钮。⚡ 按钮表示再次启用鼠标中键改变属性功能；🌙 按钮表示用鼠标中键拖曳光标时属性变化的快慢，📊 按钮的绿色部分越多，表示变化的速度越快；📊 按钮表示变化速度成直线方式变化，也就是说变化速度是均匀的，再次单击它会变成 📊 按钮，表示变化速度成加速度增长。如果要还原到默认状态，可再次单击 ⚡ 按钮。

2.层编辑器

层编辑器主要用来管理场景对象。Maya中的层有3种类型，分别是显示层、渲染层和动画层，如图1-23所示。

图1-23

【3种类型的层介绍】

显示：用于组织场景中的对象，以便同时显示、隐藏或编辑这些对象，如图1-24所示。

图1-24

渲染：可以设置渲染的属性，通常所说的"分层渲染"就在这里设置，如图1-25所示。

动画：可以对动画设置层，如图1-26所示。

图1-25　　　　　　图1-26

单击 ▨ 按钮,可以打开"编辑层"对话框,如图1-27所示。在该对话框中可以设置层的名称、颜色、是否可见和是否使用模板等,设置完毕后单击"保存"按钮 ▨ 保存 ▨ ,可以保存修改的信息。

图1-27

1.2.8 动画控制区

动画控制区主要用来制作动画,可以方便地进行关键帧的调节。在这里可以手动设置节点属性的关键帧,也可以自动设置关键帧,同时也可以设置播放起始帧和结束帧等,如图1-28所示。

设置动画的开始时间　　设置播放范围的结束时间　　设置当前时间
　设置动画范围的开始时间　　　　设置动画的结束时间　　自动关键帧切换
　　　　时间范围滑块

图1-28

动画控制区中的相关工具将在后面的动画章节中进行详细介绍。

1.2.9 命令栏

命令栏是用来输入Maya的MEL命令或脚本命令的地方,如图1-29所示。Maya的每一步操作都有对应的MEL命令,所以Maya的操作也可以通过命令栏来实现。

命令输入栏　　　　　错误提示栏　　　　　脚本编辑器

图1-29

1.2.10 帮助栏

帮助栏是向用户提供帮助的地方,用户可以通过它得到一些简单的帮助信息,给学习带来很大的方便。当把光标放在相应的命令或按钮上时,帮助栏中都会显示出相关的说明,如图1-30所示。在旋转或移动视图时,帮助栏里会显示相关坐标信息,给用户直观的数据信息,这样可以大大提高操作精度。

图1-30

1.2.11 视图快捷栏

视图快捷栏位于视图上方，通过它可以便捷地设置视图中的摄影机等对象，如图1-31所示。

图1-31

【视图快捷栏工具介绍】

选择摄影机 ：选择当前视图中的摄影机。

摄影机属性 ：打开当前摄影机的属性面板。

书签 ：创建摄影机书签。直接单击即可创建一个摄影机书签。

图像平面 ：可在视图中导入一张图片，作为建模的参考，如图1-32所示。

图1-32

二维平移/缩放 ：使用2D平移/缩放视图。

油性铅笔 ：可使用虚拟绘制工具在屏幕上绘制。

栅格 ：显示或隐藏栅格。

胶片门 ：可以对最终渲染的图片尺寸进行预览。

分辨率门 ：用于查看渲染的实际尺寸，如图1-33所示。

门遮罩 ：在渲染视图两边的外面将颜色变暗，以便于观察。

区域图 ：用于打开区域图的网格，如图1-34所示。

图1-33　　　　　　　图1-34

安全动作 ：在电子屏幕中，图像安全框以外的部分将不可见，如图1-35所示。

安全标题 ：如果字幕超出字幕安全框（即安全标题框），就会产生扭曲变形的现象，如图1-36所示。

图1-35　　　　　　　图1-36

线框 ：以线框方式显示模型，快捷键为4，如图1-37所示。

对所有项目进行平滑着色处理 ：将全部对象以默认材质的实体方式显示在视图中，可以很清楚地观察到对象的外观造型，快捷键为5，如图1-38所示。

图1-37　　　　　　　图1-38

使用默认材质 ：启用该选项后，如果处于着色模式，则对象上会显示默认着色材质，不管指定何种着色材质都是如此。还可以通过从面板菜单选择"着色>使用默认材质"来切换"使用默认材质"的显示。

着色对象上的线框 ：以模型的外轮廓显示线框，在实体状态下才能使用，如图1-39所示。

带纹理 ：用于显示模型的纹理贴图效果，如图1-40所示。

图1-39　　　　　　　图1-40

使用所有灯光 ：如果使用了灯光，单击该按钮，可以在场景中显示灯光效果，如图1-41所示。

图1-41

阴影 🔘：显示阴影效果，图1-42和图1-43所示的是没有使用阴影与使用阴影的效果对比。

图1-42　　　　　　　　图1-43

屏幕空间环境光遮挡 🔘：在开启和关闭"屏幕空间环境光遮挡"之间进行切换。

运动模糊 🔘：在开启和关闭"运动模糊"之间进行切换。

多采样抗锯齿 🔘：在开启和关闭"多采样抗锯齿"之间进行切换。

景深 🔘：在开启和关闭"景深"之间进行切换。若要在视口中查看景深，要先在摄影机属性编辑器中启用"景深"功能。

隔离选择 🔘：选定某个对象以后，单击该按钮，则只在视图中显示这个对象，而没有被选择的对象将被隐藏。再次单击该按钮，可以恢复所有对象的显示。

X射线显示 🔘：以X射线方式显示物体的内部，如图1-44所示。

X射线显示活动组件 🔘：单击该按钮，可以激活X射线成分模式。该模式可以帮助用户确认是否意外选择了不想要的组分。

X射线显示关节 🔘：在创建骨骼的时候，该模式可以显示模型内部的骨骼，如图1-45所示。

图1-44　　　　　　　　图1-45

曝光 🔘 0.00：调整显示亮度。通过减小曝光，可查看默认在高光下看不见的细节，如图1-46所示。

图1-46

Gamma 🔘 1.00：调整要显示的图像的对比度和中间调亮度。增加 Gamma 值，可查看图像阴影部分的细节，如图1-47所示。

图1-47

视图变换 🔘 sRGB gamma ▾：控制从用于显示的工作颜色空间转化颜色的视图变换。

1.3　视图的各种操作

在Maya的视图中，可以很方便地对视图进行旋转、缩放和移动等操作，每个视图实际上都是一台摄影机，对视图的操作也就是对摄影机的操作。

Maya里有两大类摄影机视图：一种是透视摄影机，也就是透视图，随着距离的变化，物体大小也会随着变化；另一种是平行摄影机，这类摄影机里只有平行光线，不会有透视变化，其对应的视图为正交视图，如顶视图和前视图。

1.3.1　视图的基本操作

1.旋转视图

对视图的旋转操作只针对透视摄影机类型的视图，因为正交视图中的旋转功能是被锁定的。

技巧与提示

可使用Alt+鼠标左键对视图进行旋转操作。若想让视图在以水平方向或垂直方向为轴心的单方向上旋转，可以使用Shift+Alt+鼠标左键，来完成水平或垂直方向上的旋转操作。

2.移动视图

在Maya中，移动视图实质上就是移动摄影机。

技巧与提示

可使用Alt+鼠标中键来移动视图。同时，也可以使用Shift+Alt+鼠标中键在水平或垂直方向上进行移动操作。

3.缩放视图

缩放视图可以将场景中的对象进行放大或缩小显示，实质上就是改变视图摄影机与场景对象的距离，可以将视图的缩放操作理解为对视图摄影机的操作。

技巧与提示

可使用Alt+鼠标右键或Alt+鼠标左键+鼠标中键对视图进行缩放操作。用户也可以使用Ctrl+Alt+鼠标左键框选出一个区域，使该区域放大到最大。

4.使选定对象最大化显示

在选定某个对象的前提下，可以使用F键使选择对象在当前视图最大化显示。最大化显示的视图是根据光标所在位置来判断的，将光标放在想要放大的区域内，再按F键就可以将选择的对象最大化显示在视图中。

技巧与提示

使用快捷键Shift+F可以一次性将全部视图进行最大化显示。

5.使场景中所有对象最大化显示

按A键可以将当前场景中的所有对象全部最大化显示在一个视图中。

技巧与提示

使用快捷键Shift+A可以将场景中的所有对象全部显示在所有视图中。

课堂案例

视图的操作

场景位置	Scenes>CH01>1-1.mb
实例位置	无
难易指数	★☆☆☆☆
技术掌握	切换和使用视图的方法

01 执行"文件>打开场景"菜单命令，打开"打开"对话框，然后选择学习资源中的"Scenes>CH01>1-1.mb"文件，接着单击"打开"按钮，如图1-48所示。场景打开后，场景效果如图1-49所示。

图1-48

图1-49

02 按住Alt键，然后按住鼠标左键拖曳鼠标，即可旋转视图，如图1-50所示。

图1-50

03 按住Alt键，然后按住鼠标滚轮拖曳鼠标，即可移动视图，如图1-51所示。

图1-51

04 按住Alt键，然后按住鼠标右键拖曳鼠标，可以缩放视图，如图1-52所示。

图1-52

05 单击Space（空格）键，视图变为4个部分，分别为上视图、透视图、前视图、右视图，如图1-53所示。将光标移动到任一视图中，再单击Space键，即可切换到相应的视图。

图1-53

1.3.2 书签编辑器

在操作视图时，如果对当前视图的角度非常满意，可以执行视图菜单中的"视图>书签>编辑书签"命令，打开"书签编辑器"对话框，如图1-54所示，然后在该对话框中记录下当前的角度。

图1-54

【常用参数介绍】

名称： 当前使用的书签名称。

描述： 对当前书签输入相应的说明，也可以不填写。

应用 应用 ：将当前视图的角度改变成当前书签的角度。

添加到工具架 添加到工具架 ：将当前所选书签添加到工具架上。

新建书签 新建书签 ：将当前摄影机角度记录成书签，这时系统会自动创建一个名字cameraView1、cameraView2、cameraView3……（数字依次增加），创建后可以再次修改名字。

新建二维书签 新建二维书签 ：创建一个2D书签，可以应用当前的平移/缩放设置。

删除 删除 ：删除当前所选择的书签。

技巧与提示

Maya在默认状态下带有几个特殊角度的书签，可以方便用户直接切换到这些角度，在视图菜单的"视图>预定义书签"命令下，分别是透视、前、顶、右侧、左侧、后和底，如图1-55所示。

图1-55

1.3.3 视图导航器

Maya提供了一个非常实用的视图导航器，如图1-56所示。在视图导航器上可以任意选择想要的特殊角度。

图1-56

视图导航器的参数可以在"首选项"对话框里进行修改。执行"窗口>设置/首选项>首选项"菜单命令，打开"首选项"对话框，在左边选择ViewCube选项，显示出视图导航器的设置选项，如图1-57所示。

图1-57

【常用参数介绍】

显示ViewCube：选择该选项后，可以在视图中显示出视图导航器。

屏幕上的位置：设置视图导航器在屏幕中的位置，共有"右上""右下""左上"和"左下"这4个位置。

ViewCube大小：设置视图导航器的大小，共有"大""正常"和"小"这3种。

非活动不透明度：设置视图导航器的不透明度。

在ViewCube下显示指南针：选择该选项后，可以在视图导航器下面显示出指南针，如图1-58所示。

图1-58

正北角度：设置视图导航器的指南针的角度。

技巧与提示

在执行错误的视图操作后，可以执行视图菜单中的"视图>上一个视图"或"下一视图"命令恢复到相应的视图中。执行"默认视图"命令则可以恢复到Maya启动时的初始视图状态。

1.3.4 摄影机工具

对视图的旋转、移动和缩放等操作都有与之相对应的命令，全部都集中在"视图"菜单下的"摄影机工具"菜单中，如图1-59所示。

图1-59

1.3.5 视图布局

视图布局也就是展现在前面的视图分布结构，良好的视图布局有利于提高工作效率。在视图菜单中的"面板"菜单下是一些调整视图布局的命令，如图1-60所示。

图1-60

【面板菜单介绍】

透视：用于创建新的透视图或者选择其他透视图。

立体：用于将视图更改为立体模式，或新建立体摄影机。已创建的所有立体摄影机以及已注册的所有自定义装备都列入了子菜单。

正交：用于创建新的正交视图或者选择其他正交视图。

沿选定对象观看：通过选择的对象来观察视图，该命令可以以选择对象的位置为视点来观察场景。

面板：该命令里面存放了一些编辑对话框，可以通过它来打开相应的对话框。

Hypergraph面板：用于切换"Hypergraph层次"视图。

布局：该菜单中存放了一些视图的布局命令。

保存的布局：这是Maya的一些默认布局，和左侧"工具箱"内的布局一样，可以很方便地切换到想要的视图。

撕下：将当前视图作为独立的对话框分离出来。

撕下副本：将当前视图复制一份出来，作为独立对话框。

面板编辑器：如果对Maya所提供的视图布局不满意，可以在这里编辑出想要的视图布局。

技巧与提示

如果场景中创建了摄影机，可以通过"面板>透视"菜单中相应的摄影机名字来切换到对应的摄影机视图，也可以通过"沿选定对象观看"命令来切换到摄影机视图。"沿选定对象观看"命令不只限于将摄影机切换作为观察视点，还可以将所有对象作为视点来观察场景，因此常使用这种方法来调节灯光，可以很直观地观察到灯光所照射的范围。

1.3.6 面板对话框

面板对话框主要用来编辑视图布局，打开面板对话框的方法主要有以下4种。

第1种：执行"窗口>保存的布局>编辑布局"菜单命令。

第2种：执行"窗口>设置/首选项>面板编辑器"菜单命令。

第3种：执行视图菜单中的"面板>保存的布局>编辑布局"命令。

第4种：执行视图菜单中的"面板>栏目编辑器"命令。

打开的"面板"对话框如图1-61所示。

图1-61

【面板对话框的选项卡介绍】

面板：显示已经存在的面板，与"视图>面板"菜单里面的各类选项相对应。

新建面板：用于创建新的栏目。

布局：显示现在已经保存的布局和创建新的布局，并且可以改变布局的名称。

编辑布局：该选项卡下的"配置"选项主要用于设置布局的结构，"内容"选项主要用于设置栏目的内容。

历史：设置历史记录中储存的布局，可以通过"历史深度"选项来设置历史记录的次数。

1.3.7 视图显示

Maya强大的显示功能为操作复杂场景时提供了有力的帮助。在操作复杂场景时，Maya会消耗大量的资源，这时可以通过使用Maya提供的不同显示方式来提高运行速度，在视图菜单中的"着色"菜单中有各种显示命令，如图1-62所示。

图1-62

【着色菜单命令介绍】

线框：将模型以线框的形式显示在视图中。多边形以多边形网格方式显示出来，NUBRS曲面以等位结构线的方式显示在视图中。

对所有项目进行平滑着色处理：将全部对象以默认材质的实体方式显示在视图中，可以很清楚地观察到对象的外观造型。

对选定项目进行平滑着色处理：将选择的对象以平滑实体的方式显示在视图中，其他对象以线框的方式显示。

对所有项目进行平面着色：这是一种实体显示方式，但模型会出现很明显的轮廓，显得不平滑。

对选定项目进行平面着色：将选择的对象以不平滑的实体方式显示出来，其他对象都以线框的方式显示出来。

边界框：将对象以一个边界框的方式显示出来，这种显示方式相当节约资源，是操作复杂场景时不可缺少的功能。

点：以点的方式显示场景中的对象。

使用默认材质：以初始的默认材质来显示场景中的对象，当使用对所有项目进行平滑着色处理等实体显示方式时，该功能才可用。

着色对象上的线框：如果模型处于实体显示状态，该功能可以让实体周围以线框围起来的方式显示出来，相当于线框与实体显示的结合体。

X射线显示：将对象以半透明的方式显示出来，可以通过该方法观察到模型背面的物体。

X射线显示关节：该功能在架设骨骼时使用，可以透过模型清楚地观察到骨骼的结构，以方便调整骨骼。

X射线显示活动组件：是一个新的实体显示模式，可以在视图菜单中的面板菜单中设置实体显示物体之上的组分。该模式可以帮助用户确认是否意外选择了不想要的组分，如图1-63所示。

图1-63

交互式着色：在操作的过程中将对象以设定的方式显示在视图中，默认状态下是以线框的方式显示。例如在实体的显示状态下旋转视图时，视图里的模型将会以线框的方式显示出来；当结束操作时，模型又会回到实体显示状态。可以通过后面的██按钮打开"交互式着色选项"对话框，在该对话框中可以设置在操作过程中的显示方式，如图1-64所示。

图1-64

背面消隐：将对象法线反方向的物体以透明的方式显示出来，而法线方向正常显示。

平滑线框：以平滑线框的方式将对象显示出来。

主菜单里的"显示>对象显示"菜单下提供了一些控制单个对象的显示方式，如图1-65所示。

图1-65

【对象显示菜单命令介绍】

模板/取消模板："模板"是将选择的对象以线框模板的方式显示在视图中，可以用于建立模型的参照；执行"取消模板"命令可以关闭模板显示。

边界框/无边界框："边界框"是将对象以边界框的方式显示出来；执行"无边界框"命令可以恢复正常显示。

几何体/无几何体："几何体"是以几何体的方式显示对象；执行"无几何体"命令可以隐藏对象。

快速交互：在交互操作时将复杂的模型简化并暂时取消纹理贴图的显示，以加快显示速度。

1.3.8 灯光照明方式

在视图菜单的"照明"菜单中提供了一些灯光的显示方式，如图1-66所示。

图1-66

【照明菜单命令介绍】

使用默认照明：使用默认的灯光来照明场景中的对象。

使用所有灯光：使用所有灯光照明场景中的对象。

使用选定灯光：使用选择的灯光来照明场景。

不使用灯光：不使用任何灯光对场景进行照明。

双面照明：开启该选项时，模型的背面也会被灯光照亮。

> **技巧与提示**
>
> Maya提供了一些快捷键来快速切换显示方式，大键盘上的数字键4、5、6、7分别为网格显示、实体显示、材质显示和灯光显示。
>
> Maya的显示过滤功能可以将场景中的某一类对象暂时隐藏，以方便观察和操作。在视图菜单中的"显示"菜单下取消相应的选项，就可以隐藏与之相对应的对象。

1.4 编辑对象

在Maya中，如果想要编辑对象，就必须先掌握各种最基本的变换操作，如移动对象、缩放对象和旋转对象等。

1.4.1 工具释义

工具箱中的工具是Maya提供变换操作的最基本工具，这些工具非常重要，在实际工作的使用频率相当高，如图1-67所示。

图1-67

【工具介绍】

　　选择工具█：用于选取对象。

　　套索工具█：可以在一个范围内选取对象。

　　绘制选择工具█：以画笔的形式选取对象。

　　移动工具█：用来移动对象。

　　旋转工具█：用来旋转对象。

　　缩放工具█：用来缩放对象。

1.4.2 移动对象

　　移动对象是在三维空间坐标系中将对象进行移动操作，移动操作的实质就是改变对象在x轴、y轴、z轴的位置。在Maya中分别以红、绿、蓝来表示x轴、y轴、z轴，如图1-68所示。

图1-68

🏃 **技巧与提示**

　　拖曳相应的轴向手柄可以在该轴向上移动。单击某个手柄就可以选中相应的手柄，并且可以用鼠标中键在视图的任何位置拖曳鼠标以达到移动的目的。

　　按住Ctrl键的同时拖曳某一手柄，可以在与该手柄垂直的平面上进行移动操作。例如，按住Ctrl+鼠标左键的同时拖曳y轴手柄，可以在xz平面上移动。

　　中间的黄色控制手柄是在平行视图的平面上移动。在透视图中，这种移动方法很难控制物体的移动位置，一般情况下都在正交视图中使用这种方法，因为在正交视图中不会影响操作效果，或者在透视图中配合Shift+鼠标中键拖曳鼠标，也可以约束对象在某一方向上移动。

1.4.3 旋转对象

　　同移动对象一样，旋转对象也有自己的操纵器，x轴、y轴、z轴也分别用红、绿、蓝来表示，如图1-69所示。

图1-69

🏃 **技巧与提示**

　　"旋转工具"█可以将物体围绕任意轴向进行旋转操作。拖曳红色线圈表示将物体围绕x轴进行旋转；拖曳中间空白处可以在任意方向上进行旋转，同样也可以通过鼠标中键在视图中的任意位置拖曳鼠标进行旋转。

1.4.4 缩放对象

　　在Maya中可以将对象进行缩放操作，缩放操纵器的红、绿、蓝分别代表x轴、y轴、z轴，如图1-70所示。

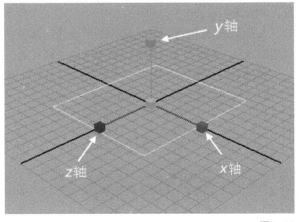

图1-70

选择x轴手柄并拖曳鼠标，可以在x轴向上进行缩放操作，也可以先选择x轴手柄，然后用鼠标中键在视图的任意位置拖曳鼠标进行缩放操作。使用鼠标中键拖曳手柄可以将对象在三维空间中进行等比例缩放。

以上操作方法是直接拖曳手柄来将对象进行编辑操作，当然还可以设置数值来对物体进行精确的变形操作。

1.4.5 复制对象

在Maya中，关于复制有多个命令，每种命令都有各自的特点，如图1-71所示。

图1-71

1.复制

执行该命令后，会生成并选中新的对象，新对象与源对象完全重合。

2.特殊复制

单击"编辑>特殊复制"后的设置按钮▣，打开"特殊复制选项"面板，如图1-72所示。

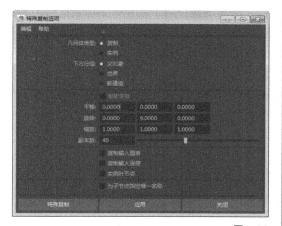

图1-72

【常用参数介绍】

几何体类型：用于选择希望如何复制选定对象。

复制：创建要被复制的几何体副本。

实例：创建要被复制的几何体实例。创建实例时，并不是创建选定几何体的实际副本。相反，Maya会重新显示实例化的几何体。

下方分组：将对象分组到以下对象下。

父对象：将选定对象分组到层次中的最低公用父对象之下。

世界：将选定对象分组到世界（层次顶级）下。

新建组：为副本新建组节点。

智能变换：启用该选项以后，当复制和变换对象的单一副本或实例时（无须更改选择），Maya可将相同的变换应用到选定副本的全部后续副本中。

平移/旋转/缩放：为x轴、y轴和z轴指定偏移值。Maya将这些值应用到复制的几何体上。可以定位、缩放或旋转对象，就如Maya复制对象一样。

注意，"平移"和"旋转"选项的默认值是0，"缩放"选项的默认值是1。采用默认值，Maya会将副本置于原始几何体之上。可以指定"平移""旋转"和"缩放"的偏移值，以将这些值应用到复制的几何体上。

副本数：指定要创建的副本数，取值范围从1~1000。

复制输入图表：启用该选项后，可以强制对全部引导到选定对象的上游节点进行复制。上游节点是指为选定节点提供内容的所有相连节点。

复制输入连接：启用该选项后，除了复制选定节点以外，也会为选定节点提供内容的相连节点进行复制。

实例叶节点：对除了叶节点之外的整个节点层次进行复制，将叶节点实例化到原始层次。

为子节点指定唯一名称：复制层次时会重命名子节点。

3.复制并变换

复制对象时记录变换信息，并对复制出的对象产生相同的变化效果。

对象操作

场景位置	Scenes>CH01>1-2.mb
实例位置	无
难易指数	★☆☆☆☆
技术掌握	掌握移动对象、旋转对象、缩放对象的方法

01 打开学习资源中的"Scenes>CH01>1-2.mb"文件，然后按Q键激活选择工具，接着选择勺子模型，如图1-73所示。

02 按W键激活移动工具，然后用鼠标指针按住红色箭头（x轴），接着拖曳鼠标向左移动，如图1-74所示。

图1-73   图1-74

03 按E键激活旋转工具，然后用鼠标指针按住绿色圆环（y轴），接着拖曳鼠标向左旋转，如图1-75所示。

04 按R键激活缩放工具，然后用鼠标指针按住中间的黄色方块，接着拖曳鼠标，整体放大模型，如图1-76所示。

图1-75   图1-76

> **技巧与提示**
>
> 按住Shift键，单击或框选对象，就会加选1个对象或多个对象。再次单击或框选对象，就会减选。按住Ctrl键，单击或框选对象，就会减选1个对象或多个对象。同时按住Shift+Ctrl键，单击或框选对象，就会加选1个对象或多个对象。利用好加选和减选技巧，会提高工作效率。

1.5 公共菜单

    菜单栏包含了Maya所有的命令和工具，因为Maya的命令非常多，无法在同一个菜单栏中显示出来，所以Maya采用模块化的显示方法，除了公共

菜单命令外，其他的菜单命令都归纳在不同的模块中，这样菜单结构就一目了然了。例如，"动画"模块的菜单栏可以分为两个部分，分别是公共菜单和动画菜单，如图1-77所示。

公共菜单   动画菜单   公共菜单

图1-77

1.5.1 文件菜单

    文件管理可以使各部分文件有条理地进行放置，可以方便地对文件进行修改。在Maya中，各部分文件都放在不同的文件夹中，如一些参数设置、渲染图片、场景文件和贴图等，都有与之相对应的文件夹。

    "文件"菜单提供了一些文件管理的相关命令，通过这些命令可以对文件进行打开、保存、导入以及优化场景等操作，如图1-78所示。

图1-78

【文件菜单常用命令介绍】

    新建场景：用于新建一个场景文件。新建场景的同时将关闭当前场景，如果当前场景未保存，系统会自动提示用户是否进行保存。

    打开场景：用于打开一个新场景文件。打开场景的同时将关闭当前场景，如果当前场景未保存，系统会自动提示用户是否进行保存。

> **技巧与提示**
>
> Maya的场景文件有两种格式，一种是MB格式，这种格式的文件在保存期内调用时的速度比较快；另一种是MA格式，是标准的Native ASCⅡ文件，允许用户用文本编辑器直接进行修改。

保存场景：用于保存当前场景，路径是当前设置的工程目录中的Scenes文件，也可以根据实际需要来改变保存目录。

场景另存为：将当前场景另外保存一份，以免覆盖以前保存的场景。

归档场景：将场景文件进行打包处理。这个功能对于整理复杂场景非常有用。

保存首选项：将设置好的首选项设置保存好。

优化场景大小：使用该命令可以删除无用和无效的数据，如无效的空层、无关联的材质节点、纹理、变形器、表达式及约束等。

👆 **技巧与提示**

单击"优化场景大小"命令后面的▓按钮，打开"优化场景大小选项"对话框，如图1-79所示。

图1-79

如果直接执行"优化场景大小"命令，将优化"优化场景大小选项"对话框中的所有对象；若只想优化某一类对象，可以单击该对话框中类型后面的"立即优化"按钮 立即优化，这样可以对其进行单独的优化操作。

导入：将文件导入场景中。

导出全部：导出场景中的所有对象。

导出当前选择：导出选择的场景对象。

查看图像：使用该命令可以调出Fcheck程序并查看选择的单帧图像。

查看序列：使用该命令可以调出Fcheck程序并查看序列图片。

项目窗口：打开"项目窗口"对话框，如图1-80所示。在该对话框中可以设置与项目有关的文件数据，如纹理文件、MEL、声音等，系统会自动识别该目录。

图1-80

👆 **技巧与提示**

Maya在运行时有两个基本的目录支持，一个用于记录环境设置参数，另一个用于记录与项目相关文件需要的数据，其目录结构如图1-81所示。

图1-81

2016：该文件夹用于储存用户在运行软件时设置的系统参数。每次退出Maya时会自动记录用户在运行时所改变的系统参数，以方便在下次使用时保持上一次所使用的状态。若想让所有参数恢复到默认状态，可以直接删除该文件夹，这样就可以恢复到系统初始的默认参数。

FBX：FBX是Maya的一个集成插件，它是Filmbox这套软件所使用的格式，现在改称为Motionbuilder，最大的用途是在诸如3ds Max、Maya、Softimage等软件间进行模型、材质、动作和摄影机信息的互导，这样就可以发挥3ds Max和Maya等软件的优势。可以说，FBX方案是最好的互导方案。

projects（工程）：该文件夹用于放置与项目有关的文件数据，用户也可以新建一个工作目录，使用习惯的文件夹名字。

scripts（脚本）：该文件夹用于放置MEL脚本，方便Maya系统的调用。

mayaLog：Maya的日志文件。

mayaRenderLog.txt：该文件用于记录渲染的一些信息。

当前项目：设置当前工程的名称。

位置：设置工程目录所在的位置。

场景：放置场景文件。

图像：放置渲染图像。

声音：放置声音文件。

设置项目：设置工程目录，即指定projects文件夹作为工程目录文件夹。

最近的文件：显示最近打开的Maya文件。

最近的递增文件：显示最近打开的Maya增量文件。

最近的项目：显示最近使用过的工程文件。

退出：退出Maya，并关闭程序。

1.5.2 编辑菜单

主菜单中的"编辑"菜单提供了一些编辑场景对象的命令，如复制、剪切、删除、选择命令等，如图1-82所示。经过一系列的操作后，Maya会自动记录下操作过程，我们可以取消操作，也可以恢复操作，在默认状态下记录的连续次数为50次。执行"窗口>设置/首选项>首选项"菜单命令，打开"首选项"对话框，选择"撤消"（应为"撤销"）选项，显示出该选项的参数，其中"队列大小"选项就是Maya记录的操作步骤次数，可以通过改变其数值来改变记录的操作步骤数，如图1-83所示。

图1-82

图1-83

【**编辑菜单常用命令介绍**】

撤销：通过该命令可以取消对对象的操作，恢复到上一步状态，快捷键为Z键或Ctrl+Z。例如，对一个物体进行变形操作后，使用"撤销"命令可以使物体恢复到变形前的状态，默认状态下只能恢复到前50步。

重做：当对一个对象使用"撤销"命令后，如果想让该对象恢复到操作后的状态，就可以使用"重做"命令，快捷键为Shift+Z。例如，创建一个多边形物体，移动它的位置，执行"撤销"命令后，物体又回到初始位置，再执行"重做"命令，物体又回到移动后的位置。

重复：该命令可以重复上次执行过的命令，快捷键为G键。例如，执行"创建>CV曲线工具"菜单命令，在视图中创建一条CV曲线，若想再次创建曲线，这时可以执行该命令或按G键重新激活"CV曲线工具"。

最近命令列表：执行该命令可以打开"最近的命令"对话框，里面记录了最近使用过的命令，可以通过该对话框直接选取过去使用过的命令，如图1-84所示。

图1-84

剪切：选择一个对象后，执行"剪切"命令，可以将该对象剪切到剪贴板中，剪切的同时系统会自动删除源对象，快捷键为Ctrl+X。

复制：将对象复制到剪贴板中，但不删除原始对象，快捷键为Ctrl+C。

粘贴：将剪贴板中的对象粘贴到场景中（前提是剪贴板中有相关的数据），快捷键为Ctrl+V。

技巧与提示

Maya里的复制只是将同一个对象在不同的位置显示出来，并非完全意义上的复制，这样可以节约大量的资源。

删除：用来删除对象。

按类型删除：按类型删除对象。该命令可以删除选择对象的特殊节点，例如对象的历史记录、约束和运动路径等。

按类型删除全部：该命令可以删除场景中某一类对象，例如毛发、灯光、摄影机、粒子、骨骼、IK手柄和刚体等。

分组：将多个对象组合在一起，并作为一个独立的对象进行编辑。

技巧与提示

选择一个或多个对象后执行"分组"命令，可以将这些对象编为一组。在复杂场景中，使用组可以很方便地管理和编辑场景中的对象。

解组：将一个组里的对象释放出来，解散该组。

细节级别：这是一种特殊的组，特殊组里的对象会根据特殊组与摄影机之间的距离来决定哪些对象处于显示或隐藏状态。

父对象：用来创建父子关系。父子关系是一种层级关系，可以让子对象跟随父对象进行变换。

断开父子关系：当创建好父子关系后，执行该命令可以解除对象间的父子关系。

1.5.3 选择菜单

"选择"菜单中提供了选择不同对象的命令，包括"类型""多边形""NURBS曲线""NURBS曲面"4类，如图1-85所示。下面只对一些常用的命令进行介绍。

【选择菜单常用命令介绍】

全部：选择所有对象。

全部按类型：该菜单中的命令会选择场景中特定类型的每个对象。

取消选择全部：取消选择状态。

层次：选择当前选择的所有父对象和子对象（场景层次中当前选定节点下的所有节点）。

图1-85

反转：当场景中有多个对象，并且其中一部分处于被选择状态时，执行该命令可以取消选择部分，而没有选择的部分则会被选中。

增长：从多边形网格上的当前选定组件开始，沿所有方向向外扩展当前选定组件的区域。扩展选择取决于原始选择组件的边界类型选择。

收缩：从多边形网格上的当前选定组件开始，沿所有方向向内收缩当前选定组件的区域。减少的选择区域/边界的特性取决于原始选择中的组件。

快速选择集：在创建快速选择集后，执行该命令可以快速选择集里面的所有对象。

技巧与提示

选择多个对象后，单击"创建>集>快速选择集"菜单命令后面的■按钮，打开"创建快速选择集"对话框，在该对话框中可以输入选择集的名称，然后单击"确定"按钮，即可创建一个选择集。注意，在没有创建选择集之前，"编辑>快速选择集"菜单下没有任何内容。

例如，在场景中创建几个恐龙模型，选择这些模型后，执行"创建>集>快速选择集"菜单命令，然后在弹出的对话框中才能设置集的名字，如图1-86所示。

图1-86

单击"确定"按钮，取消对所有对象的选择，然后执行"编辑>快速选择集"菜单命令，可以观察到菜单里面出现了快速选择集Set，如图1-87所示。选择该名称，这时场景中所有在Set集下的对象都会被选中。

图1-87

1.5.4 修改菜单

"修改"菜单提供了一些常用的修改工具和命令，如图1-88所示。

【修改菜单常用命令介绍】

变换工具：与工具箱中的变换对象的工具相对应，用来移动、旋转和缩放对象。

重置变换：将对象的变换还原到初始状态。

冻结变换：将对象的变换参数全部设置为0，但对象的状态保持不变。该功能在设置动画时非常有用。

图1-88

居中枢轴：该命令主要针对旋转和缩放操作，在旋转时围绕轴心点进行旋转。

技巧与提示

第1种：按Insert键进入轴心点编辑模式，然后拖曳手柄，即可改变轴心点，如图1-89所示。

图1-89

第2种：按住D键进入轴心点编辑模式，然后拖曳手柄，即可改变轴心点。

第3种：执行"修改>居中枢轴"菜单命令，可以使对象的中心点回到几何中心点。

第4种：轴心点分为旋转和缩放两种，可以通过改变参数来改变轴心点的位置。

烘焙枢轴方向：将选定对象的变换设定为当前工具的自定义轴方向。

捕捉对齐对象：该菜单下提供了一些常用的对齐命令，如图1-90所示。

图1-90

点到点 ：该命令可以将选择的两个或多个对象的点进行对齐。

2点到2点 ：当选择一个对象上的两个点时，两点之间会产生一个轴，另外一个对象也是如此，执行该命令可以将这两条轴对齐到同一方向，并且其中两个点会重合。

3点到3点 ：选择3个点来作为对齐的参考对象。

对齐对象 ：用来对齐两个或更多的对象。

技巧与提示

单击"对齐对象"命令后面的■按钮，打开"对齐对象选项"对话框，在该对话框中可以很直观地观察到5种对齐模式，如图1-91所示。

图1-91

最小值：根据所选对象范围的边界的最小值来对齐选择对象。

中间值：根据所选对象范围的边界的中间值来对齐选择对象。

最大值：根据所选对象范围的边界的最大值来对齐选择对象。

距离：根据所选对象范围的间距让对象均匀地分布在选择的轴上。

栈：让选择对象的边界盒在选择的轴向上相邻分布。

对齐：用来决定对象对齐的世界坐标轴，共有世界X、世界Y、世界Z这3个选项可以选择。

对齐到：选择对齐方式，包含"选择平均"和"上一个选定对象"两个选项。

沿曲线放置 ：沿着曲线位置对齐对象。

对齐工具 ：使用该工具可以通过手柄控制器将对象进行对齐操作，如图1-92所示。物体被包围在一个边界盒里面，通过单击上面的手柄可以对两个物体进行对齐操作。

图1-92

技巧与提示

对象元素或表面曲线不能使用"对齐工具"。

捕捉到一起对齐 ：该工具可以让对象以移动或旋转的方式对齐到指定的位置。在使用工具时，会出现两个箭头连接线，通过点可以改变对齐的位置。例如在场景中创建两个对象，然后使用该工具单击第1个对象的表面，再单击第2个对象的表面，这样就可以将表面1对齐到表面2，如图1-93所示。

图1-93

添加层次名称前缀...：将前缀添加到选定父对象及其所有子对象的名称中。

搜索和替换名称...：根据指定的字符串来搜索节点名称，然后将其替换为其他名称。

添加属性：为选定对象添加属性。

编辑属性：编辑自定义的属性。

删除属性：删除自定义的属性。

激活：执行该命令可以将对象表面激活为工作表面。

技巧与提示

执行"创建>NURBS基本体>球体"菜单命令，在视图中创建一个NURBS球体，然后执行"修改>激活"菜单命令，将球体的表面激活为工作表面，如图1-94所示。接着执行"创建> CV曲线工具"菜单命令，在激活的NURBS球体表面绘制曲线，在绘制时可以发现无论怎么绘制，绘制的曲线都不会超出球体的表面，如图1-95所示。

图1-94

图1-95

替换对象：使用指定的源对象替换场景中的一个或多个对象。

转化：该菜单下包含很多子命令，这些命令全部是用于将某种类型的对象转化为另外一种类型的对象，如图1-96所示。

图1-96

1.6 综合实例: 制作卡通太阳

场景位置	Scenes>CH01>1-3.mb
实例位置	Examples>CH01>1-3.mb
难易指数	★☆☆☆☆
技术掌握	掌握复制对象的方法

本例通过使用"特殊复制"命令制作出太阳的光环，效果如图1-97所示。

图1-97

01 打开学习资源中的"Scenes>CH01>1-3.mb"文件，场景中有两个多边形几何体，如图1-98所示。

图1-98

02 选择三角体,按W键激活移动工具,接着按住X键激活"捕捉到栅格"功能。按住箭头的中心,并拖曳模型到圆柱体的一侧,如图1-99所示。

03 同时按住D键、X键(将轴心点捕捉到栅格),然后拖曳轴心点到坐标中心,如图1-100所示。

图1-99

图1-100

04 单击"编辑>特殊复制"菜单命令后面的■按钮,在"特殊复制选项"对话框中,修改"旋转y"为36(旋转的3个属性框分别对应的是x、y、z方向),"副本数"为10,单击"特殊复制"按钮,如图1-101所示。效果如图1-102所示。

图1-101

图1-102

1.7 本章小结

本章主要讲解了Maya 2016的应用领域、界面组成及各种界面元素的作用和基本工具的使用方法。本章是初学者认识Maya 2016的入门章节,希望读者对Maya 2016的各种重要工具多加练习,为后面的技术章节打下坚实的基础。

1.8 课后习题:制作向日葵

场景位置　Scenes>CH01>1-4.mb
实例位置　Examples>CH01>1-4.mb
难易指数　★☆☆☆☆
技术掌握　练习对象、视图的综合操作方法

本例通过使用"特殊复制"命令制作出向日葵花瓣,效果如图1-103所示。

图1-103

制作提示

第1步:移动花瓣到花芯的一侧,调整花瓣的轴心点。

第2步:复制一个花瓣作为第二层,调整大小并旋转角度。

第3步:利用"特殊复制"制作其他花瓣。

步骤如图1-104所示。

图1-104

第2章

多边形建模技术

本章将介绍Maya 2016的多边形建模技术，包括如何创建多边形对象、编辑多边形层级和编辑多边形网格。本章是一个很重要的章节，基本上包含了在实际工作中运用到的多边形建模技术。

课堂学习目标

了解多边形建模的基础

掌握多边形对象的创建方法

掌握多边形对象的编辑方法

2.1 多边形建模基础

多边形建模是一种直观的建模方法，也是Maya中非常重要的一种建模方法。多边形建模是通过控制三维空间中物体的点、线、面来塑造物体的外形。图2-1所示的是一些经典的多边形作品。对于有机生物模型，多边形建模有着不可替代的优势，在塑造物体的过程中，可以很直观地对物体进行修改，并且面与面之间的连接也很容易创建出来。

图2-1

2.1.1 了解多边形

多边形是三维空间中一些离散的点，通过首尾相连形成一个封闭的空间，填充这个封闭空间，就形成了一个多边形面。如果将若干个这种多边形面组合在一起，每相邻的两个面都有一条公共边，就形成了一个空间状结构，这个空间结构就是多边形对象，如图2-2所示。

图2-2

多边形对象与NURBS对象有着本质的区别。NURBS对象是参数化的曲面，有严格的UV走向，除了剪切边外，NURBS对象只可能出现四边面；多边形对象是三维空间里一系列离散的点构成的拓扑结构（也可以出现复杂的拓扑结构），编辑起来相对比较自由，如图2-3所示。

多边形　　　　　　　曲面

图2-3

2.1.2 多边形建模方法

目前，多边形建模方法已经相当成熟，是Maya中不可缺少的建模方法，并且大多数三维软件都有多边形建模系统。由于调整多边形对象相对比较自由，所以很适合创建生物类和建筑类模型。

多边形建模方法有很多，根据模型构造的不同可以采用不同的多边形建模方法，但大部分都遵循从整体到局部的建模流程，特别是对于生物类模型，可以很好地控制整体造型。同时Maya还提供了"雕刻几何体工具"，所以调节起来更加方便。

2.1.3 多边形组成元素

多边形对象的基本构成元素有点、线、面，可以通过这些基本元素对多边形对象进行修改。

1.顶点

在多边形物体上，边与边的交点就是这两条边的顶点，也就是多边形的基本构成元素点，如图2-4所示。

图2-4

多边形的每个顶点都有一个序号，叫顶点ID号，同一个多边形对象的每个顶点的序号是唯一的，并且这些序号是连续的。顶点ID号对使用MEL脚本语言编写程序来处理多边形对象非常重要。

2.边

边也就是多边形基本构成元素中的线，它是顶点之间的边线，也是多边形对象上的棱边，如图2-5所示。与顶点一样，每条边同样也有自己的ID号，叫作边的ID号。

图2-5

3.面

在多边形对象上，将3个或3个以上的点用直线连接起来形成的闭合图形称为面，如图2-6所示。面的种类比较多，从三边围成的三边形，一直到n边围成的n边形。但在Maya中，通常使用三边形或四边形，大于四边的面的使用相对比较少。面同样也有自己的ID号，叫作面的ID号。

图2-6

技巧与提示

面的种类有两种，分别是共面多边形和不共面多边形。如果一个多边形的所有顶点都在同一个平面上，就称为共面多边形。例如三边面一定是一个共面多边形。不共面多边形的面的顶点一定多于3个，即3个顶点以上的多边形可能产生不共面多边形。一般情况下，尽量不要使用不共面多边形，因为不共面多边形在最终输出渲染时或在将模型输出到交互式游戏平台时可能会出现错误。

4.法线

法线是一条虚拟的直线，它与多边形表面相垂直，用来确定表面的方向。在Maya中，法线可以分为"面法线"和"顶点法线"两种。

技巧与提示

<1>面法线

若用一个向量来描述多边形面的正面，且与多边形面相垂直，这个向量就是多边形的面法线，如图2-7所示。

图2-7

面法线是围绕多边形面的顶点的排列顺序来决定表面的方向。在默认状态下，Maya中的物体是双面显示的，用户可以通过设置参数来取消双面显示。

<2>顶点法线

顶点法线决定两个多边形面之间的视觉光滑程度。与面法线不同的是，顶点法线不是多边形的固有特性，但在渲染多边形明暗变化的过程中，顶点法线的显示状态是从顶点发射出来的一组线，每个使用该顶点的面都有一条线，如图2-8所示。

在光滑实体显示模式下，当一个顶点上的所有顶点法线指向同一个方向时，被叫作软顶点法线，此时多边形面之间是一条柔和的过渡边；当一个顶点上的顶点法线与相应的多边形面的法线指向同一个方向时，被叫作硬顶点法线，此时的多边形面之间是一条硬过渡边，也就是说多边形会显示出棱边，如图2-9所示。

图2-8

图2-9

2.1.4 UV坐标

为了把二维纹理图案映射到三维模型的表面上，需要建立三维模型空间形状的描述体系和二维纹理的描述体系，然后在两者之间建立关联。描述三维模型的空间形状用三维直角坐标，而描述二维纹理平面则用另一套坐标系，即UV坐标系。

多边形的UV坐标对应着每个顶点，但UV坐标存在于二维空间，它们控制着纹理上的像素，并且对应着多边形网格结构中的某个点。虽然Maya在默认工作状态下也会建立UV坐标，但默认的UV坐标通常并不适合用户调整过形状的模型，因此用户仍需要重新整理UV坐标。Maya提供了一套完善的UV编辑工具，用户可以通过"UV纹理编辑器"来调整多边形对象的UV坐标。

技巧与提示

NURBS物体本身是参数化的表面，可以用二维参数来描述，因此UV坐标就是其形状描述的一部分，所以不需要用户专门在三维坐标与UV坐标之间建立对应关系。

2.1.5 多边形快捷菜单

使用多边形的快捷键菜单可以快速创建和编辑多边形对象。在没有选择任何对象时，同时按住Shift键和鼠标右键，弹出的快捷菜单是一些多边形原始几何体的创建命令，如图2-10所示。在选择了多边形对象时，单击鼠标右键，弹出的快捷菜单是一些多边形的次物体级别命令，如图2-11所示。如果已经进入了次物体级别，如进入了面级别，同时按住Shift键和鼠标右键，弹出的快捷菜单是一些编辑面的工具与命令，如图2-12所示。

图2-10

图2-11

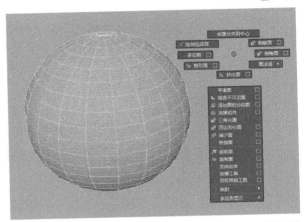

图2-12

2.2 创建多边形对象

切换到"多边形"模块，在"创建>多边形基本体"菜单下是一系列创建多边形对象的命令，通过该菜单可以创建出基本的多边形对象，如图2-13所示。

图2-13

2.2.1 球体

使用"球体"命令▣可以创建出多边形球体，单击后面的▣按钮，打开"多边形球体选项"对话框，如图2-14所示。

图2-14

【常用参数介绍】

半径：设置球体的半径。

轴分段数：设置经方向上的分段数。

高度分段数：设置纬方向上的分段数。

轴：设置球体的轴方向。

🏃 **技巧与提示**

以上4个参数对多边形球体的形状有很大影响，图2-15所示的是在不同参数值下的多边形球体形状。

半径=2 半径=2 半径=3 半径=4
轴分段数=6 轴分段数=20 轴分段数=5 轴分段数=20
高度分段数=6 高度分段数=20 高度分段数=10 高度分段数=20

图2-15

2.2.2 立方体

使用"立方体"命令▣可以创建出多边形立方体，图2-16所示的是在不同参数值下的立方体形状。

宽度=3 宽度=3 宽度=3 宽度=3
高度=3 高度=1 高度=3 高度=3
深度=3 深度=3 深度=3 深度=3
轴分宽度=1 轴分宽度=1 轴分宽度=2 轴分宽度=1
高度细分数=1 高度细分数=1 高度细分数=1 高度细分数=2
深度细分数=1 深度细分数=1 深度细分数=1 深度细分数=1

图2-16

🏃 **技巧与提示**

关于立方体及其他多边形物体的参数就不再讲解了，用户可以参考NURBS对象的参数解释。

2.2.3 圆柱体

使用"圆柱体"命令▣可以创建出多边形圆柱体，图2-17所示的是在不同参数值下的圆柱体形状。

半径=2 半径=2 半径=2 半径=2
高度=5 高度=5 高度=5 高度=5
轴向细分数=10 轴向细分数=20 轴向细分数=20 轴向细分数=20
高度细分数=1 高度细分数=1 高度细分数=3 高度细分数=1
端面细分数=1 端面细分数=1 端面细分数=1 端面细分数=3

图2-17

2.2.4 圆锥体

使用"圆锥体"命令▣可以创建出多边形圆锥体，图2-18所示的是在不同参数值下的圆锥体形状。

半径=2
高度=4
轴向细分数=10
高度细分数=1

半径=2
高度=4
轴向细分数=20
高度细分数=1

半径=2
高度=4
轴向细分数=20
高度细分数=5

图2-18

2.2.5 平面

使用"平面"命令 ❖ 可以创建出多边形平面，图2-19所示的是在不同参数值下的多边形平面形状。

宽度=5
高度=5
细分宽度=1
高度细分数=1

宽度=10
高度=5
细分宽度=2
高度细分数=3

图2-19

2.2.6 特殊多边形

特殊多边形包含圆环、棱柱、棱锥、管道、螺旋线、足球和柏拉图多面体，如图2-20所示。

圆环　棱柱　棱锥　管道　螺旋线　足球　柏拉图多面体

图2-20

2.3　网格菜单

"网格"菜单中提供了很多处理网格的工具，这些工具主要分为"结合""重新划分网格""镜像""传递"和"优化"这五大类，如图2-21所示。

图2-21

2.3.1　布尔

"布尔"命令中包含3个子命令，分别是"并集" ⬤、"差集" ⬤ 和"交集" ⬤，如图2-22所示。

图2-22

【布尔命令介绍】

并集：可以合并两个多边形，相比于"合并"命令 ⬛ 来说，"并集"命令可以做到无缝拼合。

差集：可以将两个多边形对象进行相减运算，以去除对象与其他对象的相交部分，同时也会去除其他对象。

交集：可以保留两个多边形对象的相交部分，但是会去除其余部分。

2.3.2　结合

使用"结合"命令 ⬛ 可以将多个多边形对象组合成为一个多边形对象，组合前的每个多边形被称为一个"壳"，如图2-23所示。单击"结合"命令 ⬛ 后面的 ⬛ 按钮，打开"组合选项"对话框，如图2-24所示。

壳 →　← 壳

图2-23

图2-24

【常用参数介绍】

合并UV集：对合并对象的UV集进行合并操作。

不合并：对合并对象的UV集不进行合并操作。

按名称合并：依照合并对象的名称进行合并操作。

按UV链接合并：依照合并对象的UV链接进行合并操作。

2.3.3　分离

"分离"命令的作用与"结合"命令刚好相反。例如，将模型结合在一起后，执行"分离"命令，可以将结合在一起的模型分离开。

课堂案例

结合/分离多边形对象

场景位置	Scenes>CH02>2-1.mb
实例位置	Examples>CH02>2-1.mb
难易指数	★☆☆☆☆
技术掌握	掌握结合/分离多边形对象的方法

本例使用"结合"命令将多个多边形对象结合在一起，效果如图2-25所示。

图2-25

01 打开学习资源中的"Scenes>CH02>2-1.mb"文件，场景中有一个角色模型，如图2-26所示。

图2-26

02 执行"窗口>大纲视图"菜单命令，打开"大纲视图"窗口，然后在视图中选择模型。此时在大纲视图中可以看到，对应的节点也被选择了，如图2-27所示。

图2-27

03 执行"网格>分离"菜单命令，此时可以在大纲视图中看到，原先的节点被拆分为多个节点，并且模型也被拆分为多个部分，如图2-28所示。

图2-28

04 执行"网格>结合"菜单命令，此时可以在大纲视图中看到，节点又变为一个，并且模型也变为一个整体，如图2-29所示。

图2-29

2.3.4 填充洞

使用"填充洞"命令 ■ 可以填充多边形上的洞，并且可以一次性填充多个洞。

课堂案例

补洞

场景位置	Scenes>CH02>2-2.mb
实例位置	Examples>CH02>2-2.mb
难易指数	★☆☆☆☆
技术掌握	掌握填充多边形上的洞的方法

本例使用"填充洞"命令 ■ 将多边形上的洞填充起来，效果如图2-30所示。

图2-30

01 打开学习资源中的"Scenes>CH02>2-2.mb 文件"，可以观察到模型上有一个缺口，如图2-31所示。

图2-31

02 在模型上按住鼠标右键，在打开的菜单中选择"边"命令，接着选择缺口边缘的边，如图2-32所示。执行"网格>填充洞"菜单命令 ■，效果如图2-33所示。

图2-32

图2-33

2.3.5 减少

使用"减少"命令 ■ 可以简化多边形的面，如果一个模型的面数太多，就可以使用该命令来对其进行简化。打开"减少选项"对话框，如图2-34所示。

图2-34

【常用参数介绍】

保持原始（针对权重绘制）：选择该选项后，简化模型后会保留原始模型。

百分比：设置简化多边形的百分比。此处数值越大，简化效果越明显。图2-35所示的是该数值为30和80时的简化效果对比。

图2-35

保留四边形：该数值越大，简化后的多边形的面都尽可能以四边面形式进行转换；该数值越小，简化后的多边形的面都尽可能以三边面形式进行转换。

锐度：该数值越接近0，简化多边形时，Maya将尽量保持原始模型的形状，但可能会产生尖锐的、非常不规则的三角面，这样的三角面很难编辑；该数值为1，简化多边形时，Maya将尽量产生规则的三角面，但是和原始模型的形状有一定的偏差。

网格边界：选择该项后，可以在精简多边形的同时尽量保留模型的边界。

UV边界：选择该项后，可以在精简多边形的同时尽量保留模型的UV边界。

颜色边界：选择该项后，可以在精简多边形的同时尽量保持顶点的颜色信息。

硬边：选择该项后，可以在精简多边形的同时尽量保留模型的硬边。

折痕边：选择该项后，可以在精简多边形的同时尽量保留模型的硬顶点位置。

2.3.6 平滑

使用"平滑"命令■可以将粗糙的模型通过细分面的方式对模型进行平滑处理，细分的面越多，模型就越光滑。打开"平滑选项"对话框，如图2-36所示。

图2-36

【常用参数介绍】

添加分段：在平滑细分面时，设置分段的添加方式。

指数：这种细分方式可以将模型网格全部拓扑成为四边形，如图2-37所示。

图2-37

线性：这种细分方式可以在模型上产生部分三角面，如图2-38所示。

图2-38

分段级别：控制物体的平滑程度和细分段的数目。该参数值越高，物体越平滑，细分面也越多，图2-39和图2-40所示的分别是"分段级别"数值为1和3时的细分效果。

图2-39

图2-40

细分类型：设置细分的方式，包括OpenSubdiv Catmull-Clark和Maya Catmull-Clark两种算法，默认选择的是OpenSubdiv Catmull-Clark算法。

设置细分类型为OpenSubdiv Catmull-Clark时，OpenSubdiv Catmull-Clark属性组中的属性被激活，如图2-41所示。

图2-41

【OpenSubdiv Catmull-Clark参数介绍】

顶点边界：控制如何对边界边和角顶点进行插值，包括"锐边和角"以及"锐边"这两个选项。

锐边和角：（默认）边和角在平滑后保持为锐边和角。

锐边：边在平滑后保持为锐边，角已进行平滑。

UV 边界平滑：控制将平滑应用于边界 UV 的方式，包括"无""保留边和角"和"保留边"这3个选项。

无：不平滑 UV。

保留边和角：平滑 UV，边和角在平滑后保持为锐边和角。

保留边：平滑 UV 和角，边在平滑后保持为锐边。

Maya Catmull-Clark：平滑不连续边界上的顶点附近的面变化数据（UV 和颜色集），不连续边界上的顶点将按锐化规则细分（对其插值），默认选择该选项。

传播 UV 角：启用后，原始网格的面变化数据（UV 和颜色集）将应用于平滑网格的 UV 角。

平滑三角形：启用时，会将细分规则应用到网格，从而使三角形的细分更加平滑。

折痕方法：控制如何对边界边和顶点进行插值，包括"法线"和Chaikin两个选项。

法线：不应用折痕锐度平滑，默认选择该选项。

Chaikin：启用后，对关联边的锐度进行插值。在细分折痕边后，结果边的锐度通过 Chaikin 的曲线细分算法确定，该算法会产生半锐化折痕。此方法可以改进各个边具有不同边权重的多边折痕的外观。

设置细分类型为Maya Catmull-Clark时，Maya Catmull-Clark属性组中的属性被激活，如图2-42所示。

图2-42

【Maya Catmull-Clark参数介绍】

边界规则：通过该选项，可以设置在平滑网格时要将折痕应用于边界边和顶点的方式，包括"旧版""折痕全部"和"折痕边"这3个选项。

旧版：不将折痕应用于边界边和顶点。

折痕全部：在转化为平滑网格之前为所有边界边以及只有两条关联边的所有顶点应用完全折痕，默认选择该选项。

折痕边：仅为边应用完全折痕。

连续性：用来设置模型的平滑程度。当该值为0时，面与面之间的转折连接处都是线性的，效果比较生硬，如图2-43所示；当该值为1时，面与面之间的转折连接处都比较平滑，如图2-44所示。

图2-43

图2-44

平滑UV：选择该选项后，在平滑细分模型的同时，还会平滑细分模型的UV。

传播边的软硬性：选择该选项后，细分的模型的边界会比较生硬，如图2-45所示。

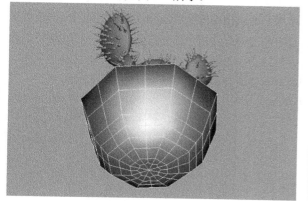

图2-45

映射边界：设置边界的平滑方式。

平滑全部：平滑细分所有的UV边界。

平滑内部：平滑细分内部的UV边界。

不平滑：所有的UV边界都不会被平滑细分。

保留：当平滑细分模型时，保留哪些对象不被细分。

几何体边界：保留几何体的边界不被平滑细分。

当前选择的边界：保留选择的边界不被光滑细分。

硬边：如果已经设置了硬边和软边，可以选择该选项，以保留硬边不被转换为软边。

分段级别：控制物体的平滑程度和细分面的数目。该参数值越高，物体越平滑，细分面也越多。

每个面的分段数：设置细分边的次数。该数值为1时，每条边只被细分1次；该数值为2时，每条边会被细分两次。

推动强度：控制平滑细分的结果。该数值越大，细分模型越向外扩张；该数值越小，细分模型越内缩，图2-46和图2-47所示的分别是"推动强度"数值为1和-1时的效果。

图2-46

图2-47

圆度：控制平滑细分的圆滑度。该数值越大，细分模型越向外扩张，同时模型也比较圆滑；该数值越小，细分模型越内缩，同时模型的光滑度也不是很理想。

45

2.3.7 三角化

使用"三角化"命令█可以将多边形面细分为三角形面。

2.3.8 四边形化

使用"四边化形"命令█可以将多边形物体的三边面转换为四边面。打开"四边形化面选项"对话框，如图2-48所示。

图2-48

【常用参数介绍】

角度阈值： 设置两个合并三角形的极限参数（极限参数是两个相邻三角形的面法线之间的角度）。当该值为0时，只有共面的三角形被转换；当该值为180时，表示所有相邻的三角形面都有可能被转换为四边形面。

保持面组边界： 选择该项后，可以保持面组的边界；关闭该选项时，面组的边界可能会被修改。

保持硬边： 选择该项后，可以保持多边形的硬边；关闭该选项时，在两个三角形面之间的硬边可能会被删除。

保持纹理边界： 选择该项后，可以保持纹理的边界；关闭该选项时，Maya将修改纹理的边界。

世界空间坐标： 选择该项后，设置的"角度阈值"处于世界坐标系中的两个相邻三角形面法线之间的角度上；关闭该选项时，"角度阈值"处于局部坐标空间中的两个相邻三角形面法线之间的角度上。

课堂案例
四边形化多边形面

场景位置	Scenes>CH02>2-3.mb
实例位置	Examples>CH02>2-3.mb
难易指数	★☆☆☆☆
技术掌握	掌握将多边形面转换为三/四边形面的方法

本例使用"三角化"命令█和"四边化形"命令█转换为三/四边面，效果如图2-49所示。

图2-49

01 打开学习资源中的"Scenes>CH02>2-3.mb"文件，场景中有一个四边面构成的模型，如图2-50所示。

02 选择模型，然后执行"网格>三角化"菜单命令█，此时可以观察到模型变为三角面，如图2-51所示。

图2-50　　　　　　　　　　图2-51

03 选择模型，然后执行"网格>四边化形"菜单命令█，此时可以观察到模型的三边面已经转换成了四边面，如图2-52所示。

图2-52

2.3.9 镜像切割

使用"镜像切割"命令█可以让对象在设置的镜像平面的另一侧镜像出一个对象，并且可以通过移动镜像平面来控制镜像对象的位置。如果对象与镜像平面有相交部分，相交部分将会被剪掉，同时还可以通过删除历史记录来打断对象与镜像平面之间的关系。打开"镜像切割选项"对话框，如图2-53所示。

图2-53

【常用参数介绍】

沿以下项切割：用来选择镜像的平面，共有"YZ平面""XZ平面"和"XY平面"这3个选项可以选择。这3个平面都是世界坐标轴两两相交所在的平面。

与原始合并：选择该选项后，镜像出来的平面会与原始平面合并在一起。

合并顶点阈值：处于该值范围内的顶点会相互合并，只有"与原始合并"选项处于启用状态时该选项才可用。

2.3.10 镜像几何体

使用"镜像几何体"菜单命令▦可以将对象紧挨着自身进行镜像。打开"镜像选项"对话框，如图2-54所示。

图2-54

【常用参数介绍】

镜像方向：用来设置镜像的方向，都是沿世界坐标轴的方向。如+X表示沿着x轴的正方向进行镜像；–X表示沿着x轴的负方向进行镜像。

2.4　编辑网格菜单

"编辑网格"菜单中提供了很多修改网格的工具，这些工具主要分为"组件""顶点""边""面"和"曲线"五大类，如图2-55所示。

图2-55

2.4.1 添加分段

使用"添加分段"命令▦可以对选择的面或边进行细分，并且可以通过"分段级别"来设置细分的级别。打开"添加面的分段数选项"对话框，如图2-56所示。

图2-56

【常用参数介绍】

添加分段：设置选定面的细分方式。

指数：以递归方式细分选定的面。也就是说，选定的面将被分割成两半，然后每一半进一步分割成两半，依此类推。

线性：将选定面分割为绝对数量的分段。

分段级别：设置选定面上细分的级别，其取值范围为1~4。

模式：设置细分面的方式。

四边形：将面细分为四边形。

三角形：将面细分为三角形。

U/V向分段数：当"添加分段"设置为"线性"时，这两个选项才可用。这两个选项主要用来设置沿多边形U向和V向细分的分段数量。

技巧与提示

"添加分段"命令▦不仅可以细分面，还可以细分边。进入边级别以后，选择一条边，"添加面的分段数选项"对话框将自动切换为"添加边的分段数选项"对话框，如图2-57所示。

图2-57

2.4.2 倒角

使用"倒角"命令 可以在选定边上创建出倒角效果，同时也可以消除渲染时的尖锐棱角。打开"倒角选项"对话框，如图2-58所示。

图2-58

【常用参数介绍】

偏移类型：选择计算倒角宽度的方式。

分形（防止出现由内到外的倒角）：倒角宽度将不会大于最短边。该选项会限制倒角的大小，以确保不会创建由内到外的倒角。

绝对：选择该选项，会受"宽度"影响，且在创建倒角时没有限制。如果使用的"宽度"太大，倒角可能会变为由内到外。

偏移空间：确定应用到已缩放对象的倒角是否也将按照对象上的缩放进行缩放。

世界（在对象上忽略缩放）：如果将某个已缩放对象应用倒角，那么偏移将忽略缩放并使用世界空间值。

局部：如果将某个已缩放对象应用倒角，那么也会按照应用到对象的缩放来缩放偏移。

> **技巧与提示**
> 当选择"绝对"选项时，"偏移空间"属性才会被激活。

宽度：设置倒角的大小。

分段：设置执行倒角操作后生成的面的段数。段数越多，产生的圆弧效果越明显。

平滑角度：指定进行着色时，希望倒角边是硬边还是软边。

2.4.3 桥接

使用"桥接"命令 可以在一个多边形对象内的两个洞口之间产生桥梁式的连接效果，连接方式可以是线性连接，也可以是平滑连接。打开"桥接选项"对话框，如图2-59所示。

图2-59

【常用参数介绍】

桥接类型：用来选择桥接的方式。

线性路径：以直线的方式进行桥接。

平滑路径：使连接的部分以光滑的方式进行桥接。

平滑路径+曲线：以平滑的方式进行桥接，并且会在内部产生一条曲线。可以通过曲线的弯曲度来控制桥接部分的弧度。

扭曲：当开启"平滑路径+曲线"选项时，该选项才可用，可使连接部分产生扭曲效果，并且以螺旋的方式进行扭曲。

锥化：当开启"平滑路径+曲线"选项时，该选项才可用，主要用来控制连接部分的中间部分的大小，可以与两头形成渐变的过渡效果。

分段：控制连接部分的分段数。

平滑角度：用来改变连接部分的点的法线的方向，以达到平滑的效果，一般使用默认值。

> **课堂案例**
> **桥接多边形**
>
> | | |
> |---|---|
> | 场景位置 | Scenes>CH02>2-4.mb |
> | 实例位置 | Examples>CH02>2-4.mb |
> | 难易指数 | ★☆☆☆☆ |
> | 技术掌握 | 掌握桥接多边形的方法 |

本例使用"桥接"命令 桥接多边形，效果如图2-60所示。

图2-60

01 打开学习资源中的"Scenes>CH02>2-4.mb"文件，桥梁模型的中间缺少桥面，如图2-61所示。

图2-61

02 在"通道盒/层编辑器"中取消选择layer1，此时场景中只剩下两端的桥面，如图2-62所示。

图2-62

03 选择两个桥梁模型，然后执行"网格>结合"菜单命令▣，接着选择模型的横截面，如图2-63所示。

图2-63

04 执行"编辑网格>桥接"菜单命令▣，然后在"通道盒/层编辑器"中展开polyBridgeEdge1节

点属性，设置"分段"为0，如图2-64所示。显示layer1，效果如图2-65所示。

图2-64

图2-65

2.4.4 收拢

使用"收拢"命令▣可以将组件的边收拢，然后单独合并每个收拢边关联的顶点。"收拢"命令▣还适用于面，但用于边时能够产生更理想的效果。如果要收拢并合并所选的面，首先应执行"编辑网格>合并到中心"菜单命令▣，将面合并到中心。

2.4.5 连接

选择顶点和或边后，使用"连接"命令▣可以通过边将其连接起来。顶点将直接连接到连接边，而边将在其中的顶点处进行连接。

2.4.6 分离

选择顶点后，根据顶点共享的面的数目，使用"分离"命令▣可以将多个面共享的所有选定顶点拆分为多个顶点。

2.4.7 挤出

使用"挤出"命令![icon]可以沿多边形面、边或点进行挤出，从而得到新的多边形面，该命令在建模中非常重要，使用频率也相当高。打开"挤出面选项"对话框，如图2-66所示。

图2-66

【常用参数介绍】

分段： 设置挤出的多边形面的段数。

平滑角度： 用来设置挤出后的面的点法线，可以得到平面的效果，一般情况下使用默认值。

偏移： 设置挤出面的偏移量。正值表示将挤出面进行缩小；负值表示将挤出面进行扩大。

厚度： 设置挤出面的厚度。

曲线： 设置是否沿曲线挤出面。

无： 不沿曲线挤出面。

选定： 表示沿曲线挤出面，但前提是必须创建有曲线。

已生成： 选择该选项后，挤出时将创建曲线，并会将曲线与组件法线的平均值对齐。

锥化： 控制挤出面的另一端的大小，使其从挤出位置到终点位置形成一个过渡的变化效果。

扭曲： 使挤出的面产生螺旋状效果。

![icon] **技巧与提示**

"挤出"命令![icon]还可以使多边形沿曲线方向挤出。

选择多边形上的面，然后按住Shift键加选曲线，如图2-67所示。

执行"编辑网格>挤出"菜单命令![icon]，在打开的菜单中

设置"分段"属性，可以修改挤出多边形的段数。段数越多，多边形越趋于曲线的形状，如图2-68所示。

图2-67

图2-68

在"通道盒/层编辑器"中展开polyExtrudeFace1节点属性，然后设置"扭曲"属性，可以调整多边形的扭曲效果，如图2-69所示。

图2-69

设置"锥化"属性，可以修改多边形末端的大小，如图2-70所示。

图2-70

2.4.8 合并

使用"合并"命令▦可以将选择的多个顶点或边合并成一个顶点或边，合并后的位置在选择对象的中心位置上。打开"合并顶点选项"对话框（如果选择的是边，那么打开的是"合并边界选项"对话框），如图2-71所示。

图2-71

【常用参数介绍】

阈值：在合并顶点时，该选项可以指定一个极限值，凡距离小于该值的顶点都会被合并在一起，而距离大于该值的顶点不会合并在一起。

始终为两个顶点合并：当选择该选项并且只选择两个顶点时，无论"阈值"是多少，它们都将被合并在一起。

课堂案例

合并顶点

场景位置	Scenes>CH02>2-5.mb
实例位置	Examples>CH02>2.5>2-5.mb
难易指数	★☆☆☆☆
技术掌握	掌握合并多边形的顶点的方法

本例使用"合并"命令▦将两个模型的顶点合并起来，效果如图2-72所示。

图2-72

01 打开学习资源中的"Scenes>CH02>2-5.mb"文件，场景中有一个麋鹿模型，如图2-73所示。

图2-73

02 麋鹿的头部是由两部分构成的，如图2-74所示。选择两个头部模型，然后执行"网格>结合"菜单命令，使其合二为一。

图2-74

03 由图2-75可以看出，虽然将两个部分结合了，但是并不是一个完整的模型，中间有一条缝隙。进入头部模型的顶点级别，然后选择缝隙两边的点，如图2-76所示。

图2-75

图2-76

技巧与提示

在选择点的时候，可以切换到其他视图（例如前视图），这样可以快速选择相关的点，如图2-77所示。该方法适用于选择在同一平面上的对象。

图2-77

04 单击"编辑网格>合并"命令后面的■按钮，打开"合并顶点选项"对话框，设置"阈值"为0.01，然后单击"合并"按钮，如图2-78所示。此时模型中间相邻的点就合并在一起了，效果如图2-79所示。

图2-78

图2-79

2.4.9 合并到中心

使用"合并到中心"命令█可以将选择的顶点、边、面合并到它们的几何中心位置。

2.4.10 变换

使用"变换"命令█可以在选定顶点、边、面上调出一个控制手柄，通过这个控制手柄可以很方便地在物体坐标和世界坐标之间进行切换。打开"变换组件-顶点选项"对话框，如图2-80所示。

图2-80

【常用参数介绍】

随机：随机变换组件，其取值范围为0~1。

> **技巧与提示**
>
> 在没有选择任何组件的情况下，打开的是"变换组件-顶点选项"对话框。如果选择的是面，那么打开的是"变换组件-面选项"对话框；如果选择的是边，那么打开的是"变换组件-边选项"对话框。

2.4.11 平均化顶点

"平均化顶点"命令█可以通过均化顶点的值来平滑几何体，而且不会改变拓扑结构。打开"平均化顶点选项"对话框，如图2-81示。

图2-81

【常用参数介绍】

平滑量：该数值越小，产生的效果越精细；该数值越大，每次均化的平滑程度也越大，丢失的细节越多。

2.4.12 切角顶点

使用"切角顶点"命令█可以将选择的顶点分裂成4个顶点，这4个顶点可以围成一个四边形，同时也可以删除4个顶点围成的面，以实现"打洞"效果。打开"切角顶点选项"对话框，如图2-82所示。

图2-82

【常用参数介绍】

宽度：设置顶点分裂后顶点与顶点之间的距离。

执行切角后移除面：选择该选项后，由4个顶点围成的四边面将被删除。

2.4.13 删除边/顶点

使用"删除边/顶点"命令█可以删除选择的边或顶点，与删除后的边或顶点相关的边或顶点也将被删除。

2.4.14 复制

使用"复制"命令█可以将多边形上的面复制出来作为一个独立部分。打开"复制面选项"对话框，如图2-83所示。

图2-83

【常用参数介绍】

　　分离复制的面： 选择该选项后，复制出来的面将成为一个独立部分。

　　偏移： 用来设置复制出来的面的偏移距离。

2.4.15　提取

　　使用"提取"命令▦可以将多边形对象上的面提取出来作为独立的部分，也可以作为壳和原始对象。打开"提取选项"对话框，如图2-84所示。

图2-84

【常用参数介绍】

　　分离提取的面： 选择该选项后，提取出来的面将作为一个独立的多边形对象；如果关闭该选项，提取出来的面与原始模型将是一个整体。

　　偏移： 设置提取出来的面的偏移距离。

课堂案例
提取多边形的面

场景位置	Scenes>CH02>2-6.mb
实例位置	Examples>CH02>2-6.mb
难易指数	★☆☆☆☆
技术掌握	掌握提取多边形对象上的面的方法

　　本例使用"提取"命令▦将多边形上的面提取出来，效果如图2-85所示。

图2-85

① 打开学习资源中的"Scenes>CH02>2-6.mb"文件，场景中有一个存储仓模型，如图2-86所示。

② 在"通道盒/层编辑器"中取消选择layer1，

此时场景中只剩下中间部分的模型，如图2-87所示。

图2-86　　　　　　　　　　图2-87

③ 进入模型的面级别，选择图2-88所示的面，接着执行"编辑网格>提取"菜单命令▦，使选择的面从模型上分离出来，如图2-89所示。

图2-88　　　　　　　　　　图2-89

④ 为两个模型执行"挤出"命令▦，然后设置"厚度"为0.28，如图2-90所示。

图2-90

⑤ 调整较小模型的大小，使两个模型之间产生缝隙，如图2-91所示。最终效果如图2-92所示。

图2-91　　　　　　　　　　图2-92

2.4.16　刺破

　　使用"刺破"命令▦可以在选定面的中心产生一个新的顶点，并将该顶点与周围的顶点连接起来。在新的顶点处有个控制手柄，可以通过调整手柄来对顶点进行移动操作。打开"刺破面选项"对话框，如图2-93所示。

图2-93

【常用参数介绍】

顶点偏移：偏移"刺破面"命令得到的顶点。

偏移空间：设置偏移的坐标系。"世界（在对象上忽略缩放）"表示在世界坐标空间中偏移；"局部"表示在局部坐标空间中偏移。

2.4.17 楔形

使用"楔形"命令 ▣ 可以通过选择一个面和一条边来生成扇形效果。打开"楔形面选项"对话框，如图2-94所示。

图2-94

【常用参数介绍】

弧形角度：设置产生的弧形的角度。

分段：设置生成的部分的段数。

2.4.18 在网格上投影曲线

使用"在网格上投影曲线"命令 ▣ 可以将曲线投影到多边形面上，类似于NURBS曲面的"在曲面上投影曲线"命令 ▣。打开"在网格上投影曲线选项"对话框，如图2-95所示。

图2-95

【常用参数介绍】

沿以下项投影：指定投影在网格上的曲线的方向。

仅投影到边：将编辑点放置到多边形的边上，否则编辑点可能会出现在沿面和边的不同点处。

2.4.19 使用投影的曲线分割网格

使用"使用投影的曲线分割网格"命令 ▣ 可以在多边形曲面上进行分割，或者在分割的同时分离面。打开"使用投影的曲线分割网格选项"对话框，如图2-96所示。

图2-96

【常用参数介绍】

分割：分割多边形的曲面。分割了多边形的面，但是其组件仍连接在一起，而且只有一组顶点。

分割并分离边：沿分割的边分离多边形。分离了多边形的组件，有两组或更多组顶点。

2.5 网格工具菜单

"网格工具"菜单中提供了很多增加细节的网格工具，如图2-97所示。

图2-97

2.5.1 显示/隐藏建模工具包

使用"显示/隐藏建模工具包"命令，可以在Maya界面的右侧打开或隐藏"建模工具包"面板，如图2-98所示。该面板中提供了大量的快捷建模工具，可以高效、方便地制作模型。

图2-98

2.5.2 附加到多边形

使用"附加到多边形"工具 可以在原有多边形的基础上继续进行扩展，以添加更多的多边形。打开该工具的"工具设置"面板，如图2-99所示。

图2-99

技巧与提示

"附加到多边形工具"的参数与"2.5.5 创建多边形"中"创建多边形工具"的参数大致相同，这里不再讲解。

课堂案例

附加多边形

场景位置	Scenes>CH02>2-7.mb
实例位置	Examples>CH02>2-7.mb
难易指数	★☆☆☆☆
技术掌握	掌握附加多边形的方法

本例使用"附加到多边形"工具 附加多边形，效果如图2-100所示。

图2-100

01 打开学习资源中的"Scenes>CH02>2-7.mb"文件，场景中有一个雕像模型，如图2-101所示。

图2-101

02 在雕像的身体部分有一个缺口。选择模型，执行"网格工具>附加到多边形"菜单命令 ，然后在右侧缺口处选择上下两条边，此时会出现粉色的预览面，如图2-102所示。接着按Enter键，即可生成面，如图2-103所示。

图2-102　　　　　　　　图2-103

03 使用同样的方法修补剩余的缺口，最终效果如图2-104所示。

图2-104

2.5.3 连接

使用"连接"工具 可以通过其他边连接顶点或边。打开该工具的"工具设置"面板，如图2-105所示。

图2-105

2.5.4 折痕

使用"折痕"工具 可以在多边形网格上生成边和顶点的折痕。这样可以用来修改多边形网格，并获取在生硬和平滑之间过渡的形状，而不会过度增大基础网格的分辨率。打开该工具的"工具设置"面板，如图2-106所示。

图2-106

【常用参数介绍】

模式：设置折痕的创建模式。

绝对：让多个边和顶点的折痕保持一致。也就是说，如果选择多个边或顶点来生成折痕，且它们具有已存在的折痕，那么完成之后，所有选定组件将具有相似的折痕值。

相对：如果需要增加或减少折痕的总体数量，可以选择该选项。

延伸到折痕组件：将折痕边的当前选择自动延伸并连接到当前选择的任何折痕。

2.5.5 创建多边形

使用"创建多边形"工具■可以在指定的位置创建一个多边形，该工具是通过单击多边形的顶点来完成创建工作的。打开该工具的"工具设置"面板，如图2-107所示。

图2-107

【常用参数介绍】

分段：指定要创建的多边形的边的分段数量。

保持新面为平面：默认情况下，使用"创建多边形工具"添加的任何面位于附加到的多边形网格

的相同平面。如果要将多边形附加在其他平面上，可以禁用"保持新面为平面"选项。

限制点数：指定新多边形所需的顶点数量。值为4可以创建四条边的多边形（四边形）；值为3可以创建三条边的多边形（三角形）。

将点数限制为：选择"限制点数"选项后，该参数用来设置点数的最大数量。

纹理空间：指定如何为新多边形创建UV纹理坐标。

规格化（缩放以适配）：启用该选项后，纹理坐标将缩放以适合0~1范围内的UV纹理空间，同时保持UV面的原始形状。

单位化（使用角和边界）：启用该选项后，纹理坐标将放置在纹理空间0~1的角点和边界上。具有3个顶点的多边形将具有一个三角形UV纹理贴图（等边），而具有3个以上顶点的多边形将具有方形UV纹理贴图。

无：不为新的多边形创建UV纹理坐标。

课堂案例

创建多边形	
场景位置	无
实例位置	Examples>CH02>2-8.mb
难易指数	★☆☆☆☆
技术掌握	掌握创建多边形工具的用法

本例使用"创建多边形"工具■创建多边形，效果如图2-108所示。

图2-108

01 按快捷键Ctrl+N新建一个场景，切换到front（前）视图。执行"网格工具>创建多边形"菜单命令■，在视图中通过多次单击，绘制出图2-109所示的形状。

图2-109

02 绘制后会以粉色的预览面显示，当按Enter键后就会生成面，如图2-110所示。使用同样的方法绘制出腿部的多边形，效果如图2-111所示。

图2-110　　　　　　　　　图2-111

03 切换到persp（透）视图，对创建好的多边形面片执行"挤出" 命令，使面片具有一定的厚度，如图2-112所示。接着复制腿部模型，并移至另一侧，如图2-113所示。

图2-112　　　　　　　　　图2-113

2.5.6　插入循环边

使用"插入循环边" 可以在多边形对象上的指定位置插入一条环形线，该工具是通过判断多边形的对边来产生线的。如果遇到三边形或大于四边的多边形，将结束命令，因此在很多时候会遇到使用该命令后不能产生环形边的现象。打开该工具的"工具设置"面板，如图2-114所示。

图2-114

【常用参数介绍】

保持位置： 指定如何在多边形网格上插入新边。

与边的相对距离： 基于选定边上的百分比距离，沿着选定边放置点插入边。

与边的相等距离： 沿着选定边按照基于单击第一条边的位置的绝对距离放置点插入边。

多个循环边： 根据"循环边数"中指定的数量，沿选定边插入多个等距循环边。

使用相等倍增： 该选项与剖面曲线的高度和形状有关。使用该选项的时候应用最短边的长度来确定偏移高度。

循环边数： 当启用"多个循环边"选项时，"循环边数"选项可用来设置要创建的循环边数量。

自动完成： 启用该选项后，只要单击并拖动到相应的位置，释放鼠标，就会在整个环形边上立即插入新边。

固定的四边形： 启用该选项后，会自动分割由插入循环边生成的三边形和五边形区域，以生成四边形区域。

平滑角度： 指定在操作完成后，是否自动软化或硬化沿环形边插入的边。

2.5.7　生成洞

使用"生成洞"工具 可以在一个多边形的一个面上利用另外一个面来创建一个洞。打开该工具的对话框，如图2-115所示。

图2-115

【常用参数介绍】

合并模式： 用来设置合并模型的方式，共有以下7种模式。

第一个： 变换选择的第2个面，以匹配中心。

中间： 变换选择的两个面，以匹配中心。

第二个： 变换选择的第1个面，以匹配中心。

投影第一项：将选择的第2个面投影到选择的第1个面上，但不匹配两个面的中心。

投影中间项：将选择的两个面都投影到一个位于它们之间的平面上，但不匹配两个面的中心。

投影第二项：将选择的第1个面投影到选择的第2个面上，但不匹配两个面的中心。

无：直接将"图章面"投影到选择的第1个面上，该设置为默认设置。

技巧与提示

在创建洞时，选择的两个面必须是同一个多边形上的面。如果为了得到特定的洞的形状，可以使用"创建多边形工具"重新创建一个轮廓面，使用"结合"命令将两个模型合并起来，再进行创建洞操作。

2.5.8 多切割

使用"多切割"工具 ✎ 可以切割指定的面或整个对象，让这些面在切割处产生一个分段。打开"多切割"工具的"工具设置"面板，如图2-116所示。

图2-116

【常用参数介绍】

捕捉步长 %：指定在定义切割点时使用的捕捉增量，默认值为25%。

平滑角度：指定完成操作后是否自动软化或硬化插入的边。如果将"平滑角度"设置为180（默认值），则插入的边将显示为软边。如果将"平滑角度"设置为0，则插入的边将显示为硬边。

边流：选择该选项后，新边遵循周围网格的曲面曲率。

细分：指定沿已创建的每条新边出现的细分数目。顶点将沿边放置，以创建细分。

删除面：删除切片平面一侧的曲面部分。

提取面：断开切片平面一侧的面。在"提取面"字段中输入值可以控制提取的方向和距离。

沿平面的切片：沿指定平面yz、zx或xy对曲面进行切片。

2.5.9 偏移循环边

使用"偏移循环边"工具 ▤ 可以在选择的任意边的两侧插入两个循环边。打开"偏移循环边选项"对话框，如图2-117所示。

图2-117

【常用参数介绍】

删除边（保留4边多边形）：在内部循环边上偏移边时，在循环的两端创建的新多边形可以是三边的多边形。

开始/结束顶点偏移：确定两个顶点在选定边（或循环边中一系列连接的边）两端上的距离将从选定边的原始位置向内偏移还是向外偏移。

平滑角度：指定完成操作后是否自动软化或硬化沿循环边插入的边。

保持位置：指定在多边形网格上插入新边的方法。

与边的相对距离：基于沿选定边的百分比距离

沿选定边定位点预览定位器。

与边的相等距离：点预览定位器基于单击第一条边的位置沿选定边在绝对距离处进行定位。

2.5.10 雕刻工具

"雕刻工具"是Maya 2016提供的一个雕刻工具包，展开"雕刻工具"菜单，如图2-118所示。该菜单中提供了多种工具，用于为多边形表面增加细节。

图2-118

2.6 网格显示菜单

"网格显示"菜单下提供了修改网格显示的命令，主要分为五大类，分别为"法线""顶点颜色""顶点颜色集""顶点烘焙集"和"显示属性"，如图2-119所示。在实际的项目中，会经常调整多边形的法线，因此本书主要介绍法线的操作方法。

图2-119

技巧与提示

法线是指在三维世界中，与某一点或面垂直的线。在建模过程中，法线的主要作用是描述面的正反方向。

法线方向影响着多边形命令的作用，如果法线的方向有误，会使模型发生致命错误，因此在制作模型时，要时刻注意法线的方向。在制作模型时，通常会取消选择工作区中的"照明>双面照明"选项，如图2-120所示。此时，模型的正面会正常显示，而背面则会以黑色显示，如图2-121所示。

如果多边形的法线方向不一致，在执行多边形命令时，会产生错误。例如，对一个法线方向不一致的平面执行"挤出"操作时，会产生图2-122所示的错误。

图2-120

图2-121　　　　　图2-122

2.6.1 一致

使用"一致"命令 可以统一选定多边形网格的曲面法线方向。生成的曲面法线方向将基于网格中共享的大多数面的方向。

2.6.2 反转

使用"反转"命令 可以反转选定多边形上的法线，也可以指定是否反转用户定义的法线。

课堂案例

调整法线方向

场景位置	Scenes>CH02>2-9.mb
实例位置	Examples>CH02>2-9.mb
难易指数	★☆☆☆☆
技术掌握	掌握反转法线方向的方法

本例使用"反转"命令 调整法线方向，效果如图2-123所示。

图2-123

01 打开学习资源中的"Scenes>CH02>2-9.mb"文件，场景中有一个猩猩模型，如图2-124所示。

图2-124

02 选择猩猩脸部的面，如图2-125所示。然后执行"网格显示>反转"菜单命令█，效果如图2-126所示。

图2-125 图2-126

03 选择眼睛和胡须模型，如图2-127所示。然后执行"网格显示>反转"菜单命令█，效果如图2-128所示。

图2-127 图2-128

2.6.3 软/硬化边

使用"软化边"█和"硬化边"█控制顶点法线，以更改使用软硬化外观渲染的着色多边形外观。

课堂案例

调整多边形外观

场景位置	Scenes>CH02>2-10.mb
实例位置	Examples>CH02>2.10>2-10.mb
难易指数	★☆☆☆☆
技术掌握	掌握转换软硬边的方法

本例使用"软化边"█和"硬化边"█调整多边形外观，效果如图2-129所示。

图2-129

01 打开学习资源中的"Scenes>CH02>2-10.mb"文件，场景中有一个乌龟模型，如图2-130所示。

图2-130

02 选择模型，然后执行"网格显示>软化边"菜单命令█，效果如图2-131所示。接着选择模型，执行"网格显示>硬化边"菜单命令█，效果如图2-132所示。

图2-131 图2-132

2.7 综合实例：龙虾

场景位置	无
实例位置	Examples>CH02>2-11.mb
难易指数	★★★☆☆
技术掌握	掌握多边形建模的流程与方法

多边形建模方法很适合用来创建角色，本例就来深入学习如何用多边形建模方法创建龙虾模型，效果如图2-133所示。

图2-133

2.7.1 创建头胸部模型

(01) 执行"创建>多边形基本体>立方体"菜单命令，创建一个立方体，然后在"通道盒/层编辑器"面板中设置"宽度"为4，"细分宽度"为3，如图2-134所示。

图2-134

(02) 切换到"点"编辑模式，然后调整多边形的形状，效果如图2-135所示。

(03) 执行"编辑网格>插入循环边"菜单命令，然后在模型中间插入循环边，如图2-136所示。

图2-135 图2-136

(04) 切换到模型的"点"编辑模式，然后调整模型的外形，如图2-137所示。接着删除模型前后和底部的面，如图2-138所示。按3键平滑显示，效果如图2-139所示。

图2-137

 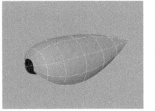

图2-138 图2-139

2.7.2 创建腹部模型

(01) 执行"创建>多边形基本体>立方体"菜单命令，创建一个立方体，然后在"通道盒/层编辑器"面板中设置"细分宽度"为3，"高度细分数"为2，如图2-140所示。

图2-140

(02) 切换到模型的"面"编辑模式，然后删除前后和底部的面，如图2-141所示。接着切换到"点"编辑模式，调整模型的外形，效果如图2-142所示。

图2-141 图2-142

(03) 复制出4个模型，然后将这4个模型紧密排列，如图2-143所示。接着调整模型的大小和形状，效果如图2-144所示。按3键平滑显示，效果如图2-145所示。

图2-143

图2-144 图2-145

2.7.3 创建尾部模型

(01) 新建一个立方体，然后在"通道盒/层编辑器"

面板中设置"宽度"为0.4，"高度"为0.2，"细分宽度"为2，"高度细分数"为2，"深度细分数"为3，如图2-146所示。

图2-146

02 切换到模型的"点"编辑模式，然后调整模型的外形，如图2-147所示。接着使用"插入循环边"在模型前后两端插入循环边，如图2-148所示。调整模型的外形，效果如图2-149所示。

图2-147

图2-148　　　　　　　　图2-149

03 新建一个立方体，然后在"通道盒/层编辑器"面板中设置"宽度"为0.4，"高度"为0.1，"细分宽度"为2，"高度细分数"为2，"深度细分数"为4，如图2-150所示。

图2-150

04 切换到模型的"点"编辑模式，然后调整模型的外形，如图2-151所示。接着使用"插入循环边"在模型前部插入一条循环边，如图2-152所示。

图2-151　　　　　　　　图2-152

05 复制一个模型，然后将其移至模型的另一侧，两个模型对称，如图2-153所示。接着选择3个尾部模型，按3键平滑显示，效果如图2-154所示。

图2-153　　　　　　　　图2-154

2.7.4 创建足部模型

01 新建一个立方体，然后在"通道盒/层编辑器"面板中设置"宽度"为0.05，"高度"为0.1，"深度"为0.3，"高度细分数"为2，"深度细分数"为4，如图2-155所示。

图2-155

02 切换到模型的"点"编辑模式，然后调整立方体的形状，如图2-156所示。

03 按快捷键Ctrl+D复制一个模型，然后切换到"点"编辑模式，接着调整模型的形状，如图2-157所示。

图2-156　　　　　　　　图2-157

04 采用相同的方法复制出多个足模型，并适当调整其大小及比例，效果如图2-158所示。选择足模型，按3键平滑显示，效果如图2-159所示。

图2-158　　　　　　　　图2-159

05 使用"CV曲线工具"绘制出4条图2-160所示的曲线。然后新建一个立方体，接着调整其大小，如图2-161所示。

图2-160　　　　　　　　图2-161

06 使用"捕捉到曲线"工具将立方体捕捉到曲线的起始点，如图2-162所示。然后调整立方体的方向，使立方体朝曲线方向，如图2-163所示。

图2-162　　　　　　　　图2-163

07 切换到模型的"面"编辑模式，然后选择立方体上与曲线相交的面，接着加选曲线，如图2-164所示。

图2-164

08 执行"编辑网格>挤出"菜单命令，然后在"通道盒/层编辑器"面板中设置"分段"为3，"锥化"为0，如图2-165所示。使用相同的方法制作出其他的足模型，如图2-166所示。按3键平滑显示，效果如图2-167所示。

图2-165

图2-166　　　　　　　　图2-167

2.7.5　创建螯足模型

01 使用"CV曲线工具"绘制出1条图2-168所示的曲线。新建一个立方体，接着使用"捕捉到曲线"工具将立方体捕捉到曲线的起始点，调整其大小和方向，如图2-169所示。

图2-168　　　　　　　　图2-169

02 选择立方体上的面，然后加选曲线。执行"编辑网格>挤出"菜单命令，在"通道盒/层编辑器"面板中设置"分段"为3，如图2-170所示。

图2-170

03 使用"插入循环边"在挤出的多边形上添加循环边，如图2-171所示。切换到"点"编辑模式，接着调整多边形的外形，如图2-172所示。

图2-171   图2-172

04 使用同样的方法制作另一边的模型，如图2-173所示。按3键平滑显示，效果如图2-174所示。

图2-173   图2-174

05 新建一个立方体，然后在"通道盒/层编辑器"面板中设置"宽度"为0.2，"高度"为0.1，"深度"为1.5，"高度细分数"为2，"深度细分数"为4，如图2-175所示。

图2-175

06 切换到"点"编辑模式，然后调整多边形的外形，如图2-176所示。接着复制出一个多边形，调整其形状和方向，如图2-177所示。

图2-176   图2-177

07 使用同样的方法制作另一侧的模型，如图2-178所示。然后按3键平滑显示，效果如图2-179所示。

图2-178   图2-179

2.7.6 创建触角及细节处模型

01 新建一个立方体，然后选择其顶部的面，如图2-180所示。接着使用"挤出"命令将面向上挤出，并调整面的大小，如图2-181所示。

图2-180   图2-181

02 使用"挤出"命令将面向上挤出，如图2-182所示。使用"挤出"命令将面放大，如图2-183所示。

图2-182   图2-183

03 使用"挤出"命令将面向上挤出，如图2-184所示。使用"挤出"命令将面向上挤出并缩小，如图2-185所示。接着将模型移至虾的眼睛处，按3键平滑显示，效果如图2-186所示。

图2-184

图2-185   图2-186

04 使用挤出的方法制作出触角底部的模型，效果如图2-187所示。沿着多边形模型的方向绘制一条曲线，如图2-188所示。接着使用挤出的方法制作出完整的触角模型，效果如图2-189所示。

图2-187

图2-188

图2-189

05 新建一个立方体，然后调整其外形，效果如图2-190所示。接着制作出虾其他部位的模型，最终效果如图2-191所示。

图2-190

图2-191

2.8 本章小结

多边形建模是一种常用的建模方式，可以快速构建出人物、动物、植物以及机械等模型，尤其是在动画制作方面，多边形有着众多优势。本章主要介绍了多边形对象的创建方法和编辑方法，并且安排了大量案例，以熟悉各种重要工具的用法。

2.9 课后习题：制作司南

场景位置	无
实例位置	Examples>CH02>2-12.mb
难易指数	★★★☆☆
技术掌握	学习用多边形面片制作模型和软选择编辑模型的方法

本例通过多种多边形工具制作司南模型，难点和重点在于磁勺模型的制作，以及软选择编辑模型的方法，效果如图2-192所示。

图2-192

制作提示

第1步：创建一个多边形立方体，然后调整成磁勺的形状。

第2步：创建一个多边形圆柱体，然后调整其大小和位置。

第3步：创建一个多边形立方体，然后挤出表面制作出方形底座。

步骤如图2-193所示。

使用多边形立方体制作磁勺　　　使用圆柱体制作圆形底座　　　使用立方体制作方形底座

图2-193

第3章

NURBS建模技术

本章将介绍Maya 2016的NURBS建模技术，包括NURBS曲线和NURBS曲面的创建方法与编辑方法。这是一个非常重要的章节，基本上在实际工作中运用到的NURBS建模技术都包含在本章中。

课堂学习目标

了解NURBS的理论知识

掌握创建NURBS对象的方法

掌握编辑NURBS对象的方法

掌握NURBS建模的流程与方法

3.1 NURBS理论知识

NURBS是Non—Uniform Rational B-Spline（非统一有理性B样条曲线）的缩写。NURBS是用数学函数来描述曲线和曲面，并通过参数来控制精度，这种方法可以让NURBS对象达到任何想要的精度，这就是NURBS对象的最大优势。

现在NURBS建模已经成为一个行业标准，并广泛应用于工业和动画领域。NURBS有条理、有组织的建模方法让用户很容易上手和理解，通过NURBS工具可以创建出高品质的模型，并且NURBS对象可以通过较少的点来控制平滑的曲线或曲面，很容易让曲面达到流线型效果。

3.1.1 NURBS建模方法

NURBS的建模方法可以分为以下两大类。

第1类：用原始的几何体进行变形来得到想要的造型，这种方法灵活多变，对美术功底要求比较高。

第2类：通过由点到线、由线到面的方法来塑造模型，用这种方法创建出来的模型的精度比较高，很适合创建工业领域的模型。

不同的建模方法当然也可以穿插起来使用，然后配合Maya的雕刻工具、置换贴图（通过置换贴图可以将比较简单的模型模拟成比较复杂的模型）或者配合使用其他雕刻软件（如ZBrush）来制作出高精度的模型。图3-1所示的是使用NURBS技术创建的一个怪物模型。

图3-1

3.1.2 NURBS对象的组成元素

NURBS的基本组成元素有点、曲线和曲面，通过这些基本元素可以构成复杂的高品质模型。

1.NURBS曲线

Maya 2016中的曲线都属于NURBS物体，可以通过曲线来生成曲面，也可以从曲面中提取曲线。展开"创建"菜单，可以从菜单中观察到6种直接创建曲线的工具，如图3-2所示。

不管何种创建方法，创建出来的曲线都是由控制点、编辑点和壳线等基本元素组成的，可以通过这些基本元素对曲线进行变形，如图3-3所示。

图3-2　　　　　　　　　　　图3-3

【NURBS曲线元素介绍】

CV控制点：CV控制点是壳线的交界点。通过对CV控制点的调节，可以在保持曲线良好平滑度的前提下对曲线进行调整，很容易达到想要的造型而不破坏曲线的连续性，这充分体现了曲线的优势。

EP编辑点：EP是英文Edit Point（编辑点）的缩写。在Maya中，EP编辑点用一个小叉来表示。EP编辑点是曲线上的结构点，每个EP编辑点都在曲线上，也就是说曲线都必须经过EP编辑点。

壳线：壳线是CV控制点的边线。在曲面中，可以通过壳线来选择一组控制点对曲面进行变形操作。

段：段是EP编辑点之间的部分，可以通过改变段数来改变EP编辑点的数量。

NURBS曲线是一种平滑的曲线，在Maya中，曲线的平滑度由"次数"来控制，共有5种次数，分别是1、2、3、5和7。次数其实是表示连续性，也就是切线方向和曲率是否保持连续。

次数为1时：表示曲线的切线方向和曲率都不连续，呈现出来的曲线是一种直棱直角的曲线。这个次数适合建立一些尖锐的物体。

次数为2时：表示曲线的切线方向连续而曲率不连续，从外观上观察比较平滑，但在渲染曲面时会有棱角，特别是在反射比较强烈的情况下。

次数为3以上时：表示切线方向和曲率都处于连续状态，此时的曲线非常平滑，因为次数越高，曲线越平滑。

2.NURBS曲面

在上面已经介绍了NURBS曲线的优势，曲面的基本元素和曲线大致类似，都可以通过很少的基本元素来控制一个平滑的曲面，如图3-4所示。

图3-4

【NURBS曲面元素介绍】

曲面起始点：是U方向和V方向上的起始点。V方向和U方向是两个分别用V和U字母来表示的控制点，它们与起始点一起决定了曲面的UV方向，这对后面的贴图制作非常重要。

CV控制点：和曲线的CV控制点作用类似，都是壳线的交界点，可以很方便地控制曲面的平滑度，在大多数情况下都是通过CV控制点来对曲面进行调整。

壳线：壳线是CV控制点的连线，可以通过选择壳线来选择一组CV控制点，然后对曲面进行调整。

曲面面片：NURBS曲面上的等参线将曲面分割成无数的面片，每个面片都是曲面面片。可以将曲面上的曲面面片复制出来加以利用。

等参线：等参线是U方向和V方向上的网格线，用来决定曲面的精度。

曲面点：是曲面上等参线的交点。

3.1.3 物体级别与基本元素间的切换

从物体级别切换到元素级别的方法主要有以下3种。

第1种：通过单击状态栏上的"按对象类型选择"工具和"按组件类型选择"工具来进行切换，前者是物体级别，后者是元素（次物体）级别。

第2种：通过快捷键来进行切换，重复按F8键可以实现物体级别和元素级别之间的切换。

第3种：使用右键快捷菜单来进行切换。

3.1.4 NURBS曲面的精度控制

曲面的精度有两种类型：一种是控制视图的显示精度，为建模过程提供方便；另一种是控制渲染精度，曲面在渲染时都是先转换成多边形对象后才渲染出来的，所以就有一个渲染精度的问题。曲面最大的特点就是可以控制这个渲染精度。

在视图显示精度上，系统有几种预设的显示精度。切换到"建模"模块，在"显示>NURBS"菜单下有"壳线""粗糙""中等""精细"和"自定义平滑度"这5种显示精度的方法，如图3-5所示。

图3-5

1.壳线

单击"壳线"命令后面的按钮，打开"NURBS平滑度（壳线）选项"对话框，如图3-6所示。

图3-6

【常用参数介绍】

受影响的对象：用于控制"壳线"命令所影响的范围。"活动"选项可以使"壳线"命令只影响选择的曲面对象；"全部"选项可以使壳线命令影响场景中所有的曲面对象。

U/V向壳线简化：用来控制在U或V方向上显示简化的级别。1表示完全按壳线的外壳显示，数值越大，显示的精度越简化。

2.自定义平滑度

"自定义平滑度"命令用来自定义显示精度的方式，单击该命令后面的■按钮，打开"NURBS平滑度（自定义）选项"对话框，如图3-7所示。

图3-7

3.视图显示精度和渲染精度控制

在视图中随意创建一个曲面对象，然后按快捷键Ctrl+A打开其"属性编辑器"面板。该面板中的"NURBS曲面显示"和"细分"两个卷展栏，可分别用来控制视图的显示精度和渲染精度，如图3-8所示。

图3-8

展开"NURBS曲面显示"卷展栏，如图3-9所示。

图3-9

【常用参数介绍】

曲线精度：用于控制曲面在线框显示状态下线框的显示精度。数值越大，线框显示就越平滑。

曲线精度着色：用于控制曲面在视图中的显示精度。数值越大，显示的精度就越高。

U/V向简化：这两个选项用来控制曲面在线框显示状态下线框的显示数量。

法线显示比例：用来控制曲面法线的显示比例大小。

> **技巧与提示**
>
> 在"曲面"模块下执行"显示>NURBS>法线（着色模式）"菜单命令，可以开启曲面的法线显示。

展开"细分"卷展栏，如图3-10所示。

图3-10

【常用参数介绍】

显示渲染细分：以渲染细分的方式显示NURBS曲面并转换成多边形的实体对象，因为Maya的渲染方法是将对象划分成一个个三角形面片。开启该选项后，对象将以三角形面片显示在视图中。

3.2 创建NURBS对象

在Maya中，最基本的NURBS对象分为NURBS曲线和NURBS基本体两种，这两种对象都可以直接创建出来。

3.2.1 创建NURBS曲线

在"创建>曲线工具"菜单中提供了5种曲线绘制工具,如图3-11所示。

图3-11

1.CV曲线工具

"CV曲线工具" 通过创建控制点来绘制曲线。单击"CV曲线工具"命令后面的按钮,打开"工具设置"面板,如图3-12所示。

图3-12

【常用参数介绍】

曲线次数:该选项用来设置创建的曲线的次数。一般情况下都使用"1线性"或"3立方"曲线,特别是"3立方"曲线,如图3-13所示。

图3-13

结间距:设置曲线曲率的分布方式。

一致:该选项可以随意增加曲线的段数。

弦长:开启该选项后,创建的曲线可以具备更好的曲率分布。

多端结:开启该选项后,曲线的起始点和结束点位于两端的控制点上;如果关闭该选项,起始点和结束点之间会产生一定的距离,如图3-14所示。

图3-14

重置工具 :将"CV曲线工具"的所有参数恢复到默认设置。

工具帮助 :单击该按钮可以打开Maya的帮助文档,该文档中会说明当前工具的具体功能。

2.EP曲线工具

"EP曲线工具" 是绘制曲线的常用工具,通过该工具可以精确地控制曲线所经过的位置。单击"EP曲线工具"命令后面的按钮,打开"工具设置"面板。这里的参数与"CV曲线工具"的参数基本一样,如图3-15所示,只是"EP曲线工具"是通过绘制编辑点的方式来绘制曲线,如图3-16所示。

图3-15

图3-16

3.Bezier曲线工具

"Bezier曲线工具" 的运用非常广泛，在多个软件中都可以见到其身影，它主要是通过控制点来创建曲线，然后使用控制柄来调节曲线，如图3-17所示。单击"Bezier曲线工具"命令后面的 ▣ 按钮，打开"工具设置"面板，在这里可以选择操纵器模式以及切线的选择模式，如图3-18所示。

图3-17

图3-18

4.铅笔曲线工具

"铅笔曲线工具" 是通过绘图的方式来创建曲线，可以直接使用"铅笔曲线工具"在视图中绘制曲线，也可以通过手绘板等工具来绘制流畅的曲线，同时还可以使用"平滑" 和"重建"命令 对曲线进行平滑处理。"铅笔曲线工具"的参数很简单，和"CV曲线工具"的参数类似，如图3-19所示。

图3-19

技巧与提示

使用"铅笔曲线工具"绘制曲线的缺点是控制点太多，如图3-20所示。绘制完成后难以对其进行设置，只有使用"平滑" 和"重建"命令 精减曲线上的控制点后，才能进行设置，但这两个命令会使曲线发生很大的变形，所以一般情况下会使用"CV曲线工具"和"EP曲线工具"来创建曲线。

图3-20

5.弧工具

"三点圆弧" 和"两点圆弧" 命令可以用来创建圆弧曲线，如图3-21所示。绘制完成后，可以用鼠标中键再次对圆弧进行设置。

图3-21

【命令介绍】

三点圆弧 ：单击"三点圆弧"命令后面的 ▣ 按钮，可打开"工具设置"面板，如图3-22所示。

图3-22

圆弧次数：用来设置圆弧的度数，这里有"1线性"和3这两个选项可以选择。

截面数：用来设置曲线的截面段数，最少为4段。

两点圆弧 ：使用"两点圆弧"工具可以绘制出两点圆弧曲线，如图3-23所示。单击"两点圆弧"命令后面的■按钮，打开"工具设置"面板，如图3-24所示。

图3-23

图3-24

巧用曲线工具绘制螺旋线

场景位置	Scenes>CH03>3-1.mb
实例位置	Examples>CH03>3-1.mb
难易指数	★★☆☆☆
技术掌握	掌握螺旋线的绘制技巧

本例使用曲线工具绘制螺旋线，效果如图3-25所示。

图3-25

01 打开学习资源中的"Scenes>CH03>3-1.mb"文件，场景中有一个零件模型，如图3-26所示。

图3-26

02 选择模型的上部分，然后执行"修改>激活"菜单命令🔩，将其设置为工作表面，如图3-27所示。

图3-27

03 执行"创建>曲线工具>CV曲线工具"菜单命令🖾，然后在曲面上4次单击，创建4个控制点，如图3-28所示。按Insert键，当出现操作手柄时，按住鼠标中键将曲线一圈一圈地围绕在圆柱体上。按Enter键结束创建，效果如图3-29所示。

图3-28

图3-29

04 选择螺旋曲线，然后执行"曲线>复制曲面曲线"菜单命令🖋，将螺旋线复制一份出来，如图3-30所示。

图3-30

技巧与提示

通过本例的学习，还可以使用其他物体创建出各式各样的螺旋曲线，如图3-31所示。

图3-31

3.2.2 文本

Maya可以通过输入文字来创建曲线、曲面、多边形曲面和倒角物体。单击"创建>文本"命令后面的▣按钮，打开"文本曲线选项"对话框，如图3-32所示。

图3-32

【常用参数介绍】

文本：在这里可以输入要创建的文本内容。

字体：设置文本字体的样式，单击后面的▣按钮，可以打开"选择可扩展字体"对话框，在该对话框中可以设置文本的字体、字体风格和大小等，如图3-33所示。

图3-33

类型：设置要创建的文本对象的类型，有"曲线""修剪""多边形"和"倒角"4个选项可以选择，如图3-34所示。

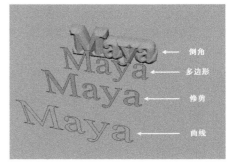

图3-34

3.2.3 Adobe(R) Illustrator(R)对象

Maya 2016可以直接读取Illustrator软件的源文件，即将Illustrator的路径作为曲线导入Maya中。在Maya以前的旧版本中不支持中文输入，只有AI格式的源文件才能导入Maya中，而Maya 2016可以直接在文本里创建中文文本，同时也可以使用平面软件绘制出Logo等图形，保存为AI格式，再导入Maya中创建实体对象。

技巧与提示

Illustrator是Adobe公司出品的一款平面矢量软件，使用该软件可以很方便地绘制出各种形状的矢量图形。

单击"Adobe（R）Illustrator（R）对象"命令后面的█按钮，打开"Adobe（R）Illustrator（R）对象选项"对话框，如图3-35所示。

图3-35

技巧与提示

从"类型"选项组中可以看出，使用AI格式的路径可以创建出"曲线"和"倒角"对象。

"创建>NURBS基本体"菜单下是曲面基本几何体的创建命令，用这些命令可以创建出曲面最基本的几何体对象，如图3-36所示。

图3-36

Maya提供了两种建模方法，一种是直接创建一个几何体在指定的坐标上，几何体的大小也是提前设定的；另一种是交互式创建方法，这种创建方法是在选择命令后在视图中拖曳鼠标才能创建出几何体对象，大小和位置由光标的位置决定，这是Maya默认的创建方法。

技巧与提示

在"创建>NURBS基本体"菜单下选择"交互式创建"选项，可以启用交互式创建方法。

1.球体

选择"球体"命令█后，在视图中拖曳鼠标就可以创建出曲面球体，拖曳的距离就是球体的半径。单击"球体"命令后面的█按钮，打开"NURBS球体选项"对话框，如图3-37所示。

图3-37

【常用参数介绍】

轴：用来设置球体中心轴的方向，有X、Y、Z、"自由"和"活动视图"这5个选项可以选择。选择"自由"选项可激活下面的坐标设置，该坐标与原点连线方向就是所创建球体的轴方向；选择"活动视图"选项后，所创建球体的轴方向将垂直于视图的工作平面，也就是视图中网格所在的平面。图3-38所示的分别是在顶视图、前视图、侧视图中所创建的球体效果。

图3-38

开始扫描角度：设置球体起始的角度，其值范围为0~360，可以产生不完整的球面。

"开始扫描角度"值不能等于360。如果等于360，"开始扫描角度"就等于"结束扫描角度"，这时候创建球体，系统将会提示错误信息，在视图中也观察不到创建的对象。

结束扫描角度：用来设置球体终止的角度，其值范围为0~360，可以产生不完整的球面，与"开始扫描角度"正好相反，如图3-39所示。

图3-39

半径：用来设置球体的大小。设置好半径后直接在视图中单击鼠标左键，可以创建出球体。

曲面次数：用来设置曲面的平滑度。"线性"为直线型，可形成尖锐的棱角；"立方"会形成平滑的曲面，如图3-40所示。

图3-40

使用容差：该选项默认状态处于关闭状态，是另一种控制曲面精度的方法。

截面数：用来设置V向的分段数，最小值为4。

跨度数：用来设置U向的分段数，最小值为2，图3-41所示的是使用不同分段数创建的球体对比。

截面数=8　　　　　截面数=20
跨度数=4　　　　　跨度数=10

图3-41

调整截面数和跨度数：选择该选项时，创建球体后不会立即结束命令，再次拖曳鼠标可以改变U方向上的分段数，结束后再次拖曳鼠标可以改变V方向上的分段数。

2.立方体

单击"立方体"命令🔲后面的🔲按钮，打开"NURBS立方体选项"对话框，如图3-42所示。

图3-42

该对话框中的大部分参数都与NURBS球体的参数相同，因此重复部分不进行讲解。

【常用参数介绍】

宽度/长度/高度：分别用来设置立方体的宽、长、高。设置好相应的参数后，在视图里单击鼠标左键就可以创建出立方体。

技巧与提示

创建的立方体是由6个独立的平面组成的，整个立方体为一个组，如图3-43所示。

图3-43

曲面次数：该选项比球体的创建参数多了2、5、7这3个选项。

U/V面片：设置U/V方向上的分段数。

调整U和V面片：这里与球体不同的是，添加U向分段数的同时也会增加V向的分段数。

3.圆柱体

单击"圆柱体"命令██后面的██按钮，打开"NURBS圆柱体选项"对话框，如图3-44所示。

图3-44

【常用参数介绍】

半径：设置圆柱体的半径。

高度：设置圆柱体的高度。

技巧与提示

在创建圆柱体时，只有在使用单击鼠标左键的方式创建时，设置的半径和高度值才起作用。

封口：用来设置是否为圆柱体添加盖子，或者在哪一个方向上添加盖子。"无"选项表示不添加盖子；"底"选项表示在底部添加盖子，而顶部镂空；"顶"选项表示在顶部添加盖子，而底部镂空；"二者"选项表示在顶部和底部都添加盖子，如图3-45所示。

图3-45

封口上的附加变换：选择该选项时，盖子和圆柱体会变成一个整体；如果关闭该选项，盖子将作为圆柱体的子物体。

4.圆锥体

单击"圆锥体"命令██后面的██按钮，打开"NURBS圆锥体选项"对话框，如图3-46所示。

图3-46

5.平面

单击"平面"命令██后面的██按钮，打开"NURBS平面选项"对话框，如图3-47所示。

图3-47

6.圆环

单击"圆环"命令 后面的 按钮，打开"NURBS圆环选项"对话框，如图3-48所示。

图3-48

【常用参数介绍】

次扫描角度： 该选项表示在圆环截面上的角度，如图3-49所示。

次扫描=120

图3-49

半径： 用来设置圆环整体半径的大小，如图3-50所示。

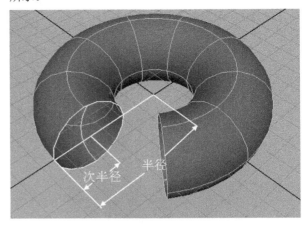

图3-50

次半径： 设置圆环在截面上的半径。

7.圆形

单击"圆形"命令 后面的 按钮，打开"NURBS圆形选项"对话框，如图3-51所示。

图3-51

【常用参数介绍】

截面数： 用来设置圆的段数。

调整截面数： 选中该选项时，创建模型后不会立即结束命令，再次拖曳鼠标，可以改变圆的段数。

8.方形

单击"方形"命令 后面的 按钮，打开"NURBS方形选项"对话框，如图3-52所示。

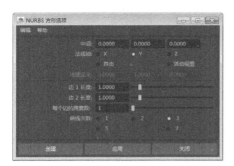

图3-52

【常用参数介绍】

边1长度/边2长度：分别用来设置两条对边的长度。

每个边的跨度数：用来设置每条边上的段数。

调整每个边的跨度数：选中该选项后，在创建矩形后可以再次对每条边的段数进行修改。

技巧与提示

在实际工作中，经常会遇到切换显示模式的情况。如果要将实体模式切换为"控制顶点"模式，那么可以在对象上按住鼠标右键，然后在打开的快捷菜单中选择"控制顶点"命令，如图3-53所示。如果要将"控制顶点"模式切换为"对象模式"，可以在对象上按住鼠标右键，然后在打开的菜单中选择"对象模式"命令，如图3-54所示。

图3-53

图3-54

3.3 编辑NURBS曲线

"曲线"菜单提供了大量的曲线编辑工具，包括"修改"和"编辑"两种类型，如图3-55所示。

图3-55

3.3.1 锁定长度/解除锁定长度

"锁定长度"命令 和"解除锁定长度"命令 可以锁定/解锁曲线的长度，使其保持恒定的壳线长度。

3.3.2 弯曲

"弯曲"命令 可以使选定曲线（或选定 CV）朝一个方向弯曲，曲线的第一个 CV 将保持其原始位置。单击"弯曲"命令后面的 按钮，打开"弯曲曲线选项"对话框，如图3-56所示。

图3-56

【常用参数介绍】

弯曲量：确定选定曲线的每个分段的弯曲程度。"弯曲量"越大，曲线的弯曲程度越大。由于"弯曲量"会影响每个分段，因此，具有较多CV的曲线将比具有较少CV的曲线弯曲程度更大。

扭曲：控制选定曲线的弯曲方向。

3.3.3 卷曲

"卷曲"命令 可以使选定曲线（或选定CV）产生类似螺旋的效果，曲线的第一条CV会保持其原始位置。单击"卷曲"命令后面的 按钮，打开"卷曲曲线选项"对话框，如图3-57所示。

图3-57

卷曲量：确定选定曲线的每个分段将被卷曲的量。"卷曲量"越高，产生的效果就越大。相对于具有较少CV的曲线，对具有多个CV的曲线产生的效果更大，因为"卷曲量"影响每个分段。

卷曲频率：确定选定曲线将被卷曲的量。

> **技巧与提示**
>
> 建议不要对一条曲线应用两次"卷曲"命令 ，第2次卷曲将会产生不理想的结果，因为它尝试卷曲已卷曲的曲线。

3.3.4 缩放曲率

使用"缩放曲率"命令 可以改变曲线的曲率，图3-58所示的是改变曲线曲率前后的效果对比。单击"缩放曲率"命令后面的 按钮，打开"缩放曲率选项"对话框，如图3-59所示。

图3-58

图3-59

【常用参数介绍】

比例因子：用来设置曲线曲率变化的比例。值为1表示曲率不发生变化；值大于1表示增大曲线的弯曲度；值小于1表示减小曲线的弯曲度。

最大曲率：用来设置曲线的最大弯曲度。

3.3.5 平滑

使用"平滑"命令 可以在不减少曲线结构点数量的前提下使曲线变得更加平滑。在使用"铅笔曲线工具" 绘制曲线时，一般都要通过该命令来进行平滑处理。如果要减少曲线的结构点，可以使用"重建"命令 来设置曲线重建后的结构点数量。单击"平滑"命令后面的 按钮，打开"平滑曲线选项"对话框，如图3-60所示。

图3-60

【常用参数介绍】

平滑因子：设置曲线的平滑程度。数值越大，曲线越平滑。

3.3.6 拉直

使用"拉直"命令![图标]可以将一条弯曲的曲线拉直成一条直线。单击"拉直"命令后面的■按钮，打开"拉直曲线选项"对话框，如图3-61所示。

图3-61

【常用参数介绍】

平直度：用来设置拉直的强度。数值为1时表示完全拉直；数值不等于1时表示曲线有一定的弧度。

保持长度：该选项决定是否保持原始曲线的长度。默认为启用状态，如果关闭该选项，拉直后的曲线将在两端的控制点之间产生一条直线。

3.3.7 复制曲面曲线

通过"复制曲面曲线"命令![图标]可以将曲面上的等参线、剪切边和曲面上的曲线复制出来。单击"复制曲面曲线"命令后面的■按钮，打开"复制表面曲线选项"对话框，如图3-62所示。

图3-62

【常用参数介绍】

与原始对象分组：选择该选项后，可以让复制出来的曲线作为源曲面的子物体；关闭该选项时，复制出来的曲线将作为独立的物体。

可见曲面等参线：U、V和"二者"选项分别表示复制U向、V向和两个方向上的等参线。

技巧与提示

除了上面的复制方法，经常使用到的还有一种方法：先进入曲面的等参线编辑模式，然后选择指定位置的等参线，接着执行"复制曲面曲线"命令，这样可以将指定位置的等参线单独复制出来，而不复制其他等参线；若选择剪切边或曲面上的曲线进行复制，也不会复制其他等参线。

课堂案例

复制曲面上的曲线

场景位置	Scenes>CH03>3-2.mb
实例位置	Examples>CH03>3-2.mb
难易指数	★☆☆☆☆
技术掌握	掌握将曲面上的曲线复制出来的方法

本例使用"复制曲面曲线"命令![图标]复制曲线，效果如图3-63所示。

图3-63

01 打开学习资源中的"Scenes>CH03>3-2.mb"文件，场景中有一个车轮模型，如图3-64所示。

图3-64

02 选择轮胎，然后按住鼠标右键，在打开的菜单中选择"等参线"命令，如图3-65所示。

图3-65

03 选择轮胎中间的等参线，如图3-66所示。执行"曲线>复制曲面曲线"菜单命令，将表面曲线复制出来，如图3-67所示。

图3-66

图3-67

3.3.8 对齐

使用"对齐"命令可以对齐两条曲线的最近点，也可以按曲线上的指定点对齐。单击"对齐"命令后面的按钮，打开"对齐曲线选项"对话框，如图3-68所示。

图3-68

【常用参数介绍】

附加：将对齐后的两条曲线连接为一条曲线。

多点结：用来选择是否保留附加处的结构点。"保持"为保留结构点；"移除"为移除结构点，移除结构点时，附加处将变成平滑的连接效果。

连续性：决定对齐后的连接处的连续性。

位置：使两条曲线直接对齐，而不保持对齐处的连续性。

切线：将两条曲线对齐后，保持对齐处的切线方向一致。

曲率：将两条曲线对齐后，保持对齐处的曲率一致。

修改位置：用来决定移动哪条曲线来完成对齐操作。

第一个：移动第1个选择的曲线来完成对齐操作。

第二个：移动第2个选择的曲线来完成对齐操作。

二者：将两条曲线同时向均匀的位置上移动来完成对齐操作。

修改边界：以改变曲线外形的方式来完成对齐操作。

第一个：改变第1个选择的曲线来完成对齐操作。

第二个：改变第2个选择的曲线来完成对齐操作。

二者：将两条曲线同时向均匀的位置上改变外形来完成对齐操作。

修改切线：使用"切线"或"曲率"对齐曲线时，该选项决定改变哪条曲线的切线方向或曲率来完成对齐操作。

第一个：改变第1个选择的曲线。

第二个：改变第2个选择的曲线。

切线比例1：用来缩放第1个选择曲线的切线方向的变化大小。一般在使用该选项后，要在"通道盒"里修改参数。

曲率比例1：用来缩放第1个选择曲线的曲率大小。

切线比例2：用来缩放第2个选择曲线的切线方向的变化大小。一般在使用该命令后，要在"通道盒"里修改参数。

曲率比例2：用来缩放第2个选择曲线的曲率大小。

保持原始：选择该选项后会保留原始的两条曲线。

对齐曲线的顶点

场景位置	Scenes>CH03>3-3.mb
实例位置	Examples>CH03>3-3.mb
难易指数	★☆☆☆☆
技术掌握	掌握对齐断开曲线顶点的方法

本例使用"对齐"命令 ⟪ 对齐曲线，效果如图3-69所示。

图3-69

01 打开学习资源中的"Scenes>CH03>3-3.mb"文件，场景中有两条曲线，如图3-70所示。

图3-70

02 选择两条曲线，单击"曲线>对齐"菜单命令 ⟪ 后面的 ▣ 按钮，打开"对齐曲线选项"对话框。接着选择"附加"选项，设置"连续性"为"位置"，"修改位置"为"二者"。单击"对齐"按钮，如图3-71所示。对齐效果如图3-72所示。

图3-71

图3-72

3.3.9 添加点工具

"添加点工具" ⟪ 主要用来为创建好的曲线增加延长点，如图3-73所示。

图3-73

3.3.10 附加

使用"附加"命令 ⟪ 可以将断开的曲线合并为一条完整曲线。单击"附加"命令后面的 ▣ 按钮，打开"附加曲线选项"对话框，如图3-74所示。

图3-74

【常用参数介绍】

附加方法：曲线的附加方法，包括"连接"和"混合"两个选项。"连接"可以直接将两条曲线连接起来，但不进行平滑处理，所以会产生尖锐的角；"混合"可使两条曲线的附加点以平滑的方式过渡，并且可以调节平滑度。

多点结：用来选择是否保留合并处的结构点。"保持"为保留结构点；"移除"为移除结构点，移除结构点时，附加处会变成平滑的连接效果，如图3-75所示。

图3-75

混合偏移：当开启"混合"选项时，该选项用来控制附加曲线的连续性。

插入结：开启"混合"选项时，该选项可用来在合并处插入EP点，以改变曲线的平滑度。

保持原始：选择该选项时，合并后将保留原始的曲线；关闭该选项时，合并后将删除原始曲线。

课堂案例
连接曲线

场景位置	Scenes>CH03>3-4.mb
实例位置	Examples>CH03>3-4.mb
难易指数	★☆☆☆☆
技术掌握	掌握将断开的曲线连接为一条闭合曲线的方法

本例使用"附加"命令将两条断开的曲线连接起来，效果如图3-76所示。

图3-76

01 打开学习资源中的"Scenes>CH03>3-4.mb"文件，场景中有一个五角星，如图3-77所示。

图3-77

02 执行"窗口>大纲视图"菜单命令，打开"大纲视图"。从该对话框中和视图中都可以观察到曲线是由两部分组成，如图3-78所示。

图3-78

03 选择两条曲线，单击"曲线>附加"菜单命令后面的■按钮，在打开的"附加曲线选项"对话框中选择"连接"选项，接着单击"附加"按钮，如图3-79所示。最终效果如图3-80所示。

图3-79

图3-80

"附加"命令在编辑曲线时经常会使用到，熟练掌握该命令可以创建出复杂的曲线。曲线在创建时无法直接产生直角的硬边，这是由曲线本身的特性所决定的，因此需要通过该命令将不同次数的曲线连接在一起。

3.3.11 分离

使用"分离"命令可以将一条曲线从指定的点分离分来，也可以将一条封闭的曲线分离成开放的曲线。单击"分离"命令后面的按钮，打开"分离曲线选项"对话框，如图3-81所示。

图3-81

【常用参数介绍】

保持原始：选择该选项时，执行"分离"命令后会保留原始的曲线。

3.3.12 编辑曲线工具

"编辑曲线工具"可以在指定的曲线上显示一个操纵器，通过操纵器可以更改曲线上任意点的位置和方向。调整"切线操纵器大小"以控制操纵器上切线方向控制柄的长度。

3.3.13 圆角

使用"圆角"命令可以让两条相交曲线或两条分离曲线之间产生平滑的过渡曲线。单击"圆角"命令后面的按钮，打开"圆角曲线选项"对话框，如图3-82所示。

图3-82

【常用参数介绍】

修剪：开启该选项时，将在曲线倒角后删除原始曲线的多余部分。

接合：将修剪后的曲线合并成一条完整的曲线。

保持原始：保留倒角前的原始曲线。

构建：用来选择倒角部分曲线的构建方式。

圆形：倒角后的曲线为规则的圆形。

自由形式：倒角后的曲线为自由的曲线。

半径：设置倒角半径。

自由形式类型：用来设置自由倒角后曲线的连接方式。

切线：让连接处与切线方向保持一致。

混合：让连接处的曲率保持一致。

混合控制：选择该选项时，将激活混合控制的参数。

深度：控制曲线的弯曲深度。

偏移：用来设置倒角后曲线的左右倾斜度。

课堂案例

为曲线创建圆角

场景位置	Scenes>CH03>3-5.mb
实例位置	Examples>CH03>3-5.mb
难易指数	★☆☆☆☆
技术掌握	掌握为曲线制作圆角的方法

本例使用"圆角"命令为曲线制作圆角，效果如图3-83所示。

图3-83

01 打开学习资源中的"Scenes>CH03>3-5.mb"文件，场景中有一条曲线，如图3-84所示。

02 切换到"曲线点"编辑模式，然后在曲线中间的转折处添加两个曲线点，如图3-85所示。

图3-84　　　　　　　　图3-85

（03）单击"曲线>圆角"菜单命令后面的按钮，打开"圆角曲线选项"对话框。选择"修剪"和"接合"选项，接着设置"构建"为"自由形式"，单击"圆角"按钮，如图3-86所示。此时，可以发现制作圆角后的曲线变得更加平滑了，效果如图3-87所示。

图3-86

图3-87

3.3.14 切割

使用"切割"命令可以将多条相交曲线从相交处剪断。单击"切割"命令后面的按钮，打开"切割曲线选项"对话框，如图3-88所示。

图3-88

【常用参数介绍】

查找相交处：用来选择两条曲线的投影方式。

在2D和3D空间：在正交视图和透视图中求出投影交点。

仅在3D空间：只在透视图中求出交点。

使用方向：使用自定义方向来求出投影交点，有X、Y、Z、"活动视图"和"自由"5个选项可以选择。

切割：用来决定曲线的切割方式。

在所有相交处：切割所有选择曲线的相交处。

使用最后一条曲线：只切割最后选择的一条曲线。

保持：用来决定最终保留和删除的部分。

最长分段：保留最长线段，删除较短的线段。

所有曲线分段：保留所有的曲线段。

具有曲线点的分段：根据曲线点的分段进行保留。

🐾 课堂案例
切割曲线
场景位置　Scenes>CH03>3-6.mb
实例位置　Examples>CH03>3-6.mb
难易指数　★☆☆☆☆
技术掌握　掌握切割相交曲线的方法

本例使用"切割"命令将相交曲线切割，效果如图3-89所示。

（01）打开学习资源中的"Scenes>CH03>3-6.mb"文件，场景中有两个曲线图形，如图3-90所示。

图3-89　　　　　　　　　　图3-90

（02）选择两个曲线图形，然后执行"曲线>切割"菜单命令，此时它们的相交处会被剪断，如图3-91所示。接着将相交处的曲线删除，效果如图3-92所示。

图3-91　　　　　　　　　　图3-92

🐾 **技巧与提示**

剪断相交曲线后，可以将剪切出来的曲线合并为一条曲线，其操作方法就是选择两条剪切出来的曲线，然后执行"曲线>附加"菜单命令，如图3-93所示。

图3-93

3.3.15 相交

使用"相交"命令图可以在多条曲线的交叉点

处产生定位
点，这样可
以很方便地
对定位点进
行捕捉、对
齐和定位等
操作，如图
3-94所示。

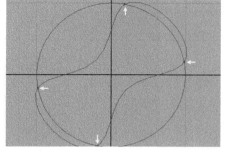

图3-94

单击"相
交"命令后
面的图按钮，
打开"曲线
相交选项"
对话框，如
图3-95所示。

图3-95

【常用参数介绍】

相交：用来设置哪些曲线产生交叉点。

所有曲线：所有曲线都产生交叉点。

仅与最后一条曲线：只在最后选择的一条曲线
上产生交叉点。

3.3.16 延伸

使用"延伸"命令可以延伸一条曲线的两个端
点，增加曲线的长度。该命令有"延伸曲线"命令
图和"延伸曲面上的曲线"命令图两个选项，如图
3-96所示。

图3-96

单击两个命令后面的图按钮，分别打开"延伸
曲线选项"对话框和"延伸曲面上的曲线选项"对
话框，二者参数基本相同，只是"点"与"距离"
的名称有异，但其作用是一样的，如图3-97所示。

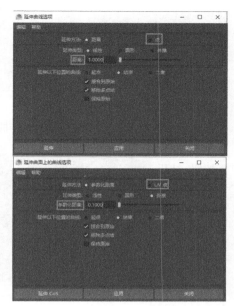

图3-97

【常用参数介绍】

延伸方法：选择使用何种方法作为曲线的延伸
方式，此处有"距离（参数化距离）"和"点（UV
点）"两个选项。

距离（参数化距离）：将曲线或曲面上的曲线
延伸一段距离，可以输入一个扩展类型的长度值。

点（UV点）：延伸曲线或曲面上的曲线的一段
到指定的精确坐标。

延伸以下位置的曲线：选择曲线的端点作为延伸
的起始点。此处有"起点""结束""二者"3个选项。

起点：从其开始点延伸曲线。

结束：从其端点延伸曲线。

二者：从两端延伸曲线。

🔔 课堂案例

延伸曲线

场景位置	Scenes>CH03>3-7.mb
实例位置	Examples>CH03>3-7.mb
难易指数	★☆☆☆☆
技术掌握	掌握延伸曲线长度的方法

本例使用"延伸曲线"命令图将曲线延伸，效
果如图3-98所示。

01 打开学习资源中的"Scenes>CH03>3-7.mb"文
件，场景中有一个长方形，如图3-99所示。

图3-98　　　　　　　　　　　　　　　图3-99

02　选择长方形，单击"曲线>延伸>延伸曲线"菜单命

令🖋后面的
▣按钮，打开
"延伸曲线
选项"对话
框，接着设置
"距离"为4，
单击"延伸"
按钮，如图
3-100所示。
最后效果如
图3-101所示。

图3-100

图3-101

3.3.17　插入结

使用"插入结"命令🖋可以在曲线上插入编辑点，以
增加曲线的可控点数量。单击"插入结"命令后面的▣按
钮，打开"插入结选
项"对话框，如图3-102所示。

图3-102

【常用参数介绍】

插入位置：用来选择增加点的位置。

在当前选择处：将编辑点插入指定的位置。

在当前选择之间：在选择点之间插入一定数目
的编辑点。当选择该选项后，下面的"多重性"选

项会更改为"要插入的结数"。

🎬 课堂案例

插入编辑点

场景位置	Scenes>CH03>3-8.mb
实例位置	Examples>CH03>3-8.mb
难易指数	★☆☆☆☆
技术掌握	掌握在曲线上插入编辑点的方法

本例使用"插入结"命令🖋在曲线上插入编辑点，
效果如图3-103所示。

图3-103

01　打开学习资源中的"Scenes>CH03>3-8.mb"文
件，场景中有一个图形，如图3-104所示。

02　选择图形，切换到"编辑点"编辑模式，选择
图3-105所示的点。打开"插入结选项"对话框，设
置"插入位置"为"在当前选择之间"，"要插入
的结数"为4，最后单击"插入"按钮，如图3-106
所示，效果如图3-107所示。

图3-104　　　　　　　　　　　　　图3-105

图3-106　　　　　　　　　　　　　图3-107

3.3.18　偏移

"偏移"命令包含两个子命令，分别是"偏移
曲线"🖋和"偏移曲面上的曲
线"🖋，如图3-108所示。

图3-108

1.偏移曲线

单击"偏移曲线"命令🖋后面的▣按钮，打开
"偏移曲线选项"对话框，如图3-109所示。

图3-109

【常用参数介绍】

法线方向：设置曲线偏移的方法。

活动视图：以视图为标准来定位偏移曲线。

几何体平均值：以法线为标准来定位偏移曲线。

偏移距离：设置曲线的偏移距离，该距离是曲线与曲线之间的垂直距离。

连接断开：在进行曲线偏移时，由于曲线偏移后的变形过大，会产生断裂现象，该选项可以用来连接断裂曲线。

圆形：断裂的曲线之间以圆形的方式连接起来。

线性：断裂的曲线之间以直线的方式连接起来。

禁用：关闭"连接断开"功能。

循环剪切：在偏移曲线时，曲线自身可能会产生交叉现象，该选项可以用来剪切掉多余的交叉曲线。"启用"为开启该功能，"禁用"为关闭该功能。

切割半径：在切割后的部位进行倒角，可以产生平滑的过渡效果。

最大细分密度：设置当前容差值下几何偏移细分的最大次数。

曲线范围：设置曲线偏移的范围。

完成：整条曲线都参与偏移操作。

部分：在曲线上指定一段曲线进行偏移。

2.偏移曲面上的曲线

使用"偏移曲面上的曲线"命令 可以偏移曲面上的曲线。单击"偏移曲面上的曲线"命令后面的 按钮，打开"偏移曲面上的曲线选项"对话框，如图3-110所示。

图3-110

课堂案例

偏移曲线

场景位置	Scenes>CH03>3-9.mb
实例位置	Examples>CH03>3-9.mb
难易指数	★☆☆☆☆
技术掌握	掌握偏移曲线的方法

本例使用"偏移曲线"命令 将曲线偏移，效果如图3-111所示。

01 打开学习资源中的"Scenes>CH03>3-9.mb"文件，场景中有一个图形，如图3-112所示。

图3-111　　　　　　　图3-112

02 选择图形，打开"偏移曲线选项"对话框，接着设置"法线方向"为"几何体平均值"，"偏移距离"为0.2，如图3-113所示。最后连续单击3次"应用"按钮，将曲线偏移3次，效果如图3-114所示。

图3-113

图3-114

3.3.19 CV硬度

"CV硬度"命令 主要用来控制次数为3的曲线的CV控制点的多样性因数。单击"CV硬度"命令后面的■按钮，打开"CV硬度选项"对话框，如图3-115所示。

图3-115

【常用参数介绍】

完全：硬化曲线的全部CV控制点。

禁用：关闭"CV硬度"功能。

保持原始：选择该选项后，将保留原始的曲线。

3.3.20 重建

使用"重建"命令■可以修改曲线的一些属性，如结构点的数量和次数等。在使用"铅笔曲线工具"■绘制曲线时，还可以使用"重建"命令将曲线进行平滑处理。单击"重建"命令后面的■按钮，打开"重建曲线选项"对话框，如图3-116所示。

图3-116

【常用参数介绍】

重建类型：选择重建的类型。

一致：用统一方式来重建曲线。

减少：由"容差"值来决定重建曲线的精简度。

匹配结：通过设置一条参考曲线来重建原始曲线，可重复执行，原始曲线将无穷趋向于参考曲线的形状。

无多个结：删除曲线上的附加结构点，保持原始曲线的段数。

曲率：在保持原始曲线形状和度数不变的情况下，插入更多的编辑点。

结束条件：在曲线的终点指定或除去重合点。

课堂案例

重建曲线

场景位置	Scenes>CH03>3-10.mb
实例位置	Examples>CH03>3-10.mb
难易指数	★☆☆☆☆
技术掌握	掌握改变曲线属性的方法

本例使用"重建"命令■重建曲线，效果如图3-117所示。

图3-117

01 打开学习资源中的"Scenes>CH03>3-10.mb"文件，场景中有一个图形，如图3-118所示。

02 选择图形，切换到"控制顶点"编辑模式，如图3-119所示。此时的曲线点较多，而且点的分布不均匀。

图3-118　　　　　　　　　图3-119

03 将曲线的编辑模式切换到"对象模式"。打开"重建曲线选项"对话框，接着设置"跨度数"为30，最后单击"重建"按钮，如图3-120所示。将曲线的编辑模式切换到"控制顶点"，效果如图3-121所示。

图3-120

图3-121

3.3.21 反转方向

使用"反转方向"命令 可以反转曲线的起始方向。单击"反转方向"命令后面的 按钮，打开"反转曲线选项"对话框，如图3-122所示。

图3-122

【常用参数介绍】

保持原始：选择该选项后，将保留原始的曲线，同时原始曲线的方向也将被保留下来。

3.4 曲面菜单

"曲面"菜单中提供了大量的曲面编辑工具，包括"创建"和"编辑NURBS曲面"两种类型，如图3-123所示。

图3-123

3.4.1 放样

使用"放样"命令 可以将多条轮廓线生成一个曲面。单击"放样"命令后面的 按钮，打开"放样选项"对话框，如图3-124所示。

图3-124

【常用参数介绍】

参数化：用来改变放样曲面的V向参数值。

一致：统一生成的曲面在V方向上的参数值。

弦长：使生成的曲面在V方向上的参数值等于轮廓线之间的距离。

自动反转：在放样时，因为曲线方向的不同会产生曲面扭曲现象，该选项可以自动统一曲线的方向，使曲面不产生扭曲现象。

关闭：选择该选项后，生成的曲面会自动闭合。

截面跨度：用来设置生成曲面的分段数。

课堂案例

用放样命令创建弹簧

场景位置	Scenes>CH03>3-11.mb
实例位置	Examples>CH03>3-11.mb
难易指数	★★☆☆☆
技术掌握	掌握放样命令的用法

本例使用"放样"命令 创建弹簧，效果如图3-125所示。

图3-125

01 打开学习资源中的"Scenes>CH03>3-11.mb"文件，场景中有一个多边形模型和两条曲线，如图3-126所示。

02 选择两条曲线，然后执行"曲面>放样"菜单命令 ，效果如图3-127所示。

图3-126　　　　　　　　图3-127

3.4.2 平面

使用"平面"命令 可以将封闭的曲线、路径和剪切边等生成一个平面，但这些曲线、路径和剪切边都必须位于同一平面内。单击"平面"命令后

面的 按钮，打开"平面修剪曲面选项"对话框，如图3-128所示。

图3-128

3.4.3 旋转

使用"旋转"命令 可以将一条曲线的轮廓线生成一个曲面，并且可以随意控制旋转角度。单击"旋转"命令后面的 按钮，打开"旋转选项"对话框，如图3-129所示。

图3-129

【常用参数介绍】

轴预设：用来设置曲线旋转的轴向，共有X、Y、Z轴和"自由"这4个选项。

枢轴：用来设置旋转轴心点的位置。

对象：以自身的轴心位置作为旋转方向。

预设：通过坐标来设置轴心点的位置。

枢轴点：用来设置枢轴点的坐标。

曲面次数：用来设置生成的曲面的次数。

线性：表示为1阶，可生成不平滑的曲面。

立方：可生成平滑的曲面。

开始/结束扫描角度：用来设置开始/结束扫描的角度。

使用容差：用来设置旋转的精度。

分段：用来设置生成曲线的段数。段数越多，

精度越高。

输出几何体：用来选择输出几何体的类型，有NURBS、多边形、细分曲面和Bezier这4种类型。

课堂案例

用旋转命令创建花瓶

场景位置	无
实例位置	Examples>CH03>3-12.mb
难易指数	★★☆☆☆
技术掌握	掌握旋转命令的用法

本例使用"旋转"命令 制作花瓶，效果如图3-130所示。

图3-130

01 切换到front（前）视图，然后执行"创建>曲线工具>CV曲线工具"菜单命令 ，并在前视图中绘制图3-131所示的曲线。

图3-131

技巧与提示

在绘制曲线的时候，曲线的起点（也就是底端的水平直线的左端点）要位于y轴上，可以通过开启"捕捉到栅格"工具 来捕捉。另外，按住Shift键可以绘制出水平或者垂直的直线。

02 将视图切换到透视图，选择曲线，接着执行"曲面>旋转"菜单命令 ，此时曲线就会按照自身的y轴生成曲面模型，效果如图3-132所示。

图3-132

3.4.4 双轨成形

"双轨成形"命令包含3个子命令，分别是"双轨成形1工具" 、"双轨成形2工具" 和"双轨成形

92

3+工具"，如图3-133所示。

图3-133

1.双轨成形1工具

使用"双轨成形1工具" 可以让一条轮廓线沿两条路径线进行扫描，从而生成曲面。单击"双轨成形1工具"命令后面的 按钮，打开"双轨成形1选项"对话框，如图3-134所示。

图3-134

【常用参数介绍】

变换控制：用来设置轮廓线的成形方式。

不成比例：以不成比例的方式扫描曲线。

成比例：以成比例的方式扫描曲线。

连续性：保持曲面切线方向的连续性。

重建：重建轮廓线和路径曲线。

第一轨道：重建第1次选择的路径。

第二轨道：重建第2次选择的路径。

2.双轨成形2工具

使用"双轨成形2工具" 可以沿着两条路径线在两条轮廓线之间生成一个曲面。单击"双轨成形2工具"命令后面的 按钮，打开"双轨成形2选项"对话框，如图3-135所示。

图3-135

3.双轨成形3+工具

使用"双轨成形3+工具" 可以通过两条路径曲线和多条轮廓曲线来生成曲面。单击"双轨成形3+工具"命令后面的 按钮，打开"双轨成形3+选项"对话框，如图3-136所示。

图3-136

课堂案例

用双轨成形2工具创建曲面

场景位置	Scenes>CH03>3-13.mb
实例位置	Examples>CH03>3-13.mb
难易指数	★★☆☆☆
技术掌握	掌握双轨成形2工具命令的用法

本例使用"双轨成形2工具"命令 生成曲面，效果如图3-137所示。

图3-137

01 打开学习资源中的"Scene>CH03>3-13.mb"文件，场景中有一些曲线和曲面，如图3-138所示。

02 按住C键捕捉曲线的端点，然后使用"EP曲线工具"命令 在曲线的两端绘制两条直线，如图3-139所示。

图3-138 图3-139

技巧与提示

轮廓线和曲线必须相交，否则不能生成曲面。

03 选择两条弧线，然后按住Shift键加选连接弧线的两条直线，执行"曲面>双轨成形>双轨成形2工具"菜单命令，最终效果如图3-140所示。

图3-140

技巧与提示

　　双轨成形工具里的其他命令的使用方法相同，只要明确路径曲线和轮廓曲线，就能绘制出想要的效果。

3.4.5 挤出

　　使用"挤出"命令可将一条任何类型的轮廓曲线沿着另一条曲线的大小生成曲面。单击"挤出"命令后面的按钮，打开"挤出选项"对话框，如图3-141所示。

图3-141

【常用参数介绍】

　　样式：用来设置挤出的样式。

　　距离：将曲线沿指定距离进行挤出。

　　平坦：将轮廓线沿路径曲线进行挤出，但在挤出过程中始终平行于自身的轮廓线。

　　管：将轮廓线以与路径曲线相切的方式挤出曲面，这是默认的创建方式。图3-142所示的是应用3种挤出方式所产成的曲面效果。

图3-142

　　结果位置：决定曲面挤出的位置。

　　在剖面处：挤出的曲面在轮廓线上。如果轴心点没有在轮廓线的几何中心，那么挤出的曲面将位于轴心点上。

　　在路径处：挤出的曲面在路径上。

　　枢轴：用来设置挤出时的枢轴点类型。

　　最近结束点：使用路径上最靠近轮廓曲线边界框中心的端点作为枢轴点。

　　组件：让各轮廓线使用自身的枢轴点。

　　方向：用来设置挤出曲面的方向。

　　路径方向：沿着路径的方向挤出曲面。

　　剖面法线：沿着轮廓线的法线方向挤出曲面。

　　旋转：设置挤出的曲面的旋转角度。

　　缩放：设置挤出的曲面的缩放量。

课堂案例

用挤出命令制作喇叭

场景位置　Scenes>CH03>3-14.mb
实例位置　Examples>CH03>3-14.mb
难易指数　★★☆☆☆
技术掌握　掌握挤出命令的用法

　　本例使用"挤出"命令生成曲面，效果如图3-143所示。

图3-143

01 打开学习资源中的"Scenes>CH03>3-14.mb"文件，场景中有一条曲线，如图3-144所示。

图3-144

02 使用"圆形"命令新建一个圆形曲线，然后调整曲线的方向和大小，如图3-145所示。使用"捕捉到曲线"工具将圆形曲线捕捉到另一条曲线的起点，如图3-146所示。

03 选择圆形曲线，然后加选另一条曲线，接着执行"曲面>挤出"菜单命令，效果如图3-147所示。（模型呈黑色则说明法线方向有误。）

图3-145

图3-146

图3-147

04 切换到"控制顶点"编辑模式，然后调整喇叭前部的造型，如图3-148所示。接着调整喇叭尾部的造型，如图3-149所示。

图3-148

图3-149

3.4.6 边界

"边界"命令可以根据所选的边界曲线或等参线来生成曲面。单击"边界"命令后面的按钮，打开"边界选项"对话框，如图3-150所示。

图3-150

【常用参数介绍】

曲线顺序： 用来设置选择曲线的顺序。

自动： 使用系统默认的方式创建曲面。

作为选定项： 使用选择的顺序来创建曲面。

公用端点： 判断生成曲面前曲线的端点是否匹配，从而决定是否生成曲面。

可选： 在曲线端点不匹配的时候也可以生成曲面。

必需： 在曲线端点必须匹配的情况下才能生成曲面。

课堂案例

使用边界命令创建曲面

场景位置	Scenes>CH03>3-15.mb
实例位置	Examples>CH03>3-15.mb
难易指数	★★☆☆☆
技术掌握	掌握边界命令的用法

本例使用"边界"命令将曲线生成曲面，效果如图3-151所示。

图3-151

01 打开学习资源中的"Scenes>CH03>3-15.mb"文件，场景中有一个动物模型，如图3-152所示。

图3-152

02 由上图可以看出，模型头上的鬃毛少了一块。选择鬃毛上的两条曲线，然后加选曲面上的等参线，如图3-153所示，接着执行"曲面>边界"菜单命令，效果如图3-154所示。

图3-153

图3-154

3.4.7 方形

"方形"命令可以在3条或4条曲线间生成曲面，也可以在几个曲面相邻的边生成曲面，并且会保持曲面间的连续性。单击"方形"命令后面的按钮，打开"方形曲面选项"对话框，如图3-155所示。

图3-155

【常用参数介绍】

连续性类型：用来设置曲面间的连续类型。

固定的边界：不对曲面间进行连续处理。

切线：使曲面间保持连续。

暗含的切线：根据曲线在平面的法线上创建曲面的切线。

课堂案例

使用方形命令创建曲面

场景位置	Scenes>CH03>3-16.mb
实例位置	Examples>CH03>3-16.mb
难易指数	★☆☆☆☆
技术掌握	掌握方形命令的用法

本例使用"方形"命令将曲线生成曲面，效果如图3-156所示。

图3-156

01 打开学习资源中的"Scenes>CH03>3-16.mb"文件，场景中有一个动物模型，如图3-157所示。

图3-157

02 由上图可以看出，动物的犄角上有一个缺口。选择缺口周围的等参线，如图3-158所示。然后执行"曲面>方形"菜单命令，效果如图3-159所示。

图3-158　　　　　图3-159

3.4.8 倒角

"倒角"命令可以用曲线来创建一个倒角曲面对象，倒角对象的类型可以通过相应的参数来进行设定。单击"倒角"命令后面的按钮，打开"倒角选项"对话框，如图3-160所示。

图3-160

【常用参数介绍】

倒角：用来设置在什么位置产生倒角曲面。

顶边：在挤出面的顶部产生倒角曲面。

底边：在挤出面的底部产生倒角曲面。

二者：在挤出面的两侧都产生倒角曲面。

禁用：只产生挤出面，不产生倒角。

倒角宽度：设置倒角的宽度。

倒角深度：设置倒角的深度。

挤出高度：设置挤出面的高度。

倒角的角点：用来设置倒角的类型，共有"笔直"和"圆弧"这两个选项。

倒角封口边：用来设置倒角封口的形状，共有"凸""凹"和"笔直"这3个选项。

3.4.9 倒角+

"倒角+"命令是"倒角"命令的升级版，该命令集合了非常多的倒角效果。单击"倒角+"命令后面的按钮，打开"倒角+选项"对话框，如图3-161所示。

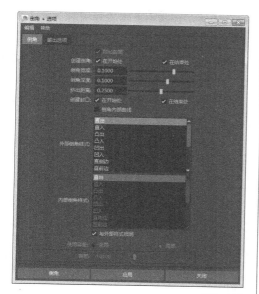

图3-161

课堂案例

用倒角+命令创建倒角模型

场景位置	Scenes>CH03>3-17.mb
实例位置	Examples>CH03>3-17.mb
难易指数	★★☆☆☆
技术掌握	掌握倒角+命令的用法

本例使用"倒角+"命令 📁 制作倒角模型，效果如图3-162所示。

图3-162

01 打开学习资源中的"Scenes>CH03>3-17.mb"文件，场景中有一个图形，如图3-163所示。

图3-163

02 选择图形，打开"倒角+选项"对话框，接着设置"倒角宽度"为0.1，"倒角深度"为0.1，"挤出距离"为0.25，"外部倒角样式"为"直出"，最后单击"倒角"按钮，如图3-164所示。效果如图3-165所示。

图3-164

图3-165

技巧与提示

对曲线进行倒角后，可以在右侧的"通道盒/层编辑器"面板中修改倒角的类型，如图3-166所示。用户可以选择不同的倒角类型来生成想要的曲面，图3-167所示的是"直入"倒角效果。

图3-166　　　　　图3-167

3.4.10 复制NURBS面片

使用"复制NURBS面片"命令可以将NURBS物体上的曲面面片复制出来，并且会形成一个独立的物体。单击"复制NURBS面片"命令后面的 按钮，打开"复制NURBS面片选项"对话框，如图3-168所示。

图3-168

【常用参数介绍】

与原始对象分组：选择该选项时，复制出来的面片将作为原始物体的子物体。

3.4.11 对齐

选择两个曲面后，执行"对齐"命令 可以将两个曲面进行对齐操作，也可以通过选择曲面边界的等参线来对曲面进行对齐。单击"对齐"命令后面的 按钮，打开"对齐曲面选项"对话框，如图3-169所示。

图3-169

【常用参数介绍】

附加：将对齐后的两个曲面合并为一个曲面。

多点结：用来选择是否保留合并处的结构点。"保持"为保留结构点；"移除"为移除结构点，当移除结构点时，合并处会以平滑的方式进行连接。

连续性：决定对齐后连接处的连续性。

位置：让两个曲面直接对齐，而不保持对接处的连续性。

切线：将两个曲面对齐后，保持对接处的切线方向一致。

曲率：将两个曲面对齐后，保持对接处的曲率一致。

修改位置：用来决定移动哪个曲面来完成对齐操作。

第一个：使用第1个选择的曲面来完成对齐操作。

第二个：使用第2个选择的曲面来完成对齐操作。

二者：将两个曲面同时向均匀的位置上移动来完成对齐操作。

修改边界：以改变曲面外形的方式来完成对齐操作。

第一个：改变第1个选择的曲面来完成对齐操作。

第二个：改变第2个选择的曲面来完成对齐操作。

二者：将两个曲面同时向均匀的位置上改变并进行变形来完成对齐操作。

修改切线：设置对齐后的哪个曲面发生切线变化。

第一个：改变第1个选择曲面的切线方向。

第二个：改变第2个选择曲面的切线方向。

切线比例1：用来缩放第1次选择曲面的切线方向的变化大小。

曲率比例1：用来缩放第1次选择曲面的曲率大小。

切线比例2：用来缩放第2次选择曲面的切线方向的变化大小。

曲率比例2：用来缩放第2次选择曲面的曲率大小。

保持原始：选择该选项后，会保留原始的两个曲面。

3.4.12 附加

使用"附加"命令 可以将两个曲面附加在一起形成一个曲面，也可以选择曲面上的等参线，然后在两个曲面上指定的位置进行合并。单击"附加"命令后面的 按钮，打开"附加曲面选项"对话框，如图3-170所示。

图3-170

【常用参数介绍】

附加方法：用来选择曲面的附加方式。

连接：不改变原始曲面的形态进行合并。

混合：让两个曲面以平滑的方式进行合并。

多点结：使用"连接"方式进行合并时，该选项可以用来决定曲面结合处的复合结构点是否保留下来。

混合偏移：设置曲面的偏移倾向。

插入结：在曲面的合并部分插入两条等参线，使合并后的曲面更加平滑。

插入参数：用来控制等参线的插入位置。

课堂案例

用附加命令合并曲面

场景位置	Scenes>CH03>3-18.mb
实例位置	Examples>CH03>3-18.mb
难易指数	★★☆☆☆
技术掌握	掌握附加曲面命令的用法

本例主要是针对"附加"命令的用法进行练习，效果如图3-171所示。

图3-171

(01) 打开学习资源中的"Scenes>CH03>3-18.mb"文件，场景中有一个动物模型，如图3-172所示。

图3-172

(02) 其中一段鬃毛是由两部分组成，如图3-173所示。选择两段鬃毛模型，然后执行"曲面>附加"菜单命令，效果如图3-174所示。

图3-173　　　　　　　图3-174

3.4.13 附加而不移动

"附加而不移动"命令是通过选择两个曲面上的曲线，在两个曲面间将会自动产生一个混合曲面，并且原始物体不会发生移动或变形。

3.4.14 分离

"分离"命令是通过选择曲面上的等参线将曲面从选择位置分离出来，以形成两个独立的曲面。单击"分离"命令后面的■按钮，打开"分离曲面选项"对话框，如图3-175所示。

图3-175

课堂案例

将曲面分离出来

场景位置	Scenes>CH03>3-19.mb
实例位置	Examples>CH03>3-19.mb
难易指数	★★☆☆☆
技术掌握	掌握分离曲面命令的用法

本例主要是针对"分离"命令进行练习，效果如图3-176所示。

图3-176

① 打开学习资源中的
"Scenes>CH03>3-19.mb"
文件，场景中有一个动物
模型，如图3-177所示。

图3-177

② 选择图3-178所示的等参线，然后执行"曲面>
分离"菜单命令，效果如图3-179所示。

图3-178   图3-179

3.4.15 移动接缝

使用"移动接缝"命令可以移动曲面的接缝位
置，在放样生成曲面时经常会用到该命令。

3.4.16 开放/闭合

使用"开放/闭合"命令可以将曲面在U向或V
向进行打开或封闭操作，开放的曲面执行该命令后
会闭合起来，而闭合的曲面执行该命令后会变成开放
的曲面。单击"开放/闭合"命令后面的按钮，打
开"开放/闭合曲面选项"对话框，如图3-180所示。

图3-180

【常用参数介绍】

曲面方向：用来设置曲面打开或封闭的方向，
有U、V和"二者"这3个选项可以选择。

形状：用来设置执行"开放/闭合"命令后曲面
的形状变化。

忽略：不考虑曲面形状的变化，直接在起始点
处打开或封闭曲面。

保留：尽量保护开口处两侧曲面的形态不发生
变化。

混合：尽量使封闭处的曲面保持光滑的连接效
果，同时会产生大幅度的变形。

3.4.17 相交

使用"相交"命令可以在曲面的交界处产生
一条相交曲线，以用于后面的剪切操作。单击"相
交"命令后面的按钮，打开"曲面相交选项"对
话框，如图3-181所示。

图3-181

【常用参数介绍】

为以下项创建曲线：用来决定生成曲线的位置。

第一曲面：在第一个选择的曲面上生成相交
曲线。

两个面：在两个曲面上生成相交曲线。

曲线类型：用来决定生成曲线的类型。

曲面上的曲线：生成的曲线为曲面曲线。

3D世界：生成的曲线是独立的曲线。

3.4.18 在曲面上投影曲线

使用"在曲面上投影曲线"命令可以将曲线
按照某种投射方法投影到曲面上，以形成曲面曲
线。打开"在曲面上投影曲线选项"对话框，如
图3-182所示。

图3-182

【常用参数介绍】

沿以下项投影：用来选择投影的方式。

活动视图：将垂直于当前激活视图的方向作为投影方向。

曲面法线：将垂直于曲面的方向作为投影方向。

课堂案例
将曲线投影到曲面上

场景位置	Scenes>CH03>3-20.mb
实例位置	Examples>CH03>3-20.mb
难易指数	★☆☆☆☆
技术掌握	掌握在曲面上投影曲线命令的用法

本例使用"在曲面上投影曲线"命令将曲线投影到曲面上，效果如图3-183所示。

图3-183

①① 打开学习资源中的"Scenes>CH03>3-20.mb"文件，场景中有一些曲面和曲线，如图3-184所示。

图3-184

②② 切换到top（上）视图，然后选择图3-185所示的曲线和曲面，接着执行"曲线>在曲面上投影曲线"菜单命令，效果如图3-186所示。

图3-185　　　　　图3-186

技巧与提示

"在曲面上投影曲线"命令会根据当前摄影机的角度进行投影，因此建议切换到合适的视图中操作。如果在透视图中投影，可能会因为视觉误差造成错误的结果，如图3-187所示。

图3-187

3.4.19 修剪工具

使用"修剪工具"可以根据曲面上的曲线来对曲面进行修剪。单击"修剪工具"命令后面的按钮，打开"工具设置"面板，如图3-188所示。

图3-188

【常用参数介绍】

选定状态：用来决定选择的部分是保留还是丢弃。

保持：保留选择部分，去除未选择部分。

丢弃：保留去掉部分，去掉选择部分。

课堂案例
根据曲面曲线修剪曲面

场景位置	Scenes>CH03>3-21.mb
实例位置	Examples>CH03>3-21.mb
难易指数	★★☆☆☆
技术掌握	掌握修剪工具的用法

本例使用"修剪工具"在曲面上修剪特定形状，效果如图3-189所示。

图3-189

① 打开学习资源中的"Scenes>CH03>3-21.mb"文件，场景中有一个曲面模型，并且曲面上有一段投影的曲线，如图3-190所示。

② 选择曲线所在的曲面，然后执行"曲面>修剪工具"菜单命令。此时，曲面会变为白色线框，如图3-191所示。接着单击曲线外围的任意地方，如图3-192所示。最后按Enter键完成操作，效果如图3-193所示。

图3-190

图3-191

图3-192

图3-193

3.4.20 取消修剪

使用"取消修剪"命令■可以取消对曲面的修剪操作。单击"取消修剪"命令后面的■按钮，打开"取消修剪选项"对话框，如图3-194所示。

图3-194

3.4.21 延伸

使用"延伸"命令■可以将曲面沿着U方向或V方向进行延伸，以形成独立的部分，同时也可以和原始曲面融为一体。单击"延伸"命令后面的■按钮，打开"延伸曲面选项"对话框，如图3-195所示。

图3-195

【常用参数介绍】

延伸类型：用来设置延伸曲面的方式。

切线：在延伸的部分生成新的等参线。

外推：直接将曲面进行拉伸操作，而不添加等参线。

距离：用来设置延伸的距离。

延伸侧面：用来设置侧面的某条被延伸的边。"起点"为挤出起始边，"结束"为挤出结束边，"二者"为同时挤出两条边。

延伸方向：用来设置挤出方向，有U、V和"二者"这3个选项可以选择。

3.4.22 插入等参线

使用"插入等参线"命令■可以在曲面的指定位置插入等参线，而不改变曲面的形状，当然也可以在选择的等参线之间添加一定数目的等参线。单击"插入等参线"命令后面的■按钮，打开"插入等参线选项"对话框，如图3-196所示。

图3-196

【常用参数介绍】

插入位置：用来选择插入等参线的位置。

在当前选择处：在选择的位置插入等参线。

在当前选择之间：在选择的两条等参线之间插入一定数目的等参线。选择该选项，下面会出现一个"要插入的等参线数"选项，该选项主要用来设置插入等参线的数目，如图3-197所示。

图3-197

3.4.23 偏移

使用"偏移"命令■可以在原始曲面的法线方

向上平行复制出一个新的曲面，并且可以设置其偏移距离。单击"偏移"命令后面的◨按钮，打开"偏移曲面选项"对话框，如图3-198所示。

图3-198

【常用参数介绍】

方法：用来设置曲面的偏移方式。

曲面拟合：在保持曲面曲率的情况下复制一个偏移曲面。

CV拟合：在保持曲面CV控制点位置偏移的情况下复制一个偏移曲面。

偏移距离：用来设置曲面的偏移距离。

课堂案例

偏移复制曲面

场景位置	Scenes>CH03>3-22.mb
实例位置	Examples>CH03>3-22.mb
难易指数	★☆☆☆☆
技术掌握	掌握偏移曲面命令的用法

本例使用"偏移"命令◨将曲面进行偏移复制，效果如图3-199所示。

图3-199

01 打开学习资源中的"Scenes>CH03>3-22.mb"文件，场景中有一个曲面模型，如图3-200所示。

图3-200

02 选择曲面模型，然后打开"偏移曲面选项"对话框，接着设置"偏移距离"为2，单击"应用"按钮，如图3-201所示。效果如图3-202所示。

03 单击4次"应用"按钮，最终效果如图3-203所示。

图3-201

图3-202　　　　　图3-203

3.4.24 圆化工具

使用"圆化工具"◨可以圆化曲面的公共边，在倒角过程中可以通过手柄来调整倒角半径。单击"圆化工具"命令后面的◨按钮，打开该工具的"工具设置"面板，如图3-204所示。

图3-204

课堂案例

圆化曲面的公共边

场景位置	Scenes>CH03>3-23.mb
实例位置	Examples>CH03>3-23.mb
难易指数	★★☆☆☆
技术掌握	掌握圆化曲面的公共边的方法

本例使用"圆化工具"◨将曲面的公共边进行圆化，效果如图3-205所示。

图3-205

01 打开学习资源中的"Scenes>CH03>3-23.mb"文件，场景中有一个曲面模型，如图3-206所示。

02 执行"曲面>圆化工具"菜单命令，然后框选底部两个相交的曲面，如图3-207所示。

图3-206　　　　　　　　图3-207

⑬ 选择生成的黄色操作手柄，然后在"通道盒/层编辑器"面板中设置"半径[0]"为0.5，如图3-208所示。接着按Enter完成操作，效果如图3-209所示。

图3-208　　　　　　　　图3-209

🏃 **技巧与提示**

在圆化曲面时，曲面与曲面之间的夹角范围为15°~165°，否则不能产生正确的结果；倒角的两个独立面的重合边的长度也要保持一致，否则只能在短边上产生倒角效果。

3.4.25 缝合

使用"缝合"命令可以将多个曲面进行光滑过渡的缝合处理，该命令在角色建模中非常重要。"缝合"命令包含3个子命令，分别是"缝合曲面点" 、"缝合边工具" 和"全局缝合" ，如图3-210所示。

图3-210

1.缝合曲面点

"缝合曲面点"工具 可以通过选择曲面边界上的控制顶点、CV点或曲面点来进行缝合操作。单击"缝合曲面点"命令后面的 按钮，打开"缝合曲面点选项"对话框，如图3-211所示。

图3-211

【 **常用参数介绍** 】

指定相等权重：为曲面之间的顶点分配相等的权重值，使其在缝合后的变动处于相同位置。

层叠缝合节点：选择该选项时，缝合运算将忽略曲面上的任何优先运算。

2.缝合边工具

使用"缝合边工具" 可以将两个曲面的边界（等参线）缝合在一起，并且在缝合处可以产生光滑的过渡效果，在曲面生物建模中常常使用到该命令。单击"缝合边工具"命令后面的 按钮，打开该工具的"工具设置"面板，如图3-212所示。

图3-212

【 **常用参数介绍** 】

混合：设置曲面在缝合时缝合边界的方式。

位置：直接缝合曲面，不对缝合后的曲面进行光滑过渡处理。

切线：将缝合后的曲面进行光滑处理，以产生光滑的过渡效果。

设置边1/2的权重：用于控制两条选择边的权重变化。

沿边采样数：用于控制在缝合边时的采样精度。

🏃 **技巧与提示**

"缝合边工具" 只能选择曲面边界（等参线）来进行缝合，而其他类型的曲线都不能进行缝合。

3.全局缝合

使用"全局缝合"工具 可以将多个曲面同时进行缝合操作，并且曲面与曲面之间可以产生光滑的过渡，以形成光滑无缝的表面效果。单击"全局缝合"命令后面的 按钮，打开"全局缝合选项"对话框，如图3-213所示。

图3-213

本例使用"缝合曲面点"命令将曲面上的点缝合在一起，效果如图3-214所示。

图3-214

【常用参数介绍】

缝合角： 设置边界上的端点以何种方式进行缝合。

禁用：不缝合端点。

最近点： 将端点缝合到最近的点上。

最近结： 将端点缝合到最近的结构点上。

缝合边： 用于控制缝合边的方式。

禁用：不缝合边。

最近点： 缝合边界的最近点，并且不受其他参数的影响。

匹配参数： 根据曲面与曲面之间的参数一次性对应起来，以产生曲面缝合效果。

缝合平滑度： 用于控制曲面缝合的平滑方式。

禁用：不产生平滑效果。

切线： 让曲面缝合边界的方向与切线方向保持一致。

法线： 让曲面缝合边界的方向与法线方向保持一致。

缝合部分边： 当曲面在允许的范围内，让部分边界产生缝合效果。

最大间隔： 当进行曲面缝合操作时，该选项用于设置边和角点能够进行缝合的最大距离，超过该值将不能进行缝合。

修改阻力： 用于设置缝合后曲面的形状。数值越小，缝合后的曲面越容易产生扭曲变形；若其值过大，在缝合处可能会不产生平滑的过渡效果。

采样密度： 设置在曲面缝合时的采样密度。

技巧与提示

注意，"全局缝合"命令不能对修剪边进行缝合操作。

课堂案例

缝合曲面点

场景位置	Scenes>CH03>3-24.mb
实例位置	Examples>CH03>3-24.mb
难易指数	★★☆☆☆
技术掌握	掌握缝合曲面点的方法

① 打开学习资源中的"Scenes>CH03>3-24.mb"文件，场景中有一个曲面模型，如图3-215所示。

图3-215

② 由上图可以看出鲨鱼的头部有一条缝隙。切换到"控制顶点"编辑模式，然后选择图3-216所示的两个点，接着执行"曲面>缝合>缝合曲面点"菜单命令，效果如图3-217所示。

图3-216　　　　　　　图3-217

③ 使用相同的方法将其他没有缝合起来的控制顶点缝合起来，完成后的效果如图3-218所示。

图3-218

3.4.26 曲面圆角

"曲面圆角"命令包含3个子命令，分别是"圆形圆角"、"自由形式圆角"和"圆角混合工具"，如图3-219所示。

图3-219

1.圆形圆角

使用"圆形圆角"命令可以在两个现有曲面之间创建圆角曲面。单击"圆形圆角"命令后面的回按钮，打开"圆形圆角选项"对话框，如图3-220所示。

图3-220

【常用参数介绍】

在曲面上创建曲线：选择该选项后，在创建光滑曲面的同时会在曲面与曲面的交界处创建一条曲面曲线，以方便修剪操作。

反转主曲面法线：该选项用于反转主要曲面的法线方向，并且会直接影响创建的光滑曲面的方向。

反转次曲面法线：该选项用于反转次要曲面的法线方向。

> **技巧与提示**
>
> 上面的两个反转曲面法线方向选项只是在命令执行过程中反转法线方向，而在命令结束后，实际的曲面方向并没有发生改变。

半径：设置圆角的半径。

2.自由形式圆角

"自由形式圆角"命令是通过选择两个曲面上的等参线、曲面曲线或修剪边界来产生光滑的过渡曲面。单击"自由形式圆角"命令后面的回按钮，打开"自由形式圆角选项"对话框，如图3-221所示。

图3-221

【常用参数介绍】

偏移：设置圆角曲面的偏移距离。

深度：设置圆角曲面的曲率变化。

3.圆角混合工具

"圆角混合工具"命令可以使用手柄直接选择等参线、曲面曲线或修剪边界来定义想要倒角的位置。单击"圆角混合工具"命令后面的回按钮，打开"圆角混合选项"对话框，如图3-222所示。

图3-222

【常用参数介绍】

自动设置法线方向：选择该选项后，Maya会自动设置曲面的法线方向。

反转法线：当关闭"自动设置法线方向"选项时，该选项才可选，这主要用来反转曲面的法线方向。"左侧"表示反转第1次选择曲面的法线方向；"右侧"表示反转第2次选择曲面的法线方向。

反转方向：当关闭"自动设置法线方向"选项时，该选项可以用来纠正圆角的扭曲效果。

自动关闭轨道的锚点：用于纠正两个封闭曲面之间圆角产生的扭曲效果。

> 课堂案例
> ### 在曲面间创建圆角曲面
> 场景位置 Scenes>CH03>3-25.mb
> 实例位置 Examples>CH03>3-25.mb
> 难易指数 ★☆☆☆☆
> 技术掌握 掌握在曲面间创建圆角曲面的方法

本例使用"圆形圆角"命令在曲面间创建圆角，效果如图3-223所示。

图3-223

⓪① 打开学习资源中的"Scenes>CH03>3-25.mb"文件，场景中有一个帽子模型，如图3-224所示。

02 选择所有的模型，然后执行"曲面>曲面圆角>圆形圆角"菜单命令，如图3-225所示。

图3-224　　　　　　　图3-225

课堂案例

创建自由圆角曲面

场景位置	Scenes>CH03>3-26.mb
实例位置	Examples>CH03>3-26.mb
难易指数	★☆☆☆☆
技术掌握	掌握创建自由圆角曲面的方法

本例使用"自由形式圆角"命令将等参线与曲线进行圆角处理，效果如图3-226所示。

图3-226

01 打开学习资源中的"Scenes>CH03>3-26.mb"文件，场景中有一个动物模型，如图3-227所示。

图3-227

02 从上图中可以看出，动物的舌头是断开的。选择舌头模型根部断开处的参考线，然后加选尖部模型上的参考线，如图3-228所示。接着执行"曲面>曲面圆角>自由形式圆角"菜单命令，效果如图3-229所示。

图3-228　　　　　　　图3-229

课堂案例

在曲面间创建混合圆角

场景位置	Scenes>CH03>3-27.mb
实例位置	Examples>CH03>3-27.mb
难易指数	★★☆☆☆
技术掌握	掌握在曲面间创建混合圆角的方法

本例使用"圆角混合工具"在曲面间创建混合圆角，效果如图3-230所示。

图3-230

01 打开学习资源中的"Scenes>CH03>3-27.mb"文件，场景中有多个曲面，如图3-231所示。

图3-231

02 执行"曲面>曲面圆角>圆角混合工具"菜单命令，选择第1个曲面底部的等参线，按Enter键，再选择第2个曲面顶部的等参线，按Enter键完成操作，如图3-232所示。效果如图3-233所示。

图3-232　　　　　　　图3-233

03 采用相同的方法为下面的模型和中间的模型制作出圆角效果，如图3-234所示。

图3-234

技巧与提示

如果两个曲面之间的控制点分布不均，在使用"自由形式圆角"命令和"圆角混合工具"创建圆角曲面时，则可能会产生扭曲的圆角曲面，这时通过"重建"命令来重建圆角曲面，以解决扭曲现象。

3.4.27 雕刻几何体工具

Maya的"雕刻几何体工具"是一个很有特色的工具，可以用画笔直接在三维模型上进行雕刻。

"雕刻几何体工具"其实就是对曲面上的CV控制点进行推、拉等操作来达到变形效果。单击"雕刻几何体工具"命令后面的■按钮，打开该工具的"工具设置"面板，如图3-235所示。

图3-235

【常用参数介绍】

半径（U）：用来设置笔刷的最大半径上限。

半径（L）：用来设置笔刷的最小半径下限。

不透明度：用于控制笔刷压力的不透明度。

轮廓：用来设置笔刷的形状。

操作：用来设置笔刷的绘制方式，共有7种绘制方式，如图3-236所示。

图3-236

课堂案例

雕刻山体模型

场景位置	Scenes>CH03>3-28.mb
实例位置	Examples>CH03>3-28.mb
难易指数	★☆☆☆☆
技术掌握	掌握雕刻几何体工具的用法

本例使用"雕刻几何体工具"■雕刻山体模型，效果如图3-237所示。

图3-237

01 打开学习资源中的"Scenes>CH03>3-28.mb"文件，场景中有一个曲面模型，如图3-238所示。

图3-238

02 选择"雕刻几何体工具"■，然后打开"工具设置"面板，接着设置"操作"为"拉动"■，如图3-239所示。

图3-239

03 选择好操作模式以后，使用"雕刻几何体工具"■在曲面上进行绘制，使其成为山体形状，完成后的效果如图3-240所示。

图3-240

3.4.28 曲面编辑

"曲面编辑"命令包含3个子命令，分别是"曲面编辑工具"■、"断开切线"■和"平滑切线"■，如图3-241所示。

图3-241

1.曲面编辑工具

使用"曲面编辑工具"■可以对曲面进行编辑（如推、拉操作）。单击"曲面编辑工具"命令后面的■按钮，打开该工具的"工具设置"面板，如图3-242所示。

图3-242

【常用参数介绍】

切线操纵器大小：设置切线操纵器的控制力度。

2.断开切线

使用"断开切线"命令■可以沿所选等参线插入若干条等参线，以断开表面切线。

3.平滑切线

使用"平滑切线"命令■可以将曲面上的切线变得平滑。

3.4.29 布尔

"布尔"命令可以对两个相交的曲面对象进行并集、差集、交集计算，也可以说是一种修剪操作。"布尔"命令包含3个子命令，分别是"并集工具"、"差集工具"和"交集工具"，如图3-243所示。

图3-243

下面以"并集工具"为例来讲解"布尔"命令的使用方法。单击"并集工具"命令后面的按钮，打开"NURBS布尔并集选项"对话框，如图3-244所示。

图3-244

【常用参数介绍】

删除输入：选择该选项后，在关闭历史记录的情况下，可以删除布尔运算的输入参数。

工具行为：用来选择布尔工具的特性。

完成时退出：如果关闭该选项，在布尔运算操作完成后，会继续使用布尔工具，这样可以不必继续在菜单中选择布尔工具就可以进行下一次的布尔运算。

层次选择：选择该选项后，选择物体进行布尔运算时，会选择物体所在层级的根节点。如果需要对群组中的对象或者子物体进行布尔运算，需要关闭该选项。

技巧与提示

布尔运算的操作方法比较简单。首先选择相关的运算工具，选择一个或多个曲面作为布尔运算的第1组曲面，按Enter键，再选择另外一个或多个曲面作为布尔运算的第2组曲面，就可以进行布尔运算了。

布尔运算有3种运算方式："并集工具"可以去除两个曲面物体的相交部分，保留未相交的部分；"差集工具"用来消去对象上与其他对象的相交部分，同时其他对象也会被去除；"交集工具"可以保留两个曲面物体的相交部分，但是会去除其余部分。

课堂案例

布尔运算

场景位置	Scenes>CH03>3-29.mb
实例位置	Examples>CH03>3-29.mb
难易指数	★★☆☆☆
技术掌握	掌握布尔命令的用法

本例使用"布尔"命令创建差集，效果如图3-245所示。

图3-245

01 打开学习资源中的"Scenes>CH03>3-29.mb"文件，场景中有两个零件模型，如图3-246所示。

02 选择小模型，然后使用"捕捉到栅格"工具将模型的枢轴捕捉到网格中心，如图3-247所示。

图3-246　　　　　　　图3-247

03 打开"特殊复制选项"对话框，设置"旋转"为（0，45，0），"副本数"为7，接着单击"特殊复制"按钮，如图3-248所示。效果如图3-249所示。

图3-248　　　　　　　图3-249

04 执行"曲面>布尔>差集工具"菜单命令，选择中间的大模型，接着按Enter键，最后选择边缘的小模型，如图3-250所示。效果如图3-251所示。

图3-250　　　　　　　图3-251

05 使用同样的方法处理其余7个小零件，最终效果如图3-252所示。

图3-252

3.4.30 重建

"重建"命令■是一个经常会用到的命令，在使用"放样"■等命令使曲线生成曲面时，容易造成曲面上的曲线分布不均的现象，这时就可以使用该命令来重新分布曲面的UV方向。单击"重建"命令后面的■按钮，打开"重建曲面选项"对话框，如图3-253所示。

图3-253

【常用参数介绍】

重建类型：用来设置重建的类型，这里提供了8种重建类型，分别是"一致""减少""匹配结""无多个结""非有理""结束条件""修剪转化"和Bezier。

参数范围：用来设置重建曲面后UV的参数范围。

0到1：将UV参数值的范围定义为0~1。

保持：重建曲面后，UV方向的参数值范围保留原始范围值不变。

0到跨度数：重建曲面后，UV方向的范围值是0到实际的段数。

方向：设置沿着曲面的哪个方向来重建曲面。

保持：设置重建后要保留的参数。

角：让重建后的曲面的边角保持不变。

CV：让重建后的曲面的控制点数目保持不变。

跨度数：让重建后的曲面的分段数保持不变。

U/V向跨度数：用来设置重建后的曲面在U/V方向上的段数。

U/V向次数：设置重建后的曲面的U/V方向上的次数。

本例使用"重建"命令■将曲面的跨度数进行重建，效果如图3-254所示。

图3-254

01 打开学习资源中的"Scenes>CH03>3-30.mb"文件，场景中有一个杯子模型，如图3-255所示。

02 选择模型，可以观察到模型的段数很少，如图3-256所示。选择模型，打开"重建曲面选项"对话框，接着设置"U向跨度数"为30，"V向跨度数"为20，如图3-257所示。效果如图3-258所示。

图3-255

图3-256

图3-257

图3-258

3.4.31 反转方向

使用"反转方向"命令 可以改变曲面的UV方向，以达到改变曲面法线方向的目的。单击"反转方向"命令后面的 按钮，打开"反转曲面方向选项"对话框，如图3-259所示。

图3-259

【常用参数介绍】

曲面方向：用来设置曲面的反转方向。

U：表示反转曲面的U方向。

V：表示反转曲面的V方向。

交换：表示交换曲面的UV方向。

二者：表示同时反转曲面的UV方向。

课堂案例

反转法线方向

场景位置	Scenes>CH03>3-31.mb
实例位置	Examples>CH03>3-31.mb
难易指数	★☆☆☆☆
技术掌握	掌握反转曲面法线方向的方法

本例主要是针对"反转方向"命令 进行练习，图3-260所示的是用来练习的模型。

图3-260

01 打开学习资源中的"Scenes>CH03>3-31.mb"文件，场景中有一个机器人模型，如图3-261所示。

02 可以看出机器人中间有一个黑色的曲面，说明该曲面的法线方向有误。选择黑色曲面，然后执行"曲面>反转方向"菜单命令 ，如图3-262所示。

图3-261　　　　　　　　图3-262

技巧与提示

选择曲面，然后执行"显示>NURBS>法线（着色模式）"菜单命令，也可以显示出曲面的法线方向，如图3-263所示。

图3-263

3.5 综合实例：沙漏

场景位置	无
实例位置	Examples>CH03>3-32.mb
难易指数	★★★☆☆
技术掌握	掌握通过附加曲线命令制作复杂曲线的方法

本例将制作一个沙漏模型，模型的各个部分均由不规则形体组成，主要的模型都是通过对曲线进行旋转获得，因此本例的重点在于应用复杂曲线的制作技巧。效果如图3-264所示。

图3-264

3.5.1 制作沙罐模型

01 进入前视图，然后执行"创建>弧工具>两点圆弧"菜单命令，接着在场景中绘制一段两点圆弧，默认情况下生成的圆弧是朝向左侧的，如图3-265所示。通过拖曳手柄将圆弧反转过来，如图3-266所示。

图3-265　　　　　　　　　　图3-266

技巧与提示

创建两点圆弧时，在确定起始点和结束点的位置的时候需要结合X键将这两点吸附到网格上。

02 选择圆弧曲线，单击"曲线>重建"菜单命令后面的按钮，接着在打开的"重建曲线选项"对话框中设置"跨度数"为5，单击"重建"按钮，如图3-267所示。

图3-267

03 选择曲线，按快捷键Ctrl+D复制出一条曲线。使用"移动工具"将复制出来的曲线向上拖曳至和原曲线有一点缝隙的位置，如图3-268所示。

图3-268

04 单击"曲线>附加"菜单命令后面的按钮，在打开的"附加曲线选项"对话框中关闭"保持原始"选项，单击"附加"按钮，如图3-269所示。曲线效果如图3-270所示。

图3-269　　　　　　　　　　图3-270

技巧与提示

在编辑曲线时，经常会用到"附加"命令，熟练掌握后可以创建出复杂的曲线。曲线在创建时无法直接产生直角的硬边，这是由曲线本身特有的性质所决定的，因此需要通过将不同次数的曲线结合在一起。

05 选择曲线，执行"曲面>旋转"菜单命令，生成的曲面效果如图3-271所示。

06 选择曲线，进入曲线的"控制顶点"编辑模式，接着使用"移动工具"和"缩放工具"将曲线上的控制点按照图3-272所示的形状进行调整。

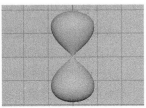

图3-271　　　　　　　　　　图3-272

3.5.2 制作底盘和顶盖模型

01 单击"创建>NURBS基本体>圆柱体"菜单命令后面的按钮，在打开的"NURBS圆柱体选项"对话框中设置"半径"为1.3，"高度"为0.3，接着设置"封口"为"二者"，单击"创建"按钮，如图3-273所示。

图3-273

02 执行"曲面>圆化工具"菜单命令，然后选择底座的边缘，在"通道盒/层编辑器"面板中设置"半径"为0.05，按Enter键完成操作，如图3-274所示。模型效果如图3-275所示。

图3-274

图3-275

技巧与提示

在圆化曲面时，曲面与曲面之间的夹角需要在15°~165°之间，否则不能产生正确的结果。圆化的两个独立面重合边的长度要保持一致，否则只能在短边上产生圆化效果。

03 使用同样的方法对圆柱体的底部边缘也进行圆化的操作，如图3-276所示。

04 框选底部圆柱体的所有模型，按快捷键Ctrl+D将其复制一份，接着使用"移动工具"将复制出来的模型拖曳到沙罐模型的顶部，如图3-277所示。

图3-276

图3-277

3.5.3 制作支柱模型

01 执行"创建>EP曲线工具"菜单命令，然后在前视图中绘制一条图3-278所示的曲线。

02 按Insert键激活枢轴操作手柄，将枢轴拖曳到图3-279所示的位置，操作完成以后，再次按Insert键关闭枢轴操作手柄。

图3-278　　　　　　　　　　　图3-279

03 选择曲线，然后按快捷键Ctrl+D复制出一条曲线，接着在"通道盒/层编辑器"面板中设置"缩放Y"为-1，如图3-280所示。

图3-280

04 选择两条曲线，单击"曲线>附加"菜单命令后面的█按钮，然后在打开的"附加曲线选项"对话框中关闭"保持原始"选项，接着单击"附加"按钮，如图3-281所示。

图3-281

技巧与提示

"附加"命令在编辑曲线时会经常用到，熟练掌握该命令，可以创建出复杂的曲线。曲线在创建时无法直接产生直角的硬边，这是由曲线本身的特性所决定的，因此需要通过该命令将不同次数的曲线连接在一起。

05 选择曲线，执行"曲面>旋转"菜单命令，生成沙漏支柱的曲面模型，如图3-282所示。

图3-282

3.5.4 整理场景

01 在顶视图中复制出3个沙漏支柱的曲面模型，然后使用"移动工具"将它们分别拖曳到图3-283所示的位置。

02 选择所有的物体模型，执行"编辑>按类型删除>历史"菜单命令，清除所有模型的历史记录，接着执行"设置>冻结变换"菜单命令，冻结物体"通道盒/层编辑器"面板中的属性，效果如图3-284所示。

图3-283   图3-284

03 确保所有的物体模型处于选择状态，然后按快捷键Ctrl+G将物体模型编组，接着执行"窗口>大纲视图"菜单命令，并在"大纲视图"中删除无用的曲线和节点，最后将group1的名称设置为sandglass，效果如图3-285所示。

图3-285

3.6 本章小结

Maya提供了强大的NURBS绘制功能，不论是曲线还是曲面，Maya都可以轻松、快速地创建出来。本章主要介绍了NURBS曲线与NURBS曲面的创建方法与编辑方法，并且辅以大量的案例，读者可以在练习的过程中掌握重要工具的用法。

本章安排了一个课后习题供读者练习。这个习题基本融合了NURBS建模的各种重要工具。如果读者遇到难解之处，可观看本习题的教学视频。

3.7 课后习题：小号

场景位置	无
实例位置	Examples>CH03>3-33.mb
难易指数	★★★★☆
技术掌握	练习NURBS建模技术的流程与方法

本例制作的小号模型比较复杂，使用到的工具和命令也较多。通过本例的制作不仅可以巩固曲面建模工具的使用方法，还可以了解高精度模型的制作思路和流程，案例效果如图3-286所示。

图3-286

制作提示

第1步：使用"CV曲线工具"创建一条曲线，使其具有小号的外形。

第2步：根据曲线挤出曲面，然后调整曲面的形状。

第3步：制作出小号上的小零件。

步骤如图3-287所示。

图3-287

114

第4章

变形工具

变形工具是Maya中比较常用的工具，主要用来为对象创建变形效果，既可以在建模中使用，又可以在动画中使用。本章主要介绍了Maya中一些常用的变形工具，包括"混合变形""簇""晶格""包裹""线""褶皱""非线性""雕刻"和"抖动变形器"。

课堂学习目标

掌握使用簇改变对象外形的方法

掌握使用晶格改变对象外形的方法

掌握使用线工具改变对象外形的方法

掌握使用非线性工具改变对象外形的方法

掌握使用抖动变形器改变对象外形的方法

4.1 变形概述

使用Maya提供的变形功能，可以改变可变形物体的几何形状，在可变形物体上产生各种变形效果，如图4-1所示。

图4-1

可变形物体就是由控制顶点构建的物体。这里所说的控制顶点，可以是NURBS曲面的控制点、多边形曲面的顶点和晶格物体的晶格点。由此可以得出，NURBS曲线、NURBS曲面、多边形曲面和晶格物体都是可变形物体，如图4-2所示。

NURBS曲面　　**多边形表面**　　**晶格物体**

图4-2

4.2 变形器

为了满足制作变形动画的需要，Maya提供了各种功能齐全的变形器，用于创建和编辑这些变形器的工具和命令都被集合在"变形"菜单中，如图4-3所示。

图4-3

4.2.1 混合变形

"混合变形" 可以使用一个基础物体来与多个目标物体进行混合，能将一个物体的形状以平滑过渡的方式改变到另一个物体的形状，如图4-4所示。

图4-4

技巧与提示

"混合变形" 是一个很重要的变形工具，它经常被用于制作角色表情动画，如图4-5所示。

图4-5

不同于其他变形器，"混合变形" 还提供了一个"混合变形"对话框（这是一个编辑器），如图4-6所示。利用这个编辑器可以控制场景中所有的混合变形，例如调节各混合变形受目标物体的影响程度，添加或删除混合变形、设置关键帧等。

图4-6

当创建混合变形时，因为会用到多个物体，所以还要对物体的类型加以区分。如果在混合变形中，一个A物体的形状被变形到B物体的形状，通常就说B物体是目标物体，A物体是基础物体。在创建一个混合变形时可以同时存在多个目标物体，但基础物体只有一个。

单击"变形>混合变形"命令 🔘 后面的 ■ 按钮，打开"混合变形选项"对话框，如图4-7所示。该对话框分为"基本"和"高级"两个选项卡。

1.基本

"混合变形选项"对话框中的"基本"选项卡下的参数如图4-7所示。

图4-7

【基本选项卡常用参数介绍】

混合变形节点：用于设置混合变形运算节点的具体名称。

封套：用于设置混合变形的比例系数，其取值范围为0~1。数值越大，混合变形的作用效果就越明显。

原点：指定混合变形是否与基础物体的位置、旋转和比例有关，包括以下两个选项。

局部：当选择该选项，在基础物体形状与目标物体形状进行混合时，将忽略基础物体与目标物体之间在位置、旋转和比例上的不同。对于面部动画设置，应该选择该选项，因为在制作面部表情动画时通常要建立很多的目标物体形状。

世界：当选择该选项，在基础物体形状与目标物体形状进行混合时，将考虑基础物体与目标物体之间在位置、旋转和比例上的任何差别。

目标形状选项：共有以下3个选项。

介于中间：指定是依次混合还是并行混合。如果启用该选项，混合将依次发生，形状过渡将按照选择目标形状的顺序发生；如果禁用该选项，混合将并行发生，各个目标对象形状能够以并行方式同时影响混合，而不是逐个依次进行。

检查拓扑：该选项可以指定是否检查基础物体形状与目标物体形状之间存在相同的拓扑结构。

删除目标：该选项指定在创建混合变形后是否删除目标物体形状。

2.高级

单击"高级"选项卡，切换到"高级"参数设置面板，如图4-8所示。

图4-8

【高级选项卡常用参数介绍】

变形顺序：指定变形器节点在可变形对象的历史中的位置。

排除：指定变形器集是否位于某个划分中，划分中的集可以没有重叠的成员。如果启用该选项，"要使用的划分"和"新划分名称"选项才可用。

要使用的划分：列出所有的现有划分。

新划分名称：指定将包括变形器集的新划分的名称。

🎬 课堂案例

制作表情动画

场景位置	Scenes>CH04>4-1.mb
实例位置	Examples>CH04>4-1.mb
难易指数	★★☆☆☆
技术掌握	掌握混合变形器的用法

表情动画的制作大致分为两种，一种是使用骨架和簇来控制面部的变形；另一种就是直接通过"混合变形"来驱动模型。本例的表情动画就是用"混合变形" 🔘 来制作的，如图4-9所示。

图4-9

01 打开学习资源中的"Scenes>CH04>4-1.mb"文件，场景中有多个人物头部模型，如图4-10所示。

图4-10

02 选中目标物体，然后按住Shift键的同时加选基础物体，如图4-11所示。接着执行"变形>混合变形"菜单命令。

基础物体　　　　目标物体

图4-11

03 执行"窗口>动画编辑器>混合变形"菜单命令，打开"混合变形"对话框。此时该对话框中已经出现4个权重滑块，这4个滑块的名称都是以目标物体命名的，当调整滑块的位置时，基础物体就会按照目标物体逐渐进行变形，如图4-12所示。

图4-12

技巧与提示

下面要制作一个人物打招呼，发音为Hello时的表情动画。首先观察场景中的模型，从左至右依次是常态、笑、闭眼、e音和əu音的形态，如图4-13所示。

常态　　　笑　　　闭眼　　　e音　　　əu音

图4-13

要制作出发音为Hello的表情动画，首先要知道Hello的发音为'heləu，其中有两个元音音标，分别是e和əu，这就是Hello的字根。因此要制作出Hello的表情动画，只需要制作出角色发出e和əu的发音口型就可以了，如图4-14所示。

Hello的发音为/'heləu/

图4-14

04 在时间栏中设置当前时间为第1帧，然后在"混合变形"对话框中单击"为所有项设置关键帧"按钮，如图4-15所示。

图4-15

05 在时间栏中设置当前时间为第8帧，单击第3个权重滑块下面的"关键帧"按钮，为其设置关键帧，如图4-16所示。在第15帧位置设置第3个权重滑块的数值为0.8，单击"关键帧"按钮，为其设置关键帧，如图4-17所示。此时基础物体已经在按照第3个目标物体的口型发音了，如图4-18所示。

图4-16

图4-17

图4-18

06 在第18帧位置设置第3个权重滑块的数值为0，单击"关键帧"按钮，为其设置关键帧，如图4-19所示。在第16帧位置设置第4个权重滑块的数值为0，单击"关键帧"按钮，为其设置关键帧，如图4-20所示。

图4-19

图4-20

07 在第19帧位置设置第4个权重滑块的数值为0.8，为其设置关键帧，如图4-21所示。接着在第23帧位置设置第4个权重滑块的数值为0.8，并为其设置关键帧，如图4-22所示。

图4-21

图4-22

119

08 播放动画，此时可以观察到人物的基础模型已经在发音了，如图4-23所示。

图4-23

09 下面为基础模型添加一个眨眼的动画。在第14帧、第18帧和第21帧分别设置第2个权重滑块的数值为0、1、0，并分别为其设置关键帧，如图4-24~图4-26所示。

图4-24

图4-25

图4-26

10 下面为基础模型添加一个微笑的动画。在第10帧位置设置第1个权重滑块的数值为0.4，然后为其设置关键帧，如图4-27所示。

图4-27

11 播放动画，可以观察到基础物体的发音、眨眼和微笑动画已经制作完成了，最终效果如图4-28所示。

图4-28

技巧与提示

删除混合变形的方法主要有以下两种。

第1种：首先选择基础物体模型，然后执行"编辑>按类型删除>历史"菜单命令，这样在删除模型构造历史的同时，也就删除了混合变形。需要注意的是，这种方法会将基础物体上存在的所有构造历史节点全部删除，而不仅仅删除混合变形节点。

第2种：执行"窗口>动画编辑器>混合变形"菜单命令█，打开"混合变形"对话框，然后单击"删除"按钮，将相应的混合变形节点删除。

4.2.2 簇

使用"簇"变形器▦可以同时控制一组可变形物体上的点，这些点可以是NURBS曲线或曲面的控制点、多边形曲面的顶点、细分曲面的顶点和晶格物体的晶格点。用户可以根据需要为组中的每个点分配不同的变形权重，只要对"簇"变形器手柄进行变换（如移动、旋转、缩放）操作，就可以使用不同的影响力变形"簇"有效作用区域内的可变形物体，如图4-29所示。

图4-29

技巧与提示

"簇"变形器会创建一个变形点组，该组中包含可变形物体上选择的多个可变形物体点，可以为组中的每个点分配变形权重的百分比，这个权重百分比表示"簇"变形在每个点上变形影响力的大小。"簇"变形器还提供了一个操纵手柄，在视图中显示为C字母图标，当对"簇"变形器手柄进行变换（如移动、旋转、缩放）操作时，组中的点将根据设置的不同权重百分比来产生不同程度的变换效果。

单击"变形>簇"菜单命令🔲后面的🔲按钮，打开"簇选项"对话框，如图4-30所示。

图4-30

【常用参数介绍】

模式：指定是否只有当"簇"变形器手柄自身进行变换（如移动、旋转、缩放）操作时，"簇"变形器才能对可变形物体产生变形影响。

相对：如果选择该选项，只有当"簇"变形器手柄自身进行变换操作时，才能引起可变形物体产生变形效果；当关闭该选项时，如果对"簇"变形器手柄的父（上一层级）物体进行变换操作，也能引起可变形物体产生变形效果，如图4-31所示。

图4-31

封套：设置"簇"变形器的比例系数。如果设置为0，将不会产生变形效果；如果设置为0.5，将产生全部变形效果的一半；如果设置为1，会得到完全的变形效果。

技巧与提示

注意，Maya中顶点和控制点是无法成为父子关系的，但可以为顶点或控制点创建簇，间接实现其父子关系。

课堂案例

用簇变形器为鲸鱼制作眼皮

场景位置	Scenes>CH04>4-2.mb
实例位置	Examples>CH04>4-2.mb
难易指数	★☆☆☆☆
技术掌握	掌握簇变形器的用法

本例使用"簇"变形器🔲为鲸鱼制作眼皮，效果如图4-32所示。

图4-32

01 打开学习资源中的"Scenes>CH04>4-2.mb"文件，如图4-33所示。

图4-33

02 进入"控制顶点"编辑模式，然后选择图4-34所示的顶点。

图4-34

03 执行"变形>簇"菜单命令▦后面的▤按钮，打开"簇选项"对话框，然后选择"相对"选项，如图4-35所示。接着单击"创建"按钮，创建一个"簇"变形器，此时在眼角处会出现一个C字母图标，如图4-36所示。

图4-35

图4-36

04 移动C字母图标，对眼角进行拉伸，使其变成眼皮形状，如图4-37所示。

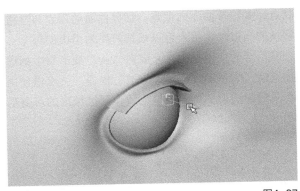

图4-37

4.2.3 晶格

"晶格"变形器▦可以利用构成晶格物体的晶格点来自由改变可变形物体的形状，在物体上创造出变形效果。用户可以直接移动、旋转或缩放整个晶格物体来整体影响可变形物体，也可以调整每个晶格点，在可变形物体的局部创造变形效果。

"晶格"变形器▦经常用于变形结构复杂的物体，如图4-38所示。

图4-38

技巧与提示

"晶格"变形器可以利用环绕在可变形物体周围的晶格物体，自由改变可变形物体的形状。

"晶格"变形器依靠晶格物体来影响可变形物体的形状。晶格物体是由晶格点构建的线框结构物体。可以采用直接移动、旋转、缩放晶格物体或调整晶格点的位置的方法来创建晶格变形效果。

一个完整的晶格物体由"基础晶格"和"影响晶格"两部分构成。在编辑晶格变形效果时，其实就是对影响晶格进行编辑操作，晶格变形效果是基于基础晶格的晶格点和影响晶格的晶格点之间存在的差别而创建的。在默认状态下，基础晶格被隐藏，这样可以方便对影响晶格进行编辑操作。但是变形效果始终取决于影响晶格和基础晶格之间的关系。

单击"变形>晶格"菜单命令▣后面的▣按钮，打开"晶格选项"对话框，如图4-39所示。

图4-39

【常用参数介绍】

分段：在晶格的局部STU空间中指定晶格的结构。（STU空间是为指定晶格结构提供的一个特定的坐标系统。）

局部模式：当选择"使用局部模式"选项时，可以通过设置"局部分段"数值来指定每个晶格点能影响靠近其自身的可变形物体上的点的范围；当关闭该选项时，每个晶格点将影响全部可变形物体上的点。

局部分段：只有在"局部模式"中选择了"使用局部模式"选项时，该选项才起作用。"局部分段"可以根据晶格的局部STU空间指定每个晶格点的局部影响力的范围大小。

位置：指定创建晶格物体将要放置的位置。

分组：指定是否将影响晶格和基础晶格放置到一个组中，编组后的两个晶格物体可以同时进行移动、旋转或缩放等变换操作。

建立父子关系：指定在创建晶格变形后是否将影响晶格和基础晶格作为选择可变形物体的子物体，从而在可变形物体和晶格物体之间建立父子连接关系。

冻结模式：指定是否冻结晶格变形映射。当选择"冻结几何体映射"选项时，在影响晶格内的可变形物体组分元素将被冻结，即不能对其进行移动、旋转或缩放等变换操作，这时可变形物体只能被影响晶格变形。

外部晶格：指定晶格变形对可变形物体上点的影响范围，共有以下3个选项。

仅在晶格内部时变换：只有在基础晶格之内的可变形物体点才能被变形，这是默认选项。

变换所有点：所有目标可变形物体上（包括在晶格内部和外部）的点，都能被晶格物体变形。

在衰减范围内则变换：只有在基础晶格和指定衰减距离之内的可变形物体点，才能被晶格物体变形。

衰减距离：只有在"外部晶格"中选择了"在衰减范围内则变换"选项时，该选项才起作用。该选项用于指定从基础晶格到哪些点的距离能被晶格物体变形，衰减距离的单位是实际测量的晶格宽度。

4.2.4 包裹

"包裹"变形器▣可以使用NURBS曲线、NURBS曲面或多边形表面网格作为影响物体来改变可变形物体的形状。在制作动画时，经常会采用一个低精度模型通过"包裹"变形的方法来影响高精度模型的形状，这样可以使控制高精度模型更加容易，如图4-40所示。

图4-40

单击"变形>包裹"菜单命令▣后面的▣按钮，打开"包裹选项"对话框，如图4-41所示。

图4-41

【常用参数介绍】

独占式绑定：选择该选项后，"包裹"变形器目标曲面的行为将类似于刚性绑定蒙皮，同时"权重阈值"将被禁用。"包裹"变形器目标曲面上的每个曲面点只受单个包裹影响对象点的影响。

自动权重阈值： 选择该选项后，"包裹"变形器将通过计算最小"最大距离"值，自动设定包裹影响对象形状的最佳权重，从而确保网格上的每个点受一个影响对象的影响。

权重阈值： 设定包裹影响物体的权重。根据包裹影响物体的点密度（如CV点的数量），改变"权重阈值"可以调整整个变形物体的平滑效果。

使用最大距离： 如果要设定"最大距离"值并限制影响区域，就需要启用"使用最大距离"选项。

最大距离： 设定包裹影响物体上每个点所能影响的最大距离，在该距离范围以外的顶点或CV点将不受包裹变形效果的影响。一般情况下都将"最大距离"设置为很小的值（不为0），然后在"道盒/层编辑器"面板中调整该参数，直到得到满意的效果。

渲染影响对象： 设定是否渲染包裹影响对象。如果选择该选项，包裹影响对象将在渲染场景时可见；如果关闭该选项，包裹影响对象将不可见。

衰减模式： 包含以下两种模式。

体积： 将"包裹"变形器设定为使用直接距离来计算包裹影响对象的权重。

表面： 将"包裹"变形器设定为使用基于曲面的距离来计算权重。

技巧与提示

在创建包裹影响物体时，需要注意以下4点。

第1点：包裹影响物体的CV点或顶点的形状和分布将影响包裹变形效果，要特别注意的是应该让影响物体的点少于要变形物体的点。

第2点：通常要让影响物体包住要变形的物体。

第3点：如果使用多个包裹影响物体，则在创建包裹变形之前必须使它们成组。当然，也可在创建包裹变形后添加包裹来影响物体。

第4点：如果要渲染影响物体，需要在"属性编辑器"面板中的"渲染统计信息"中开启物体的"主可见性"属性。Maya在创建包裹变形时，默认情况下关闭了影响物体的"主可见性"属性，因为大多情况下都不需要渲染影响物体。

4.2.5 线

用"线"变形器 可以使一条或多条NURBS曲线改变可变形物体的形状，"线"变形器就好像是雕刻家手中的雕刻刀，它经常被用于角色模型面部表情的调节，如图4-42所示。

图4-42

单击"变形>线"菜单命令 后面的 按钮，打开"线工具"的"工具设置"面板，如图4-43所示。

图4-43

【常用参数介绍】

限制曲线： 设定创建的线变形是否带有固定器，使用固定器可限制曲线的变形范围。

封套： 设定变形影响系数。该参数最大为1，最小为0。

交叉效果： 控制两条影响线交叉处的变形效果。

技巧与提示

注意，用于创建线变形的NURBS曲线被称为"影响线"。在创建线变形后，还有一种曲线，是为每一条影响线所创建的，被称为"基础线"。线变形效果取决于影响线和基础线之间的差别。

局部影响： 设定两个或多个影响线变形作用的位置。

衰减距离： 设定每条影响线影响的范围。

分组：选择"将线和基础线分组"选项后，可以群组影响线和基础线。否则，影响线和基础线将独立存在于场景中。

变形顺序：设定当前变形在物体变形顺序中的位置。

4.2.6 褶皱

"褶皱"变形器 是"线"变形器 和"簇"变形器 的结合。使用"褶皱"变形器 可以在物体表面添加褶皱细节效果，如图4-44所示。

图4-44

4.2.7 非线性

"非线性"变形器菜单中包含6个子命令，分别是"弯曲" 、"扩张" 、"正弦" 、"挤压" 、"扭曲" 和"波浪" ，如图4-45所示。

图4-45

【非线性变形器菜单命令介绍】

弯曲：使用"弯曲"变形器 可以沿着圆弧变形操纵器弯曲可变形物体，如图4-46所示。

图4-46

扩张：使用"扩张"变形器 可以沿着两个变形操纵平面来扩张或锥化可变形物体，如图4-47所示。

图4-47

正弦：使用"正弦"变形器 可以沿着一个正弦波形改变任何可变形物体的形状，如图4-48所示。

图4-48

挤压：使用"挤压"变形器 可以沿着一个轴向挤压或伸展任何可变形物体，如图4-49所示。

图4-49

扭曲：使用"扭曲"变形器 可以利用两个旋转平面围绕一个轴向扭曲可变形物体，如图4-50所示。

图4-50

波浪：使用"波浪"变形器 可以通过一个圆形波浪变形操纵器改变可变形物体的形状，如图4-51所示。

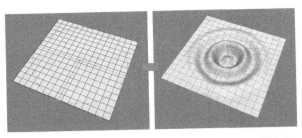

图4-51

用扭曲命令制作绳子

场景位置	无
实例位置	Examples>CH04>4-3.mb
难易指数	★★☆☆☆
技术掌握	掌握扭曲变形器的用法

本例使用"扭曲"命令█制作绳子，效果如图4-52所示。

图4-52

01 新建场景，然后创建一个多边形圆柱体。接着在"通道盒/层编辑器"面板中设置"高度"为40，"轴向细分数"为8，"高度细分数"为20，如图4-53所示。

图4-53

02 删除圆柱体上下两端的面，然后复制出两个圆柱体，并调整圆柱体的位置，如图4-54和图4-55所示。

图4-54

图4-55

03 选择所有圆柱体，然后执行"网格>结合"菜单命令█，效果如图4-56所示。

图4-56

04 选择模型，执行"变形>非线性>扭曲"菜单命令█，如图4-57所示。接着在"通道盒/层编辑器"面板中设置"开始角度"为800，如图4-58所示。

图4-57

图4-58

05 选择模型,然后删除其构建历史,接着按3键光滑显示,效果如图4-59所示。

图4-59

4.2.8 雕刻

"雕刻"命令■用于创建任意类型的圆化变形效果,对多边形立方体使用"雕刻"命令的效果如图4-60所示。

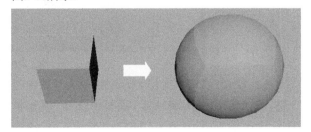

图4-60

4.2.9 抖动变形器

在可变形物体上创建"抖动变形器"■后,当物体移动、加速或减速时,会在可变形物体表面产生抖动效果。"抖动变形器"■适合用于表现头发在运动中的抖动、相扑运动员腹部脂肪在运动中的颤动、昆虫触须的摆动等效果。

用户可以将"抖动变形器"■应用到整个可变形物体上或者物体局部特定的一些点上,如图4-61所示。

图4-61

单击"变形>抖动>抖动变形器"命令■后面的■按钮,打开"抖动变形器选项"对话框,如图4-62所示。

图4-62

【常用参数介绍】

刚度:设定抖动变形的刚度。数值越大,抖动动作越僵硬。

阻尼:设定抖动变形的阻尼值,可以控制抖动变形的程度。数值越大,抖动程度越小。

权重:设定抖动变形的权重。数值越大,抖动程度越大。

仅在对象停止时抖动:只在对象停止运动时才开始抖动变形。

忽略变换:在抖动变形时,忽略物体的位置变换。

4.3 综合实例:生日蜡烛

场景位置	无
实例位置	Examples>CH04>4-4.mb
难易指数	★★★☆☆
技术掌握	掌握扭曲、扩张和弯曲变形器的使用方法

变形器在Maya的建模工作中经常被使用到,本例将使用Maya变形器中的"非线性"变形器制作生日蜡烛模型,效果如图4-63所示。

图4-63

4.3.1 制作蜡烛模型

(01) 执行"创建>多边形基本体>立方体"菜单命令
，在场景中创建一个立方体。在"通道盒/层编辑
器"面板中设置"高度"为10，"细分宽度"为2，
"高度细分数"为18，"深度细分数"为2，如图
4-64所示。

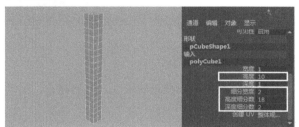

图4-64

(02) 选择立方体，然后执行"变形>非线性>扭曲"
菜单命令，接着在"通道盒/层编辑器"面板中设
置"开始角度"为1000，如图4-65所示。

图4-65

(03) 选择立方体，然后清除构建历史，接着按3键平
滑显示，效果如图4-66所示。

图4-66

4.3.2 制作火苗模型

(01) 执行"创建>多边形基本体>球体"菜单命令，
在场景中创建一个球体模型。在"通道盒/层编辑器"
面板中设置"平移Y"为6.4，如图4-67所示。

图4-67

(02) 展开polySphere1节点属性，然后设置"轴向细
分数"为12，"高度细分数"为8，如图4-68所示。

图4-68

(03) 选择模型，执行"变形>非线性>扩张"菜单命
令。在"通道盒/层编辑器"面板中设置"开始扩
张X"为0.7，"开始扩张Z"为0.7，"结束扩张X"为
0，"结束扩张Z"为0，如图4-69所示。

图4-69

04 选择模型，然后清除构建历史，接着在"通道盒/层编辑器"面板中设置"缩放X"为0.6，"缩放Y"为1，"缩放Z"为0.6，如图4-70所示。

图4-70

05 选择模型，执行"变形>非线性>弯曲"菜单命令▧。在"通道盒/层编辑器"面板中设置"曲率"为80，"下限"为0，如图4-71所示。

图4-71

06 选择模型，然后清除构建历史，接着按3键平滑显示，效果如图4-72所示。

图4-72

4.3.3 最终调整

01 执行"创建>多边形基本体>圆柱体"菜单命令▧，在场景中创建一个圆柱体。在"通道盒/层编辑器"面板中设置"半径"为0.03，"轴向细分数"为8，如图4-73所示。

图4-73

02 选择模型，然后在"通道盒/层编辑器"面板中设置"平移Y"为5.2，如图4-74所示。

图4-74

03 复制出多个蜡烛模型，然后调整其位置和大小，效果如图4-75所示。

图4-75

4.4 本章小结

变形工具在Maya 2016之前一直是放置在"动画"模块中的，通过对变形工具的属性进行关键帧设置，可以制作变形动画。本章主要介绍了Maya变形工具的使用方法，灵活使用这些变形工具，可以制作一些特殊的模型效果。

4.5 课后习题：螺丝

场景位置	无
实例位置	Examples>CH04>4-5.mb
难易指数	★☆☆☆☆
技术掌握	掌握扭曲变形器的用法

本例使用"扭曲"变形器🦑制作螺丝，效果如图4-76所示。

图4-76

制作提示

第1步：创建一个圆柱体，并添加段数。

第2步：为圆柱体添加一个扭曲变形器，调整形状为螺旋状。

第3步：用球体制作螺帽。

步骤如图4-77所示。

创建一个圆柱体并　　为圆柱体添加　　　使用球体制
为圆柱体添加段数　　扭曲变形器　　　　作出螺帽

图4-77

第5章

灯光技术

本章将介绍Maya 2016的灯光技术，包含布光原则、灯光的类型与作用、灯光的属性等。本章是一个非常重要的章节，请读者务必对各种重要灯光勤加练习，这样才能制作出优秀的光影作品。

课堂学习目标

掌握灯光的类型

掌握灯光参数的设置方法

掌握灯光的布置技巧

5.1　灯光概述

光是作品中最重要的组成部分之一，也是作品的灵魂所在。物体的造型与质感都需要用光来刻画和体现，没有灯光的场景将是一片漆黑，什么也观察不到。

在现实生活中，一盏灯光可以照亮一个空间，并且会产生衰减，而物体也会反射光线，从而照亮灯光无法直接照射到的地方。在三维软件的空间中（在默认情况下），灯光中的光线只能照射到直接到达的地方，因此要想得到现实生活中的光照效果，就必须创建多盏灯光，从不同角度来对场景进行照明，图5-1所示的是一张布光十分精彩的作品。

图5-1

Maya中有6种灯光类型，分别是"环境光""平行光""点光源""聚光灯""区域光"和"体积光"，如图5-2所示。

图5-2

技巧与提示

这6种灯光的特征各不相同，所以各自的用途也不同。在后面的内容中，将逐步对这6种灯光的各种特征进行详细讲解。

5.2　摄影布光原则

在为场景布光时不能只注重软件技巧，还要了解摄影学中灯光照明方面的知识。布光的目的就是在二维空间中表现出三维空间的真实感与立体感。

实际生活中的空间感是由物体表面的明暗对比产生的。灯光照射到物体上时，物体表面并不是均匀受光，可以按照受光表面的明暗程度分成亮部（高光）、过渡区和暗部3个部分，如图5-3所示。通过明暗的变化而产生物体的空间尺度和远近关系，即亮部离光源近一些，暗部离光源远一些，或处于物体的背光面。

图5-3

场景灯光通常分为自然光、人工光和混合光（自然光和人工光结合的灯光）3种类型。

5.2.1　自然光

自然光一般指太阳光，当使用自然光时，需要考虑在不同时段内的自然光的变化，如图5-4所示。

图5-4

5.2.2 人工光

人工光是以电灯、火或二者一起使用进行照明的光。人工光是3种灯光中最常用的灯光。在使用人工光时一定要注意灯光的质量、方向和色彩等，如图5-5所示。

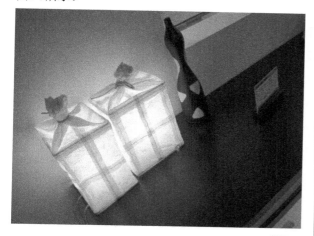

图5-5

5.2.3 混合光

混合光是将自然光和人工光完美组合在一起，让场景色调更加丰富、更加富有活力的一种照明灯光，如图5-6所示。

图5-6

技巧与提示

灯光有助于表达场景的情感和氛围，若按灯光在场景中的功能可以将灯光分为主光、辅助光和背景光3种类型。这3种类型的灯光经常需要在场景中配合运用，才能完美地展现出场景的氛围。

技巧与提示

1.主光

在一个场景中，主光是对画面起主导作用的光源。主光不一定只有一个光源，但它一定是起主要照明作用的光源，因为它决定了画面的基本照明和情感氛围。

2.辅助光

辅助光是对场景起辅助照明的灯光，它可以有效地调和物体的阴影和细节区域。

3.背景光

背景光也叫"边缘光"，它是通过照亮对象的边缘将目标对象从背景中分离出来，通常放置在3/4关键光的正对面，并且只对物体的边缘起作用，可以产生很小的高光反射区域。

除了以上3种灯光外，在实际工作中还经常会用到轮廓光、装饰光和实际光。

1.轮廓光

轮廓光是用于勾勒物体轮廓的灯光，它可以使物体更加突出，拉开物体与背景的空间距离，以增强画面的纵深感。

2.装饰光

装饰光一般用来补充画面中布光不足的地方，以及增强某些物体的细节效果。

3.实际光

实际光是指在场景中实际出现的照明来源，如台灯、车灯、闪电和野外燃烧的火焰等。

由于场景中的灯光与自然界中的灯光是不同的，在能达到相同效果的情况下，应尽量减少灯光的数量和降低灯光的参数值，这样可以节省渲染时间。同时，灯光越多，灯光管理也会更加困难，所以不需要的灯光最好将其删除。使用灯光排除也是提高渲染效率的好方法，因为从一些光源中排除一些物体可以节省渲染时间。

5.3 灯光的类型

展开"创建>灯光"菜单，如图5-7所示。其中Maya提供了6种灯光，Mental Ray渲染器提供了5种，本书将主要介绍Maya的灯光。

图5-7

5.3.1 点光源

"点光源"就像一个灯泡，从一个点向外发射光线，所以点光源产生的阴影是发散状的，如图5-8所示。

图5-8

💥 **技巧与提示**

点光源是一种衰减类型的灯光，离点光源越近，光照强度越大。点光源实际上是一种理想的灯光，因为其光源体积是无限小的，它在Maya中是使用最频繁的一种灯光。

5.3.2 环境光

"环境光"发出的光线能够均匀地照射场景中所有的物体，可以模拟现实生活中物体受周围环境照射的效果，类似于漫反射光照，如图5-9所示。

图5-9

💥 **技巧与提示**

环境光的一部分光线可以向各个方向进行传播，并且是均匀地照射物体，而另外一部分光线则是从光源位置发射出来的（类似点光源）。环境光多用于室外场景，使用了环境光后，凹凸贴图可能无效或不明显，并且环境光只有光线跟踪阴影，而没有深度贴图阴影。

5.3.3 平行光

"平行光"的照明效果只与灯光的方向有关，与其位置没有任何关系，就像太阳光一样，其光线是相互平行的，不会产生夹角，如图5-10所示。当然这是理论概念，现实生活中的光线很难达到绝对的平行，只要光线接近平行，就默认为是平行光。

图5-10

💥 **技巧与提示**

平行光没有一个明显的光照范围，经常用室外全局光照来模拟太阳光照。平行光没有灯光衰减，所以要使用灯光衰减时只能用其他的灯光来代替平行光。

5.3.4 体积光

"体积光"是一种特殊的灯光，可以为灯光的照明空间约束一个特定的区域，只对这个特定区域内的物体产生照明，而其他的空间则不会产生照明，如图5-11所示。

图5-11

技巧与提示

体积光的体积大小决定了光照范围和灯光的强度衰减，只有体积光范围内的对象才会被照亮。体积光还可以作为负灯使用，以吸收场景中多余的光线。

5.3.5 区域光

"区域光" ▣是一种呈矩形的光源，在使用光线跟踪阴影时，可以获得很好的阴影效果，如图5-12所示。区域光与其他灯光有很大的区别，例如，聚光灯或点光源的发光点都只有一个，而区域光的发光点是一个区域，可以产生很真实的柔和阴影。

图5-12

5.3.6 聚光灯

"聚光灯" ▨是一种非常重要的灯光，在实际工作中经常被使用到。聚光灯具有明显的光照范围，类似于手电筒的照明效果，在三维空间中形成一个圆锥形的照射范围，如图5-13所示。聚光灯能够突出重点，在很多场景中都被使用到，如室内、室外和单个的物体。在室内和室外均可以用来模拟太阳的光照效果，同时也可以突出单个产品，强调某个对象的存在。

图5-13

技巧与提示

聚光灯不但可以实现衰减效果，使光线的过渡变得更加柔和，同时还可以通过参数来控制它的半影效果，从而产生柔和的过渡边缘。

5.4 灯光的基本操作

场景中的灯光并不是直接通过菜单命令就能创建好的，而是需要不断地在视图中进行方向、角度的调整。在Maya中，灯光的操作方法主要有以下3种。

第1种：创建灯光后，使用"移动工具" ▣、"缩放工具" ▣和"旋转工具" ◪对灯光的位置、大小和方向进行调整，如图5-14所示。这种方法控制起来不是很方便。

第2种：创建灯光后，按T键打开灯光的目标点和发光点的控制手柄，这样可以很方便地调整灯光的照明方式，能够准确地确定目标点的位置，如图5-15所示。同时还有一个扩展手柄，可以对灯光的一些特殊属性进行调整，如光照范围和灯光雾等。

图5-14   图5-15

第3种：创建灯光后，可以通过视图菜单中"面板>沿选定对象观看"命令将灯光作为视觉出发点来观察整个场景，如图5-16所示。这种方法准确且直观，在实际操作中经常会使用到。

图5-16

5.5 灯光的属性

因为6种灯光的基本属性大同小异，这里选用最典型的聚光灯来讲解灯光的属性设置。

执行"创建>灯光>聚光灯"菜单命令，在场景中创建一盏聚光灯，然后按快捷键Ctrl+A打开聚光灯的"属性编辑器"面板，如图5-17所示。

图5-17

5.5.1 聚光灯属性

展开"聚光灯属性"卷展栏，如图5-18所示。在该卷展栏中可以对聚光灯的基本属性进行设置。

图5-18

【常用参数介绍】

类型：选择灯光的类型。这里讲的是聚光灯，可以通过"类型"将聚光灯设置为点光源、平行光或体积光等。

技巧与提示

当改变灯光类型时，相同部分的属性将被保留下来，而不同的部分将使用默认参数来代替。

颜色：设置灯光的颜色。Maya中的颜色模式有RGB和HSV两种，双击色块可以打开调色板，如图5-19所示。系统默认的是HSV颜色模式，这种模式是通过色相、饱和度和明度来控制颜色。这种颜色调节方法的好处是明度值可以无限提高，而且可以是负值。

图5-19

技巧与提示

另外，调色板还支持用吸管 ✐ 来吸取加载的图像的颜色作为灯光颜色。具体操作方法是单击"图像"选项卡，然后单击"加载"按钮 [加载...]，接着用吸管 ✐ 吸取图像上的颜色，如图5-20所示。

图5-20

当灯光颜色的V值为负值时，表示灯光吸收光线，可以用这种方法来降低某处的亮度。单击"颜色"属性后面的 ▣ 按钮可以打开"创建渲染节点"对话框，在该对话框中可以加载Maya的程序纹理，也可以加载外部的纹理贴图。因此，可以使用颜色来产生复杂的纹理，同时还可以模拟出阴影纹理，例如太阳光穿透树林在地面产生的阴影。

强度：设置灯光的发光强度。该参数同样也可以为负值，为负值时表示吸收光线，用来降低某处的亮度。

默认照明：选择该选项后，灯光才起照明作用；如果关闭该选项，灯光将不起任何照明作用。

发射漫反射：选择该选项后，灯光会在物体上产生漫反射效果，反之将不会产生漫反射效果。

发射镜面反射：选择该选项后，灯光将在物体上产生高光效果，反之灯光将不会产生高光效果。

技巧与提示

可以通过一些有一定形状的灯光在物体上产生靓丽的高光效果。

衰退速率：设置灯光强度的衰减方式，共有以下4种。

无衰减：除了衰减类灯光外，其他的灯光将不会产生衰减效果。

线性：灯光呈线性衰减，衰减速度相对较慢。

二次方：灯光与现实生活中的衰减方式一样，以二次方的方式进行衰减。

立方：灯光衰减速度很快，以三次方的方式进行衰减。

圆锥体角度：用来控制聚光灯照射的范围。该参数是聚光灯的特有属性，默认值为40°，其数值不宜设置得太大。图5-21所示为不同"圆锥体角度"数值的聚光灯对比。

图5-21

技巧与提示

如果使用视图菜单中"面板>沿选定对象观看"命令将灯光作为视角出发点，那么"圆锥体角度"就是视野的范围。

半影角度：用来控制聚光灯在照射范围内产生向内或向外的扩散效果。

技巧与提示

"半影角度"也是聚光灯特有的属性，其有效范围为-179.994°～179.994°。该值为正时，表示向外扩散；为负时表示向内扩散。该属性可以使光照范围的边界产生非常自然的过渡效果。图5-22所示的是该值为0°、5°、15°和30°时的效果对比。

图5-22

衰减：用来控制聚光灯在照射范围内从边界到中心的衰减效果，其取值范围为0~255。值越大，衰减的强度越大。

课堂案例

制作场景灯光

场景位置	Scenes>CH05>5.1>5-1.mb
实例位置	Examples>CH05>5.1>5-1.mb
难易指数	★☆☆☆☆
技术掌握	掌握灯光参数的设置方法

本例制作的室外灯光效果如图5-23所示。

图5-23

01 打开学习资源中的"Scenes>CH05>5.1>5-1.mb"文件，场景中有一个仓库模型，如图5-24所示。

图5-24

02 场景中已经布置好了一些点光源，可以先测试一下灯光效果。单击状态栏上的"打开渲染视图"按钮，打开"渲染视图"，如图5-25所示。在该窗口中执行"渲染>渲染>camera1"命令，如图5-26所示。经过一段时间的渲染后，将会得到图5-27所示的效果。

图5-25

图5-26

图5-27

图5-28

(03) 执行"创建>灯光>区域光"菜单命令 ▣，然后在视图中调整区域光的大小、位置和方向，使区域光与仓库顶部的照明灯模型匹配，如图5-29所示。

图5-29

(04) 选择新建的区域光，按快捷键Ctrl+A打开属性编辑器，接着单击"颜色"属性后面的色块，在打开的面板中设置颜色模式为"RGB，0到1"，设置颜色为（R:0.9，G:1，B:1），如图5-30所示。设置"强度"为5，如图5-31所示。

图5-30

图5-31

图5-32

图5-33

(05) 复制并调整区域光，使每个区域光与照明灯模型匹配，如图5-34所示。

图5-34

(06) 在"渲染视图"中执行"渲染>渲染>camera1"命令，渲染效果如图5-35所示。

图5-35

5.5.2 灯光效果

展开"灯光效果"卷展栏，如图5-36所示。该卷展栏下的参数主要用来制作灯光特效，如灯光雾和灯光辉光等。

图5-36

1.灯光雾

"灯光雾"可产生雾状的体积光。如在一个黑暗的房间里，从顶部照射一束阳光进来，通过空气里的灰尘可以观察到阳光的路径，其选项组如图5-37所示。

图5-37

【常用参数介绍】

灯光雾：单击右边的■按钮，可以创建灯光雾。

雾扩散：用来控制灯光雾边界的扩散效果。

雾密度：用来控制灯光雾的密度。

2.灯光辉光

"灯光辉光"主要用来制作光晕特效。单击"灯光辉光"属性右边的■按钮，打开辉光参数设置面板，如图5-38所示。

图5-38

<1>光学效果属性

展开"光学效果属性"卷展栏，参数含义如下。

【常用参数介绍】

辉光类型：选择辉光的类型，共有以下6种。

无：表示不产生辉光。

线性：表示辉光从中心向四周以线性的方式进行扩展。

指数：表示辉光从中心向四周以指数的方式进行扩展。

球：表示辉光从灯光中心在指定的距离内迅速衰减，衰减距离由"辉光扩散"参数决定。

镜头光斑：主要用来模拟灯光照射生成的多个摄影机镜头的效果。

边缘光晕：表示在辉光的周围生成环形状的光晕，环的大小由"光晕扩散"参数决定。

光晕类型：选择光晕的类型，共有以下6种。

无：表示不产生光晕。

线性：表示光晕从中心向四周以线性的方式进行扩展。

指数：表示光晕从中心向四周以指数的方式进行扩展。

球：表示光晕从灯光中心在指定的距离内迅速衰减。

镜头光斑：主要用来模拟灯光照射生成的多个摄影机镜头的效果。

边缘光晕：表示在光晕的周围生成环形状的光晕，环的大小由"光晕扩散"参数决定。

径向频率：控制辉光在辐射范围内的光滑程度，默认值为0.5。

星形点：用来控制向外发散的星形辉光的数量，图5-39所示的分别是"星形点"为6和20时的辉光效果对比。

星形点=6　　　　　　　　　星形点=20

图5-39

旋转：用来控制辉光以光源为中心旋转的角度，其取值范围为0~360。

展开"辉光属性"子卷展栏，如图5-40所示。

图5-40

辉光颜色：用来设置辉光的颜色。

辉光强度：用来控制辉光的亮度，图5-41所示的分别是"辉光强度"为3和10时的效果对比。

辉光强度=3　　　　　　　　　辉光强度=10

图5-41

辉光扩散：用来控制辉光的大小。

辉光噪波：用来控制辉光噪波的强度，如图5-42所示。

辉光径向噪波：用来控制辉光在径向方向的光芒长度，如图5-43所示。

图5-42　　　　　　　　　　　图5-43

辉光星形级别：用来控制辉光光芒的中心光晕的比例，图5-44所示的是不同数值下的光芒中心辉光效果。

辉光星形级别=0　　　　　　　辉光星形级别=2

图5-44

辉光不透明度：用来控制辉光光芒的不透明度。

展开"光晕属性"子卷展栏，如图5-45所示。

图5-45

光晕颜色：用来设置光晕的颜色。

光晕强度：用来设置光晕的强度，图5-46所示的分别是"光晕强度"为0和10时的效果对比。

光晕强度=0　　　　　　　　　光晕强度=10

图5-46

光晕扩散：用来控制光晕的大小，图5-47所示的分别是"光晕扩散"为0和2时的效果对比。

光晕扩散=0　　　　　　　　　光晕扩散=2

图5-47

展开"镜头光斑属性"复卷展栏，如图5-48所示。

图5-48

技巧与提示

"镜头光斑属性"卷展栏下的参数只有在"光学效果属性"卷展栏下选择了"镜头光斑"选项后才会被激活，如图5-49所示。

图5-49

光斑颜色：用来设置镜头光斑的颜色。

光斑强度：用来控制镜头光斑的强度，图5-50所示的分别是"光斑强度"为0.9和5时的效果对比。

光斑强度=0.9　　　　　　　　光斑强度=5

图5-50

光斑圈数：用来设置镜头光斑光圈的数量。数值越大，渲染时间越长。

光斑最小值/最大值：这两个选项用来设置镜头光斑范围的最小值和最大值。

六边形光斑：选择该选项后，可以生成六边形的光斑，如图5-51所示。

图5-51

光斑颜色扩散：用来控制镜头光斑扩散后的颜色。

光斑聚焦：用来控制镜头光斑的聚焦效果。

光斑垂直/水平：这两个选项用来控制光斑在垂直和水平方向上的延伸量。

光斑长度：用来控制镜头光斑的长度。

<2>噪波属性

展开"噪波"卷展栏，如图5-52所示。

图5-52

【常用参数介绍】

噪波U/V向比例：这两个选项用来调节噪波辉光在U/V坐标方向上的缩放比例。

噪波U/V向偏移：这两个选项用来调节噪波辉光在U/V坐标方向上的偏移量。

噪波阈值：用来设置噪波的终止值。

课堂案例

制作灯光雾

场景位置	Scenes>CH05>5.2>5-2.mb
实例位置	Examples>CH05>5.2>5-2.mb
难易指数	★★☆☆☆
技术掌握	掌握在场景中创建灯光雾的方法

本例为场景制作的灯光雾效果如图5-53所示。

图5-53

01 打开学习资源中的"Scenes>CH05>5.2>5-2.mb"文件，文件中有一个室内场景，如图5-54所示。

图5-54

02 新建一盏聚光灯，然后调整灯光的位置、方向和大小，如图5-55所示。

图5-55

03 按快捷键Ctrl+A打开属性编辑器，然后设置"颜色"为（R:223，G:255，B:255），"强度"为2000，"衰退速率"为"线性"，"圆锥体角度"为31，"半影角度"为-4，如图5-56所示。

图5-56

04 展开"灯光效果"卷展栏，单击"灯光雾"属性后面的■按钮，为聚光灯加载灯光雾效果，如图5-57所示。这时聚光灯会多出一个锥角，这就是灯光雾的照射范围，如图5-58所示。

图5-57

图5-58

05 设置"雾扩散"为2，"雾密度"为1.5，如图5-59所示。在"渲染视图"中执行"渲染>渲染>camera1"命令，渲染效果如图5-60所示。

图5-59

图5-60

在创建灯光的过程中，有时需要为场景中的一些物体进行照明，而又不希望这盏灯光影响到场景中的其他物体，这时就需要使用灯光链接，让灯光只对一个或几个物体起作用，如图5-61所示（左图为未打断灯光链接，右图为打断了灯光链接）。

图5-61

01 打开学习资源中的"Scenes>CH05>5-3.mb"文件，文件中有一个静物场景，如图5-62所示。

02 打开"渲染视图"，然后选择一个合适的角度渲染当前场景，效果如图5-63所示。

图5-62　　　　　　　　图5-63

03 执行"窗口>关系编辑器>灯光链接>以灯光为中心"菜单命令，如图5-64所示。在打开的"关系编辑器"中选择左侧列表中的areaLight1节点，接着取消选择右侧列表中的Napkin节点，如图5-65所示。

图5-64

图5-65

04 渲染当前场景，效果如图5-66所示。从图中可以看到，因为Napkin和areaLight1取消关联，所以模型不再受灯光影响。

图5-66

技巧与提示

除了通过选择灯光和物体的方法来打断灯光链接外，还可以通过对象与灯光的"关系编辑器"来进行调节，如图5-67所示。这两种方式都能达到相同的效果。

图5-67

课堂案例

用反光板照明场景

场景位置	Scenes>CH05>5-4.mb
实例位置	Examples>CH05>5-4.mb
难易指数	★★★☆☆
技术掌握	掌握创建反光板的方法

本例利用反光板制作的场景灯光效果如图5-68所示。

图5-68

01 打开学习资源中的"Scenes>CH05>5-4.mb"文件，场景中有一些静物模型，如图5-69所示。

图5-69

02 在场景中创建一盏聚光灯，然后调整灯光的位置和方向，如图5-70所示。

图5-70

03 打开聚光灯的属性编辑器，然后在"聚光灯属性"卷展栏下设置"圆锥体角度"为40，"半影角度"为20，如图5-71所示。

图5-71

04 展开"阴影>光线跟踪阴影属性"卷展栏，选择"使用光线跟踪阴影"选项，设置"阴影光线数"为8，展开"mental ray>区域光"卷展栏，并选择"区域光"选项，设置"高采样数"为（8，8），如图5-72所示。

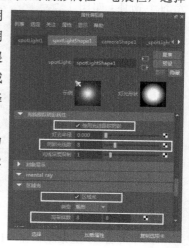

图5-72

05 单击状态栏中的"渲染设置"按钮，在打开"渲染设置"对话框中设置渲染器为mental ray渲染器，然后展开"采样"卷展栏，设置"总体质量"为2，接着展开"跟踪深度"卷展栏，设置"反射"

和"透射"为10，"最大跟踪深度"为20，如图5-73所示。

图5-73

06 在场景中创建一个平面作为反光板，然后将平面捕捉到灯光的位置，如图5-74所示。

图5-74

07 打开"大纲视图"，然后使用鼠标中键将平面拖曳到灯光上，使其成为灯光的子物体，如图5-75所示。

图5-75

08 执行"窗口>渲染编辑器>Hypershade"菜单命令，打开Hypershade窗口，然后选择平面，接着将光标移至surfaceShader1节点上，并且按住鼠标右键，在打开的菜单中选择"为当前选择指定材质"选项，如图5-76所示。

图5-76

09 复制一个灯光和反光板，然后调整其位置和方向，如图5-77所示。

图5-77

10 在"通道盒/层编辑器"中显示environment图层，如图5-78所示。选择一个合适的角度进行渲染，最终效果如图5-79所示。

图5-78

图5-79

5.5.3 阴影

阴影在场景中具有非常重要的地位，它可以增强场景的层次感与真实感。Maya有"深度贴图阴影"和"光线跟踪阴影"两种阴影模式，如图5-80

144

所示。"深度贴图阴影"是使用阴影贴图来模拟阴影效果；"光线跟踪阴影"是通过跟踪光线路径来生成阴影，可以使透明物体产生透明的阴影效果。

图5-80

【常用参数介绍】

阴影颜色：用于设置灯光阴影的颜色。

1.深度贴图阴影属性

展开"深度贴图阴影属性"卷展栏，如图5-81所示。

图5-81

【常用参数介绍】

使用深度贴图阴影：控制是否开启"深度贴图阴影"功能。

分辨率：控制深度贴图阴影的大小。数值越小，阴影质量越粗糙，渲染速度越快；反之，阴影质量越高，渲染速度也就越慢。

使用中间距离：如果禁用该选项，Maya会为深度贴图中的每个像素计算灯光与最近阴影投射曲面之间的距离。如果灯光与另一个阴影投射曲面之间的距离大于深度贴图距离，则该曲面位于阴影中。

使用自动聚焦：选择该选项后，Maya会自动缩放深度贴图，使其仅填充灯光所照明的区域中包含阴影投射对象的区域。

聚焦：用于在灯光照明的区域内缩放深度贴图的角度。

过滤器大小：用来控制阴影边界的模糊程度。

偏移：设置深度贴图移向或远离灯光的偏移距离。

雾阴影强度：控制出现在灯光雾中的阴影的黑

暗度，有效范围为1~10。

雾阴影采样：控制出现在灯光雾中的阴影的精度。

基于磁盘的深度贴图：包含以下3个选项。

禁用：Maya会在渲染过程中创建新的深度贴图。

覆盖现有深度贴图：Maya会创建新的深度贴图，并将其保存到磁盘。如果磁盘上已经存在深度贴图，Maya会覆盖这些深度贴图。

重用现有深度贴图：Maya会进行检查以确定深度贴图是否在先前已保存到磁盘。如果已保存到磁盘，Maya会使用这些深度贴图，而不是创建新的深度贴图。如果未保存到磁盘，Maya会创建新的深度贴图，然后将其保存到磁盘。

阴影贴图文件名：设置Maya保存到磁盘的深度贴图文件的名称。

添加场景名称：将场景名添加到Maya并保存到磁盘的深度贴图文件的名称中。

添加灯光名称：将灯光名添加到Maya并保存到磁盘的深度贴图文件的名称中。

添加帧扩展名：如果选择该选项，Maya会为每个帧保存一个深度贴图，然后将帧扩展名添加到深度贴图文件的名称中。

使用宏：仅当"基于磁盘的深度贴图"设定为"重用现有深度贴图"时才可用。它是指宏脚本的路径和名称，Maya会运行该宏脚本，以从磁盘中读取深度贴图时更新该深度贴图。

仅使用单一深度贴图：仅适用于聚光灯。如果选择该选项，Maya会为聚光灯生成单一深度贴图。

使用X/Y/Z+深度贴图：控制Maya为灯光生成的深度贴图的数量和方向。

使用X/Y/Z-深度贴图：控制Maya为灯光生成的深度贴图的数量和方向。

2.光线跟踪阴影属性

展开"光线跟踪阴影属性"卷展栏，如图5-82所示。

图5-82

【常用参数介绍】

使用光线跟踪阴影：控制是否开启"光线跟踪阴影"功能。

灯光半径：控制阴影边界模糊的程度。数值越大，阴影边界越模糊，反之阴影边界就越清晰。

阴影光线数：用来控制光线跟踪阴影的质量。数值越大，阴影质量越高，渲染速度就越慢。

光线深度限制：用来控制光线在投射阴影前被折射或反射的最大次数限制。

课堂案例

使用光线跟踪阴影

场景位置	Scenes>CH05>5.5>5-5.mb
实例位置	Examples>CH05>5.5>5-5.mb
难易指数	★★☆☆☆
技术掌握	掌握光线跟踪阴影的运用方法

本例使用"光线跟踪阴影"技术制作灯光阴影，效果如图5-83所示。

图5-83

01 打开学习资源中的"Scenes>CH05>5.5>5-5.mb"文件，场景中有汽车模型、反光板和一台摄影机，如图5-84所示。

图5-84

02 打开"渲染视图"，然后将渲染器设置为mental ray，接着执行"渲染>渲染>camera1"命令，效果如图5-85所示。

图5-85

03 创建一盏区域光，然后调整区域光的位置、大小和方向，如图5-86所示。

图5-86

04 选择区域光，在属性编辑器中设置"强度"为3，接着展开"阴影>光线跟踪阴影属性"卷展栏，选择"使用光线跟踪阴影"选项，设置"阴影光线数"为15，如图5-87所示。

图5-87

05 在"渲染视图"中执行"渲染>渲染>camera1"命令，渲染效果如图5-88所示。

图5-88

5.6 综合实例：物理太阳和天空照明

场景位置	Scenes>CH05>5.6>5-6.mb
实例位置	Examples>CH05>5.6>5-6.mb
难易指数	★★★☆☆
技术掌握	掌握物理太阳和天空照明的使用方法

灯光是作品的灵魂，正是有了灯光的存在才使画面具有一定氛围。本例主要介绍如何使用Maya的"物理太阳和天空照明"功能，效果如图5-89所示。

图5-89

01 打开学习资源中的"Scenes>CH05>5.6>5-6.mb"文件，场景中有一个城市模型，如图5-90所示。

图5-90

02 单击状态栏中的"渲染设置"按钮，在打开"渲染设置"对话框中设置渲染器为mental ray渲染器，然后切换到Scene（场景）选项卡，在"环境"卷展栏中单击"物理太阳和天空"后面的"创建"按钮，如图5-91所示。

03 打开"大纲视图"，可以发现Maya新建了一个sunDirection节点，如图5-92所示。

图5-91 图5-92

04 选择sunDirection节点，然后调整其大小、位置和方向，接着在"渲染视图"中执行"渲染>渲染>camera1"命令，渲染效果如图5-93所示。

图5-93

05 选择sunDirection节点，然后将"旋转Z"修改为30，接着在"渲染视图"中执行"渲染>渲染>camera1"命令，渲染效果如图5-94所示。

图5-94

🐾 **技巧与提示**

如果不想保留物理太阳和天空效果，可以在"渲染设置"对话框中单击"物理太阳和天空"后面的"删除"按钮，如图5-95所示。

图5-95

5.7 本章小结

本章主要介绍了Maya 2016各种重要灯光的作用以及各种重要参数（如聚光灯属性、灯光效果和阴影等），同时安排大量课堂案例进行强化练习。读者在学习本章的同时，不仅要深刻理解各项重要技术，还要多对重要灯光进行练习。

5.8 课后习题: 灯光阴影贴图

场景位置	Scenes>CH05>5.7>5-7.mb
实例位置	Examples>CH05>5.7>5-7.mb
难易指数	★★☆☆☆
技术掌握	掌握灯光的综合运用

本例主要介绍聚光灯、区域光以及灯光阴影的综合运用方法，效果如图5-96所示。

图5-96

制作提示

灯光布局参考如图5-97所示。

图5-97

第6章

摄影机技术

本章将介绍Maya 2016的摄影机技术，包含摄影机的类型、各种摄影机的作用、摄影机的基本设置、摄影机工具等。本章内容比较简单，读者只需要掌握比较重要的知识点即可，如"景深"的运用。

课堂学习目标

了解摄影机的类型

掌握摄影机的基本设置

掌握摄影机工具的使用方法

掌握摄影机景深特效的制作方法

6.1 摄影机的类型

Maya默认的场景中有4台摄影机，一个透视图摄影机和3个正交视图摄影机。执行"创建>摄影机"菜单下的命令可以创建一台新的摄影机，如图6-1所示。

摄影机	☐
摄影机和目标	☐
摄影机、目标和上方向	☐
立体摄影机	
Multi Stereo Rig	

图6-1

6.1.1 摄影机

"摄影机"是最基本的摄影机，可以用于静态场景和简单的动画场景，如图6-2所示。单击"创建>摄影机>摄影机"命令■后面的■按钮，打开"创建摄影机选项"对话框，如图6-3所示。

图6-2

图6-3

【常用参数介绍】

兴趣中心：设置摄影机到兴趣中心的距离（以场景的线性工作单位为测量单位）。

焦距：设置摄影机的焦距（以mm为测量单位），有效值范围为2.5~3500。增大焦距值可以拉近摄影机镜头，并放大对象在摄影机视图中的大小。减小焦距值可以拉远摄影机镜头，并缩小对象在摄影机视图中的大小。

镜头挤压比：设置摄影机镜头水平压缩图像的程度。大多数摄影机不会压缩所录制的图像，因此其"镜头挤压比"为1。但是有些摄影机（如变形摄影机）会水平压缩图像，使大纵横比（宽度）的图像落在胶片的方形区域内。

摄影机比例：根据场景缩放摄影机的大小。

水平/垂直胶片光圈：设置摄影机光圈的高度和宽度（以"英寸"为测量单位）。

水平/垂直胶片偏移：在场景的垂直或水平方向上偏移分辨率门和胶片门。

胶片适配：控制分辨率门相对于胶片门的大小。如果分辨率门和胶片门具有相同的纵横比，则"胶片适配"的设置不起作用。

水平/垂直：使分辨率门水平/垂直适配胶片门。

填充：使分辨率门适配胶片门。

过扫描：使胶片门适配分辨率门。

胶片适配偏移：设置分辨率门相对于胶片门的偏移量，测量单位为"英寸"。

过扫描：仅缩放摄影机视图（非渲染图像）中的场景大小。调整"过扫描"值可以查看比实际渲染更多或更少的场景。

快门角度：会影响运动模糊对象的对象模糊度。快门角度设置得越大，对象越模糊。

近/远剪裁平面：对于硬件渲染、矢量渲染和mental ray渲染，这两个选项表示透视摄影机或正交摄影机的近裁剪平面和远裁剪平面的距离。

正交：如果选择该选项，则摄影机为正交摄影机。

正交宽度：设置正交摄影机的宽度（以"英寸"为单位）。正交摄影机的宽度可以控制摄影机的可见场景范围。

已启用平移/缩放：启用"二维平移/缩放工具"。

水平/竖直平移：设置在水平/垂直方向上的移动距离。

缩放：对视图进行缩放。

6.1.2 摄影机和目标

执行"摄影机和目标"命令■可以创建一台带目标点的摄影机，如图6-4所示。这种摄影机主要用于比较复杂的动画场景，如追踪鸟的飞行路线。

目标点

摄影机

图6-4

6.1.3 摄影机、目标和上方向

执行"摄影机、目标和上方向"命令■可以创建一台带两个目标点的摄影机，一个目标点朝向摄影机的前方，另外一个位于摄影机的上方，如图6-5所示。这种摄影机可以指定摄影机的哪一端必须朝上，适用于更为复杂的动画场景，如让摄影机随着转动的过山车一起移动。

图6-5

6.1.4 立体摄影机

执行"立体摄影机"命令可以创建一台立体摄影机，如图6-6所示。使用立体摄影机可以创建具有三维景深的渲染效果。当渲染立体场景时，Maya会考虑所有的立体摄影机属性，并执行计算以生成可被其他程序合成的立体图或平行图像。

图6-6

6.1.5 Multi Stereo Rig（多重摄影机装配）

执行Multi Stereo Rig（多重摄影机装配）命令可以创建由两个或更多立体摄影机组成的多重摄影机装配，如图6-7所示。

图6-7

技巧与提示

在5种摄影机当中，前3种摄影机最为重要，后面两种基本用不上。

6.2 摄影机的基本设置

展开视图菜单中的"视图>摄影机设置"菜单，如图6-8所示。该菜单下的命令可以用来设置摄影机。

【常用命令介绍】

透视：选择该选项时，摄影机将变成透视摄影机，视图也会变成透视图，如图6-9所示；若不选择该选项，视图将变为正交视图，如图6-10所示。

图6-8

图6-9　　　　　　　图6-10

可撤消的移动：如果选择该选项，则所有的摄影机移动（如翻滚、平移和缩放）将写入"脚本编辑器"，如图6-11所示。

图6-11

忽略二维平移/缩放：选择该选项后，可以忽略"二维平移/缩放"的设置，从而使场景视图显示在完整摄影机视图中。

无门：选择该选项，不会显示"胶片门"和"分辨率门"。

胶片门：选择该选项后，视图会显示一个边界，用于指示摄影机视图的区域，如图6-12所示。

图6-12

分辨率门：选择该选项后，可以显示出摄影机的渲染框。在这个渲染框内的物体都会被渲染出来，而超出渲染框的区域将不会被渲染出来，图6-13和图6-14所示的分别是分辨率为640×480和1024×768时的范围对比。

图6-13　　　　　　　　　　图6-14

门遮罩：选择该选项后，可以更改"胶片门"或"分辨率门"之外的区域的不透明度和颜色。

区域图：选择该选项后，可以显示栅格，如图6-15所示。该栅格表示12个标准单元动画区域的大小。

安全动作：该选项主要针对场景中的人物对象。在一般情况下，场景中的人物都不要超出安全动作框的范围（占渲染画面的90%），如图6-16所示。

图6-15　　　　　　　　　　图6-16

安全标题：该选项主要针对场景中的字幕或标题。字幕或标题一般不要超出安全标题框的范围（占渲染画面的80%），如图6-17所示。

胶片原点：在通过摄影机查看时，显示胶片原点助手，如图6-18所示。

图6-17　　　　　　　　　　图6-18

胶片枢轴：在通过摄影机查看时，显示胶片枢轴助手，如图6-19所示。

填充：选择该选项后，可以使"分辨率门"尽量充满"胶片门"，但不会超出"胶片门"的范围，如图6-20所示。

图6-19　　　　　　　　　　图6-20

水平/垂直：选择"水平"选项，可以使"分辨率门"在水平方向上尽量充满视图，如图6-21所示；选择"垂直"选项，可以使"分辨率门"在垂直方向上尽量充满视图，如图6-22所示。

图6-21　　　　　　　　　　图6-22

过扫描：选择该选项后，可以使"胶片门"适配"分辨率门"，也就是将图像按照实际分辨率显示出来，如图6-23所示。

图6-23

6.3　摄影机工具

展开视图菜单中的"视图>摄影机工具"菜单，如图6-24所示。该菜单下全部是对摄影机进行操作的工具。

图6-24

6.3.1　侧滚工具

"侧滚工具" 主要用来旋转视图摄影机，快捷键为Alt+鼠标左键。
打开该工具的"工具设置"面板，如图6-25所示。

图6-25

【常用参数介绍】

翻滚比例： 设置摄影机移动的速度，默认值为1。

绕对象翻滚： 选择该选项后，在开始翻滚时，"测滚工具"图标位于某个对象上，则可以使用该对象作为翻滚枢轴。

翻滚中心： 控制摄影机翻滚时围绕的点。

兴趣中心： 摄影机绕其兴趣中心翻滚。

翻滚枢轴： 摄影机绕其枢轴点翻滚。

正交视图： 包含"已锁定"和"阶跃"两个选项。

已锁定： 选择该选项后，则无法翻滚正交摄影机；如果关闭该选项，则可以翻滚正交摄影机。

阶跃： 选择该选项后，则能够以离散步数翻滚正交摄影机。通过"阶跃"操作，可以轻松返回默认视图位置。

正交步长： 在关闭"已锁定"并选择"阶跃"选项的情况下，该选项用来设置翻滚正交摄影机时所用的步长角度。

技巧与提示

"侧滚工具"的快捷键是Alt+鼠标左键，按住Alt+Shift+鼠标左键可以在一个方向上翻转视图。

6.3.2 平移工具

使用"平移工具" 可以在水平线上移动视图摄影机，快捷键为Alt+鼠标中键。打开该工具的"工具设置"面板，如图6-26所示。

图6-26

【常用参数介绍】

平移几何体： 选择该选项后，视图中的物体与光标的移动是同步的。在移动视图时，光标相对于视图中的对象位置不会再发生变化。

平移比例： 该选项用来设置移动视图的速度，系统默认的移动速度为1。

技巧与提示

"平移工具"的快捷键是Alt+鼠标中键，按住Alt+Shift+鼠标中键可以在一个方向上移动视图。

6.3.3 推拉工具

用"推拉工具" 可以推拉视图摄影机，快捷键为Alt+鼠标右键或Alt+鼠标左键+鼠标中键。打开该工具的"工具设置"面板，如图6-27所示。

图6-27

【常用参数介绍】

缩放： 该选项用来设置推拉视图的速度，系统默认的推拉速度为1。

局部： 选择该选项后，可以在摄影机视图中进行拖动，并且可以让摄影机朝向或远离其兴趣中心移动。如果关闭该选项，也可以在摄影机视图中进行拖动，但可以让摄影机及其兴趣中心一同沿摄影机的视线移动。

兴趣中心： 选择该选项后，在摄影机视图中使用鼠标中键进行拖动，可以让摄影机的兴趣中心朝向或远离摄影机移动。

朝向中心： 如果关闭该选项，可以在开始推拉时朝向"推拉工具"图标的当前位置进行推拉。

捕捉长方体推拉到： 当使用Ctrl+Alt组合键推拉摄影机时，可以把兴趣中心移动到框选区域。

表面： 选择该选项后，在对象上执行长方体推拉时，兴趣中心将移动到对象的曲面上。

边界框： 选择该选项后，在对象上执行长方体推拉时，兴趣中心将移动到对象边界框的中心。

6.3.4 缩放工具

"缩放工具" 主要用来缩放视图摄影机，以改变视图摄影机的焦距。打开该工具的"工具设置"面板，如图6-28所示。

图6-28

【常用参数介绍】

缩放比例：该选项用来设置缩放视图的速度，系统默认的缩放比例为1。

6.3.5 二维平移/缩放工具

用"二维平移/缩放工具" 可以在二维视图中进行平移和缩放摄影机，并且可以在场景视图中查看结果。使用该功能可以在进行精确跟踪、放置或对位工作时查看特定区域中的详细信息，而无须实际移动摄影机。打开该工具的"工具设置"面板，如图6-29所示。

图6-29

【常用参数介绍】

缩放比例：该选项用来设置缩放视图的速度，系统默认的缩放比例为1。

模式：包含"二维平移"和"二维缩放"这两种模式。

二维平移：对视图进行移动操作。

二维缩放：对视图进行缩放操作。

6.3.6 油性铅笔工具

执行"油性铅笔工具"命令 后，将会打开"油性铅笔"面板，如图6-30所示。在该面板中，可以使用虚拟记号笔在场景视图上绘制图案。

图6-30

6.3.7 侧滚工具

用"侧滚工具" 可以左右摇晃视图摄影机。打开该工具的"工具设置"面板，如图6-31所示。

图6-31

【常用参数介绍】

侧滚比例：该选项用来设置摇晃视图的速度，系统默认的侧滚比例为1。

6.3.8 方位角仰角工具

用"方位角仰角工具" 可以对正交视图进行旋转操作。打开该工具的"工具设置"面板，如图6-32所示。

图6-32

【常用参数介绍】

比例：该选项用来旋转正交视图的速度，系统默认值为1。

旋转类型：包含"偏转俯仰"和"方位角仰角"两种类型。

偏转俯仰：摄影机向左或向右的旋转角度被称为偏转，向上或向下的旋转角度被称为俯仰。

方位角仰角：摄影机视线相对于地平面垂直平面的角为方位角，摄影机视线相对于地平面的角为仰角。

6.3.9 偏转-俯仰工具

用"偏转-俯仰工具" 可以向上或向下旋转摄影机视图，也可以向左或向右旋转摄影机视图。打开该工具的"工具设置"面板，如图6-33所示。

图6-33

技巧与提示

"偏转-俯仰工具" 的参数与"方位角仰角工具" 的参数相同，这里不再重复讲解。

6.3.10 飞行工具

用"飞行工具"可以让摄影机飞行穿过场景，不会受几何体约束。按住Ctrl键并向上拖曳可以向前飞行，向下拖曳可以向后飞行。若要更改摄影机方向，可以松开Ctrl键，然后拖动鼠标左键。

6.3.11 漫游工具

"漫游工具" 🔲可用于从第一人称透视浏览场景，类似于在游戏的场景中穿梭。打开该工具的设置对话框，如图6-34所示。

图6-34

【常用参数介绍】

显示漫游工具HUD：选择该选项后，可以显示平视显示仪（HUD）消息。

漫游速度倍增：控制漫游速度的速率。

高度：指定摄影机和地平面之间的距离。

敏感度倍增：控制鼠标的敏感度级别。

蹲伏计数：在蹲伏模式下，控制摄影机移向此平面的距离。

6.4　景深

"景深"是指拍摄主题前后所能在一张照片上成像的空间层次的深度。简单地说，景深就是聚焦清晰的焦点前后"可接受的清晰区域"，如图6-35所示。景深可以很好地突出主题，不同景深参数的景深效果不相同。

图6-35

 技巧与提示

景深是一种常见的物理现象，下面介绍景深形成的原理。

1.焦点

与光轴平行的光线射入凸透镜时，理想的镜头应该是所有的光线聚集在一点后，再以锥状的形式扩散开来，这个聚集所有光线的点被称为"焦点"，如图6-36所示。

图6-36

2.弥散圆

在焦点前后，光线开始聚集和扩散，点的影像会变得模糊，从而形成一个扩大的圆，这个圆就是"弥散圆"，如图6-37所示。

图6-37

每张照片都有主体和背景之分，景深和摄影机的距离、焦距和光圈之间存在着以下3种关系（这3种关系可用图6-38来表达）。

第1种：光圈越大，景深越小；光圈越小，景深越大。

第2种：镜头焦距越长，景深越小；焦距越短，景深越大。

第3种：距离越远，景深越大；距离越近，景深越小。

图6-38

6.5　综合实例：制作景深特效

场景位置	Scenes>CH06>6.1>6-1.mb
实例位置	Examples>CH06>6.1>6.1.mb
难易指数	★★☆☆☆
技术掌握	掌握摄影机景深特效的制作方法

本节主要针对摄影机中最为重要的"景深"功能进行练习，如图6-39所示。

图6-39

01 打开学习资源中的"Scenes>CH06>6.1>6-1.mb"文件，场景中有一些静物，如图6-40所示。

图6-40

02 单击状态栏上的"打开渲染视图"按钮 🖼，打开"渲染视图"，如图6-41所示。在该窗口中执行"渲染>渲染>camera1"命令，如图6-42所示。经过一段时间的渲染后，将会得到图6-43所示的效果。

图6-41

图6-42

图6-43

03 由上图可以看出，渲染图并没有景深效果。在大纲视图中选择camera1节点，按快捷键Ctrl+A打开属性编辑器，展开"景深"卷展栏，选择"景深"选项，设置"聚焦距离"为21，"F制光圈"为5，如图6-44所示。

图6-44

技巧与提示

"聚焦距离"属性用来设置景深范围的最远点与摄影机的距离；"F制光圈"属性用来设置景深的强度，值越大，景深越大。

04 在"渲染视图"中执行"渲染>渲染>camera1"命令，效果如图6-45所示。

图6-45

技巧与提示

执行"显示>题头显示>对象详细信息"菜单命令，如图6-46所示。将当前视图切换到摄影机，接着在视图中选择要计算距离的物体，在视图的右上角就能看到计算出来的距离，如图6-47所示。

图6-46

图6-47

6.6 本章小结

本章主要讲解了Maya 2016的摄影机技术以及摄影机常用参数的含义，同时还讲解了摄影机工具的作用与用法。

6.7 课后习题：摄影机焦距

场景位置	Scenes>CH06>6-2.mb
实例位置	无
难易指数	★☆☆☆☆
技术掌握	掌握摄影机焦距调整的方法

本例通过使用摄影机焦距来调整场景视角，效果如图6-48所示。

制作提示

第1步：打开场景中的静物模型。

第2步：利用摄影机属性选项设置视角，观察模型的焦距变化。

图6-48

第7章

纹理技术

本章将介绍Maya的纹理技术，包含纹理的属性、创建与编辑UV以及"UV编辑器"对话框的用法等内容。划分UV是制作纹理材质前的一项重要工作，对最终效果有着重要的影响，因此希望读者在划分UV上多花点心思学习。

课堂学习目标

了解纹理的作用

掌握UV编辑器的使用方法

掌握创建与编辑纹理的方法

掌握纹理属性的设置方法

7.1 纹理概述

当模型被指定材质时，Maya会迅速对灯光做出反应，以表现出不同的材质特性，如固有色、高光、透明度和反射等。但模型额外的细节，如凹凸、刮痕和图案可以用纹理贴图来实现，这样可以增强物体的真实感。通过对模型添加纹理贴图，可以丰富模型的细节。图7-1所示的是一些很真实的纹理贴图。

图7-1

7.1.1 纹理的类型

材质、纹理、工具节点和灯光的大多数属性都可以使用纹理贴图。纹理可以分为二维纹理、三维纹理、环境纹理和层纹理四大类型。二维和三维纹理主要作用于物体本身，Maya提供了一些二维和三维的纹理类型，用户也可以自行制作纹理贴图，如图7-2所示。三维软件中纹理贴图的工作原理比较类似，不同软件中的相同材质也有着相似的属性，因此其他软件的贴图经验也可以应用在Maya中。

图7-2

7.1.2 纹理的作用

模型制作完成后，要根据模型的外观来选择合适的贴图类型，并且要考虑材质的高光、透明度和反射属性。指定材质后，可以利用Maya的节点功能使材质表现出特有的效果，以增强物体的表现力，如图7-3所示。

图7-3

二维纹理作用于物体表面，与三维纹理不同，二维纹理的效果取决于投射和UV坐标，而三维纹理不受其外观的限制，可以将纹理的图案作用于物体的内部。二维纹理就像动物外面的皮毛，而三维纹理可以将纹理延伸到物体的内部，无论物体如何改变外观，三维纹理都是不变的。

环境纹理并不直接作用于物体，它主要用于模拟周围的环境，可以影响材质的高光和反射，不同类型的环境纹理模拟的环境外形是不一样的。

使用纹理贴图可以在很大程度上减少建模的工作量，弥补模型在细节上的不足。同时也可以通过对纹理的控制，制作出现实生活中不存在的材质效果。

7.2 创建与编辑UV

在Maya中划分多边形UV非常方便，Maya为多边形的UV提供了多种创建与编辑方式。切换到"建模"模块，UV菜单下提供了大量的创建与编辑多边形UV的命令，如图7-4所示。

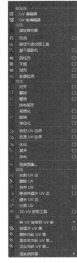

图7-4

7.2.1 UV映射类型

为多边形设定UV映射坐标的方式有4种，分别是"平面映射""圆柱形映射""球形映射"和"自动映射"，如图7-5所示。

图7-5

技巧与提示

在为物体设定UV坐标时，会出现一个映射控制手柄，可以使用这个控制手柄对坐标进行交互式操作，如图7-6所示。在调整纹理映射时，可以结合控制手柄和"UV编辑器"来精确定位贴图坐标。

图7-6

1.平面映射

用"平面"命令■可以从假设的平面沿一个方向投影UV纹理坐标，可以将其映射到选定的曲面网格。打开"平面映射选项"对话框，如图7-7所示。

图7-7

【常用参数介绍】

适配投影到：选择投影的匹配方式，共有以下两种。

最佳平面：选择该选项后，纹理和投影操纵器会自动缩放尺寸并吸附到所选择的面上。

边界框：选择该选项后，可以将纹理和投影操纵器垂直吸附到多边形物体的边界框中。

投影源：选择从物体的哪个轴向来匹配投影。

X/Y/Z轴：从物体的x轴、y轴、z轴匹配投影。

摄影机：从场景摄影机匹配投影。

保持图像宽度/高度比率：选择该选项后，可以保持图像的宽度/高度比率，避免纹理出现偏移现象。

在变形器之前插入投影：选择该选项后，可以在应用变形器前将纹理放置并应用到多边形物体上。

创建新UV集：选择该选项后，可以创建新的UV集并将创建的UV放置在该集中。

UV集名称：设置创建的新UV集的名称。

选择多边形物体的操作手柄，然后按快捷键Ctrl+A打开其"属性编辑器"面板，如图7-8所示。

图7-8

投影中心：该选项用来定义投影纹理贴图的x轴、y轴、z轴的原点位置，Maya的默认值为（0，0，0）。

旋转：用来设置UV坐标旋转时的x轴、y轴、z轴向上的值，也就是定义投影的旋转方向。

投影宽度/高度：设定UV坐标的宽度和高度。

图像中心：表示投影UV的中心，改变该值可以重新设置投影的平移中心。

旋转角度：用来设置UV在2D空间中的旋转角度。

图像比例：用来设置缩放UV的宽度和高度。

2.圆柱形映射

"圆柱形"命令■可以通过向内投影UV纹理坐标到一个虚构的圆柱体上，以映射它们到选定对象。打开"圆柱形映射选项"对话框，如图7-9所示。

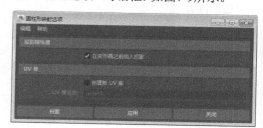

图7-9

【常用参数介绍】

在变形器之前插入投影：选择该选项后，可以在应用变形器前将纹理放置并应用到多边形物体上。

创建新UV集：选择该选项后，可以创建新的UV集并将创建的UV放置在该集中。

UV集名称：设置创建的新UV集的名称。

　　通过在物体的顶点处投影UV，可以将纹理贴图弯曲为圆柱体形状，这种贴图方式适用于圆柱形的物体。

3.球形映射

　　用"球形"命令 可以通过将UV从假想球体向内投影，并将UV映射到选定的对象上。打开"球形映射选项"对话框，如图7-10所示。

图7-10

　　"球形"命令 的参数选项与"圆柱形"命令 完全相同，这里不再讲解。

4.自动映射

　　使用"自动"命令 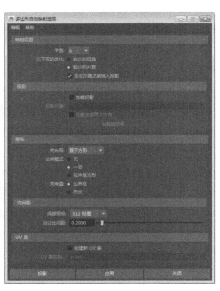 可以同时从多个角度将UV纹理坐标投影到选定对象上。打开"多边形自动映射选项"对话框，如图7-11所示。

图7-11

【常用参数介绍】

　　平面：选择使用投影平面的数量，可以选择3、4、5、6、8或12个平面。使用的平面越多，UV扭曲

程度越小，但是分割的UV面片就越多，默认设置为6。

　　以下项的优化：选择优化平面的方式，共有以下两种方式。

　　较少的扭曲：平均投影多个平面，这种方式可以为任意面提供最佳的投影，扭曲较少，但产生的面片较多，适用于对称物体。

　　较少片数：保持对每个平面的投影，可以选择最少的投影数来产生较少的面片，但是可能产生部分扭曲变形。

　　在变形器之前插入投影：选择该选项后，可以在应用变形器前将纹理放置并应用到多边形物体上。

　　加载投影：选择该选项后，可以加载投影。

　　投影对象：显示要加载投影的对象名称。

　　加载选定项 加载选定项 ：选择要加载的投影。

　　壳布局：选择壳的布局方式，共有以下4种。

　　重叠：重叠放置UV块。

　　沿U方向：沿U方向放置UV块。

　　置于方形：在0~1的纹理空间中放置UV块，系统的默认设置就是该选项。

　　平铺：平铺放置UV块。

　　比例模式：选择UV块的缩放模式，共有以下3种。

　　无：表示不对UV块进行缩放。

　　一致：将UV块进行缩放以匹配0~1的纹理空间，但不改变其外观的长宽比例。

　　拉伸至方形：扩展UV块以匹配0~1的纹理空间，但UV块可能会产生扭曲现象。

　　壳堆叠：选择壳堆叠的方式。

　　边界框：将UV块堆叠到边界框。

　　形状：按照UV块的形状来进行堆叠。

　　间距预设：根据纹理映射的大小选择一个相应的预设值，如果未知映射大小，可以选择一个较小的预设值。

　　百分比间距：若"间距预设"选项选择的是"自定义"方式，该选项才能被激活。

　　对于一些复杂的模型，单独使用"平面映射""圆柱形映射"和"球形映射"可能会产生重叠的UV和扭曲现象，而"自动映射"方式可以在纹理空间中对模型中的多个不连接的面片进行映射，并且可以将UV分割成不同的面片分布在0~1的纹理空间中。

7.2.2 UV坐标的设置原则

合理地安排和分配UV是一项非常重要的技术，但是在分配UV时要注意以下两点。

第1点：应该确保所有的UV网格分布在0~1的纹理空间中，"UV编辑器"对话框中的默认设置是通过网格来定义UV坐标的，这是因为如果UV超过0~1的纹理空间范围，纹理贴图就会在相应的顶点重复。

第2点：要避免UV之间的重叠。UV点相互连接形成网状结构，被称为"UV网格面片"。如果"UV网格面片"相互重叠，那么纹理映射就会在相应的顶点重复。因此在设置UV时，应尽量避免UV重叠，只有在为一个物体设置相同的纹理时，才能将"UV网格面片"重叠在一起进行放置。

7.2.3 UV编辑器

执行"窗口>UV编辑器"菜单命令，打开"UV编辑器"，如图7-12所示。"UV编辑器"可以用于查看多边形和细分曲面的UV纹理坐标，并且可以用交互方式对其进行编辑。下面针对该对话框中的所有工具进行详细介绍。

图7-12

【UV编辑器工具介绍】

UV晶格工具：通过围绕UV创建晶格（出于变形目的），将UV的布局作为组进行操纵。

移动UV壳工具：通过在壳上选择单个UV来选择和重新定位UV壳。可以自动防止已重新定位的UV壳在2D视图中与其他UV壳重叠。

选择最短边路径工具：可以用于在曲面网格上的两个顶点之间选择边的路径。

调整UV工具：可以在UV编辑器中自由变换组件。

展开UV工具：使用Unfold3D方法展开UV网格。

切割UV工具：沿边分割UV。

抓取UV工具：选择UV并基于拖曳的距离和方向移动UV。该工具对于进行精细调整UV很有用。

收缩UV工具：向工具光标的中心拉近顶点。对于更明晰地定义现有折痕很有用。

优化UV工具：解开和平均分配壳上UV坐标之间的间距。

缝合UV工具：沿拖曳的接缝焊接UV。

固定UV工具：锁定受影响的UV，使其无法被修改。默认情况下，已固定的UV将显示为蓝色。

涂抹UV工具：将选定UV及其相邻UV的位置移动到用户定义的一个缩小的范围内。

在U方向上翻转选定UV：在U方向上翻转选定UV的位置。

在V方向上翻转选定UV：在V方向上翻转选定UV的位置。

逆时针旋转选定UV：以逆时针方向按45°旋转选定UV的位置。

顺时针旋转选定UV：以顺时针方向按45°旋转选定UV的位置。

沿选定边分离UV：沿选定边分离UV，从而创建边界。

将选定UV分离为每个连接边一个UV：沿连接到选定UV点的边将UV彼此分离，从而创建边界。

将选定边或UV缝合到一起：沿选定边界附加UV，但不在"UV编辑器"的视图中一起移动它们。

移动并缝合选定边：沿选定边界附加UV，并在"UV编辑器"对话框视图中一起移动它们。

选择要在UV空间中移动的面：选择连接到当前选定的UV的所有UV面。

将选定UV捕捉到用户指定的栅格：将每个选定UV移动到纹理空间中与其最近的栅格交点处。

展开选定UV：在尝试确保UV不重叠的同时，展开选定的UV网格。

自动移动UV以更合理地分布纹理空间：根据"排布UV"对话框中的设置，尝试将UV排列到一个更干净的布局中。

将选定UV与最小U值对齐：将选定UV的位置对齐到最小U值。

将选定UV与最大U值对齐 ▣：将选定UV的位置对齐到最大U值。

将选定UV与最小V值对齐 ▣：将选定UV的位置对齐到最小V值。

将选定UV与最大V值对齐 ▣：将选定UV的位置对齐到最大V值。

切换隔离选择模式 ▣：在显示所有UV与仅显示隔离的UV之间切换。

将选定UV添加到隔离选择集 ▣：将选定UV添加到隔离的子集。

从隔离选择集移除选定对象的所有UV ▣：清除隔离的子集，然后可以选择一个新的UV集并隔离它们。

将选定UV移除到隔离选择集 ▣：从隔离的子集中移除选定的UV。

启用/禁用显示图像 ▣：显示或隐藏纹理图像。

切换启用/禁用过滤的图像 ▣：在硬件纹理过滤和明晰定义的像素之间切换背景图像。

启用/禁用暗淡图像 ▣：减小或恢复当前显示的背景图像的亮度。

启用/禁用视图栅格 ▣：显示或隐藏栅格。

启用/禁用像素捕捉 ▣：选择是否自动将UV捕捉到像素边界。

切换着色UV显示 ▣：以半透明的方式对选定UV壳进行着色，以便可以确定重叠的区域或UV缠绕的顺序。

显示UV扭曲 ▣：通过使用挤压和拉伸的UV来着色面，确定拉伸或压缩区域。

曝光 ▣：调整显示亮度。通过减小曝光，可查看默认在高光下看不见的细节。

Gamma ▣：调整要显示的图像的对比度和中间调亮度。增加Gamma值，可查看图像阴影部分的细节。

切换活动网格的纹理边界显示 ▣：切换UV壳上纹理边界的显示。

显示棋盘化分片 ▣：在UV编辑器中，将棋盘格图案纹理应用于UV网格的曲面和后面的UV。

显示RGB通道 ▣：显示选定纹理图像的RGB（颜色）通道。

显示Alpha通道 ▣：显示选定纹理图像的Alpha（透明度）通道。

视图变换 ▣ sRGB gamma ▣：控制从用于显示的工作颜色空间转化颜色的视图变换。此选项非常有用，例如，如果要快速检查原始颜色值或临时应用其他视图变换，可以使用此选项。可以选择的可用颜色空间取决于用户使用OCIO配置文件进行颜色管理还是已定义用户变换。

UV编辑器烘焙开/关 ▣：烘焙纹理，并将其存储在内存中。

更新PSD网格 ▣：为场景刷新当前使用的PSD纹理。

强制重烘焙编辑器纹理 ▣：重烘焙纹理。如果启用"图像>UV编辑器烘焙"选项，则必须在更改纹理（文件节点和place2dTexture节点属性）之后重烘焙纹理，这样才能看到这些更改的效果。

启用/禁用使用图像比率 ▣：在显示方形纹理空间和显示与该图像具有相同的宽高比的纹理空间之间进行切换。

输入要在U/V向设置/变换的值 ▣ 0.000 0.000：显示选定UV的坐标，输入数值后按Enter键即可。

刷新当前UV值 ▣：在移动选定的UV点时，"输入要在U/V向设置/变换的值"数值框中的数值不会自动更新，单击该按钮可以更新数值框中的值。

在绝对UV位置和相对变换工具值之间切换UV条目字段模式 ▣：在绝对值与相对值之间更改UV坐标输入模式。

将某个面的颜色、UV和/或着色器复制到剪贴板 ▣：将选定的UV点或面复制到剪贴板。

将颜色、UV和/或着色器从剪贴板粘贴到面 ▣：从剪贴板粘贴UV点或面。

将U值粘贴到选定UV ▣：仅将剪贴板上的U值粘贴到选定UV点上。

将V值粘贴到选定UV ▣：仅将剪贴板上的V值粘贴到选定UV点上。

切换面/UV的复制/粘贴 ▣：在处理UV和处理UV面之间切换工具栏上的"复制"和"粘贴"按钮。

逆时针循环选定面的UV ▣：旋转选定多边形的U值和V值。

偏移组件 ▣：重新定位选定组件。

课堂案例

划分角色的UV

场景位置	Scenes>CH07>7.1>7-1.mb
实例位置	Examples>CH07>7.1>7-1.mb
难易指数	★★★★☆
技术掌握	掌握角色UV的几种划分方法

在为一个模型制作贴图之前，首先需要对这个模型的UV进行划分。划分UV是一项十分繁杂的工作，需要细心加耐心才能完成。下面以一个牦牛模型来讲解模型UV的几种划分方法。图7-13所示的是本例的渲染效果及划分完成的UV纹理。

图7-13

01 打开学习资源中的"Scenes>CH07>7.1>7-1.mb"文件，场景中有一个卡通牦牛模型，如图7-14所示。

图7-14

02 从上图中可以看出，模型是带有贴图，但是由于UV的问题，贴图显示的效果很不理想。选择牦牛的身体模型，单击"UV>平面"菜单命令后面的■按钮，在打开的"平面映射选项"对话框中设置"投影源"为"X轴"，接着单击"投影"按钮，如图7-15所示。效果如图7-16所示。

图7-15　　　　　　　　　　图7-16

03 从上图中可以看出，牦牛的贴图效果基本正确，下面处理细节。选择牦牛身体模型，执行"窗口>UV编辑器"菜单命令，在打开的"UV编辑器"中将光标移至模型网格上，按住鼠标右键，在打开的菜单中选择"UV"命令，如图7-17所示。

图7-17

04 此时切换到模型的UV编辑模式。选择整个模型的UV编辑点，按R键激活"缩放工具"，接着沿x轴拉长，如图7-18所示。按W键激活"移动工具"，将UV编辑点向右移动，使UV编辑点的主体部分放在第一象限中，如图7-19所示。

图7-18　　　　　　　　　　图7-19

05 按住Alt键+鼠标右键，拖曳鼠标来调整视图缩放比例，然后选择尾巴处的UV编辑点，如图7-20所示。使用缩放/旋转/移动工具调整尾巴处的UV编辑点，如图7-21所示。

图7-20　　　　　　　　　　图7-21

06 选择"抓取UV工具" ✕，通过拖曳方式将牦牛下巴处的网格调整到黄色区域里，如图7-22所示。使用相同的方法调整头部的网格，如图7-23所示。

图7-22　　　　　　　　　　图7-23

🐾 **技巧与提示**

在使用"抓取UV工具" ✕时，可以通过按住B键+鼠标左键并拖曳来改变笔刷大小。此方法可以调整各种笔刷的大小。

07 调整完成后，可以在视图中观察划分好UV后的贴图效果，如图7-24所示。

图7-24

7.3 纹理的属性

在Maya中，常用的纹理有"2D纹理"和"3D纹理"，如图7-25和图7-26所示。

图7-25

图7-26

在Maya中，可以创建3种类型的纹理，分别是正常纹理、投影纹理和蒙版纹理（在纹理上单击鼠标右键，在弹出的菜单中即可看到这3种纹理），如图7-27所示。下面就针对这3种纹理进行讲解。

图7-27

7.3.1 正常纹理

打开Hypershade窗口，创建一个"布料"纹理节点，如图7-28所示，接着双击与其相连的place2dTexture1节点，打开其"特性编辑器"面板，如图7-29所示。

图7-28

图7-29

【2D纹理放置属性参数介绍】

交互式放置：单击该按钮后，可以使用鼠标中键对纹理进行移动、缩放和旋转等交互式操作，如图7-30所示。

图7-30

覆盖：控制纹理的覆盖范围，图7-31所示的分别是设置该值为（1，1）和（3，3）时的纹理覆盖的效果。

图7-31

平移帧：控制纹理的偏移量，图7-32所示的是将纹理在U向上平移了2，在V向上平移了1后的纹理效果。

旋转帧：控制纹理的旋转量，图7-33所示的是将纹理旋转了45°后的效果。

图7-32 图7-33

U/V向镜像： 表示在U/V方向上镜像纹理，图7-34所示的分别是在U向和V向上镜像的纹理效果。

图7-34

U/V向折回： 表示纹理UV的重复程度，在一般情况下都采用默认设置。

交错： 该选项一般在制作砖墙纹理时使用，可以使纹理之间相互交错，图7-35所示的分别是选择该选项前后的纹理对比。

图7-35

UV向重复： 用来设置UV的重复程度，图7-36所示的分别是设置该值为（3，3）与（1，3）时的纹理效果。

图7-36

偏移： 设置UV的偏移量，图7-37所示的分别是在U向和V向上偏移了0.2后的效果。

图7-37

UV向旋转： 该选项和"旋转帧"选项都可以对纹理进行旋转，不同的是该选项旋转的是纹理的UV，"旋转帧"选项旋转的是纹理，图7-38所示的是设置该值为30时的效果。

图7-38

UV噪波： 该选项用来对纹理的UV添加噪波效果，图7-39所示的分别是该值为（0.1，0.1）和（2，2）的效果。

图7-39

7.3.2 投影纹理

在"棋盘格"纹理上单击鼠标右键，在弹出的菜单中选择"创建为投影"命令，如图7-40所示。这样可以创建一个带"投影"节点的"棋盘格"节点，如图7-41所示。

图7-40　　　　　　　　　图7-41

双击projection1节点，打开其"特性编辑器"面板，如图7-42所示。

图7-42

【常用参数介绍】

交互式放置 交互式放置：在场景视图中显示投影操纵器。

适应边界框 适应边界框：使纹理贴图与贴图对象或集的边界框重叠。

投影类型：选择2D纹理的投影方式，共有以下9种方式。

禁用：关闭投影功能。

平面：主要用于平面物体，图7-43所示的贴图中有个手柄工具，通过这个手柄可以对贴图坐标进行旋转、移动和缩放操作。

图7-43

球形：主要用于球形物体，其手柄工具的用法与"平面"投影相同，如图7-44所示。

圆柱体：主要用于圆柱体物体，如图7-45所示。

图7-44　　　　　　　　　图7-45

球：与"球形"投影类似，但是这种类型的投影不能调整UV方向的位移和缩放参数，如图7-46所示。

立方：主要用于立方体，可以投射到物体6个不同的方向上，适合于具有6个面的模型，如图7-47所示。

图7-46　　　　　　　　　图7-47

三平面：这种投影可以沿着指定的轴向通过挤压方式将纹理投射到模型上，也可以运用于圆柱体以及圆柱体的顶部，如图7-48所示。

同心：这种贴图坐标是从同心圆的中心出发，由内向外产生纹理的投影方式，可以使物体纹理呈现出一个同心圆的纹理形状，如图7-49所示。

图7-48　　　　　　　　　图7-49

透视：这种投影是通过摄影机的视点将纹理投射到模型上，一般需要在场景中自定义一台摄影机，如图7-50所示。

图7-50

图像：设置蒙版的纹理。

透明度：设置纹理的透明度。

U/V向角度：仅限"球形"和"圆柱体"投影，主要用来更改U/V向的角度。

7.3.3　蒙版纹理

"蒙版"纹理可以使某一特定图像作为2D纹理将其映射到物体表面的特定区域，并且可以通过控制"蒙板"纹理的节点来定义遮罩区域，如图7-51所示。

图7-51

技巧与提示

"蒙版"纹理主要用来制作带标签的物体，如酒瓶等。

在"文件"纹理上单击鼠标右键，在弹出的菜单中选择"创建为蒙版"命令，如图7-52所示。这样可以创建一个带"蒙版"的"文件"节点，如图7-53所示。双击stencil1节点，打开其"特性编辑器"面板，如图7-54所示。

图7-52

图7-53　　　　图7-54

【蒙版属性参数介绍】

图像：设置蒙版的纹理。

边混合：控制纹理边缘的锐度。增加该值可以更加柔和地对边缘进行混合处理。

遮罩：表示蒙版的透明度，用于控制整个纹理的总体透明度。若要控制纹理中选定区域的透明度，可以将另一纹理映射到遮罩上。

课堂案例

制作山体材质

场景位置	Scenes>CH07>7.2>7-2.mb
实例位置	Examples>CH07>7.2>7-2.mb
难易指数	★★★☆☆
技术掌握	掌握纹理贴图的使用方法

本例通过制作山体材质来讲解为材质添加贴图的方法，效果如图7-55所示。

图7-55

01 打开学习资源中的"Scenes>CH07>7.2>7-2.mb"文件，场景中有一个山体模型和一盏灯光，如图7-56所示。

图7-56

02 执行"窗口>渲染编辑器>Hypershade"菜单命令，然后在Hypershade中选择Maya>Lambert材质节点，如图7-57所示。此时，Maya会创建一个lambert1节点，接着在右侧的"特性编辑器"面板中设置节点的名称为rock1，如图7-58所示。

图7-57

167

图7-58

技巧与提示

　　特性编辑器：此面板针对外观开发工作流进行优化。布局更简单，仅列出常用的属性，单击█按钮可以切换到经典属性编辑器视图，如图7-59所示。

图7-59

03 在"特性编辑器"面板中单击Color（颜色）属性后面的█按钮，在打开的"创建渲染节点"对话框中选择"文件"节点，如图7-60所示。

图7-60

04 此时，rock1节点的Color（颜色）属性会连接一个file1（文件）节点。在"特性编辑器"面板中单击file1节点的"图像名称"后面的█按钮，如图7-61所示。在"打开"对话框中选择"Scenes>CH07>7.2>Color.jpg"文件，接着单击"打开"按钮，如图7-62所示。

图7-61

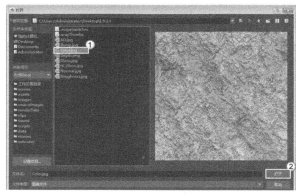

图7-62

05 选择山体模型，然后在Hypershade中，将光标移至rock1材质球上，按住鼠标右键，在打开的菜单中选择"为当前选择指定材质"命令，如图7-63所示。按6键纹理显示，效果如图7-64所示。

06 在界面的状态栏上单击█按钮，在打开的"渲染视图"中设置渲染器为mental ray，然后单击█按钮渲染当前场景，效果如图7-65所示。

图7-63

图7-64

图7-65

07 在Hypershade中，展开Bump/Normal Mapping（凹凸/法线贴图）卷展栏，然后单击Map（贴图）后面的■按钮，如图7-66所示。

图7-66

08 在"创建渲染节点"对话框中选择"文件"节点，此时，Maya会新建file和bump2d4节点，并且当前选择bump2d4节点，如图7-67所示。

图7-67

09 在"特性编辑器"面板中设置Use as（用作）为"切线空间法线"，如图7-68所示。选择file2节点，在"特性编辑器"面板中单击"图像名称"后面的■按钮，为其指定"Scenes>CH07>7.2>Normal.jpg"文件，如图7-69所示。

图7-68

图7-69

技巧与提示

为"颜色"属性添加贴图后，只是让模型具有贴图的颜色效果。而凹凸贴图可以为模型的表面增加凹凸细节，使模型更有质感，如图7-70所示。添加凹凸、法线或置换贴图都可以为模型增加细节。效果最好的是置换贴图，其次是法线贴图，最差的是凹凸贴图，但是效果越好，渲染的时间就越长。因此可以根据个人需要，为模型添加贴图。

图7-70

10 在"渲染视图"中单击■按钮，渲染当前场景，效果如图7-71所示。

图7-71

7.4 本章小结

　　划分UV和指定贴图是制作材质前的重要环节，其中划分UV环节没有固定的标准，读者可以根据模型特点和个人习惯来操作，只要UV分布均匀、利于贴图绘制即可。本章主要介绍了UV编辑器的使用方法和纹理节点的连接方法，读者在学习本章时应在划分UV上多下功夫。

7.5 课后习题: 制作斧头材质

场景位置	Scenes>CH07>7.3>7-3.mb
实例位置	Examples>CH07>7.3>7-3.mb
难易指数	★★★☆☆
技术掌握	掌握纹理贴图的使用方法

　　本例通过斧头材质的制作来学习添加贴图的方法，效果如图7-72所示。

图7-72

制作提示

　　第1步：渲染斧头和手柄的颜色，并应用相关材质。

　　第2步：初步纹理效果出来后，更换渲染器，进一步提升材质的渲染效果。

　　步骤如图7-73所示。

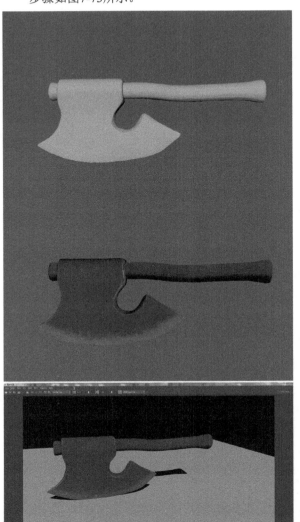

图7-73

第8章

材质与渲染技术

本章主要介绍Maya的材质制作技术与渲染技术。关于材质方面，本章主要介绍了材质编辑器的使用、材质的类型以及编辑材质的方法。渲染方面，本章主要介绍了Maya软件渲染器的使用和设置方法。通过对本章的学习，可以了解材质与渲染的基本操作。

课堂学习目标

掌握材质编辑器的使用方法

掌握材质的编辑方法

了解渲染的概念

掌握渲染器的使用方法与技巧

8.1 材质概述

材质主要用于表现物体的颜色、质地、纹理、透明度和光泽等特性，依靠各种类型的材质可以制作出现实世界中的任何物体，如图8-1所示。一幅完美的作品除了需要优秀的模型和良好的光照外，同时也需要具有精美的材质。材质不仅可以模拟现实和超现实的质感，同时也可以增强模型的细节，如图8-2所示。

图8-1　　　　　　　　　　图8-2

8.2 材质编辑器

要在Maya中创建和编辑材质，首先要学会使用Hypershade窗口（Hypershade就是材质编辑器）。Hypershade窗口是以节点网络的方式来编辑材质，使用起来非常方便。在Hypershade窗口中可以很清楚地观察到一个材质的网络结构，并且可以随时在任意两个材质节点之间创建或打断链接。

执行"窗口>渲染编辑器>Hypershade"菜单命令，打开Hypershade窗口，如图8-3所示。

浏览器　　　　　材质查看器

创建栏　　　工作区　　　　特性编辑器

图8-3

8.2.1 浏览器

"浏览器"面板列出了场景中的材质、纹理和灯光等内容。这些内容根据类型，被安排在对应的选项卡下，如图8-4所示。

图8-4

【功能介绍】

样例更新：激活该按钮后，允许样例自动更新；禁用时，如果样例参数已更改，则会禁止样例更新。

作为图标查看：使"浏览器"面板中的材质以图标的形式显示。

作为列表查看：使"浏览器"面板中的材质以名称的形式显示。

作为小样例查看：使"浏览器"面板中的材质以小样例显示。

作为中等样例查看：使"浏览器"面板中的材质以中等样例显示。

作为大样例查看：使"浏览器"面板中的材质以大样例显示。

作为超大样例查看：使"浏览器"面板中的材质以超大样例显示。

按名称排序：使"浏览器"面板中的材质按名称排序。

按类型排序：使"浏览器"面板中的材质按类型排序。

按时间排序：使"浏览器"面板中的材质按时间排序。

按反转顺序排序：使"浏览器"面板中的材质的排列顺序反转。

8.2.2 材质查看器

"材质查看器"面板可以实时显示材质的效果，显示的效果趋近于最终的渲染效果，是测试材质效果的理想方式，如图8-5所示。在该面板顶部可以设置渲染器的类型、渲染的样式和HDRI环境贴图，如图8-6所示。

图8-5   图8-6

8.2.3 创建栏

"创建"面板可以用来创建材质、纹理、灯光和工具等节点，该面板的左侧是渲染器中的类别，右侧则是对应的节点，如图8-7所示。直接单击创建栏中的材质球，就可以在"创建"面板中创建出材质节点。

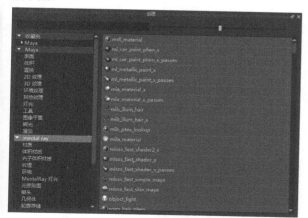

图8-7

8.2.4 工作区

"工作区"面板主要用来编辑材质节点，在这里可以编辑出复杂的材质节点网格，如图8-8所示。在材质上单击鼠标右键，通过打开的快捷菜单可以快速将材质指定给选定对象。

图8-8

【功能介绍】

输入连接：显示选定材质的输入连接节点。

输入和输出连接：显示选定材质的输入和输出连接节点。

输出连接：显示选定材质的输出连接节点。

清除图表：用来清除工作区域内的节点网格。

将选定节点添加到图表中：将选定节点添加到现有图表中。此选项不会绘制选定节点的输入或输出连接；它仅将选定节点添加到现有图表中。

从图表中移除选定节点：通过移除选定节点可自定义图表布局。若要从图表中移除某节点，请选择该节点并单击此图标。

排布图表：重新排列图表中的选定节点；如果未选定任何节点，则重新排列图表中的所有节点。

简单模式：将选定节点的视图模式更改为简单模式，以便仅显示输入和输出主端口。

已连接模式：将选定节点的视图模式更改为已连接模式，以便显示输入和输出主端口，以及任何已连接属性。

完全模式：将选定节点的视图模式更改为完全模式，以便显示输入和输出主端口，以及主节点属性。

自定义属性视图：自定义为每个节点显示的属性列表。

切换过滤器字段：通过启用和禁用此图标的显示，可以在显示和隐藏属性过滤器字段之间切换。

切换样例大小 ：通过启用和禁用此图标的显示，可以在较大或较小节点样例大小之间切换。

栅格显示：打开和关闭栅格背景。

栅格捕捉：打开和关闭栅格捕捉。启用该选项可将节点捕捉到栅格。

文本过滤器指示器：单击以清除任何已应用的过滤器（隐含过滤器除外），并使图表返回其默认内容。

8.2.5 特性编辑器

"特性编辑器"面板可以查看节点的部分属性，该面板实际上是"属性编辑器"的精减版，如图8-9所示。

图8-9

8.3 材质类型

"创建"面板中列出了Maya所有的材质类型，包含"表面""体积""置换"和"2D纹理"等12大类型，如图8-10所示。

图8-10

8.3.1 表面材质

"表面"材质总共有19种类型，如图8-11所示。表面材质都是很常用的材质类型，物体的表面基本上都是表面材质。

图8-11

【常用表面材质介绍】

各向异性 ：该材质用来模拟物体表

面带有细密凹槽的材质效果，如光盘、细纹金属和光滑的布料等，如图8-12所示。

Blinn ：这是使用频率很高的一种材质，主要用来模拟具有金属质感和强烈反射效果的材质，如图8-13所示。

图8-12 　　　　　　　　　　图8-13

头发管着色器 ：该材质是一种管状材质，主要用来模拟细小的管状物体（如头发），如图8-14所示。

Lambert ：这是使用频率很高的一种材质，主要用来制作表面不会产生镜面高光的物体，如墙面、砖和土壤等具有粗糙表面的物体。Lambert材质是一种基础材质，无论是何种模型，其初始材质都是Lambert材质，如图8-15所示。

图8-14 　　　　　　　　　　图8-15

分层着色器 ：该材质可以混合两种或多种材质，也可以混合两种或多种纹理，从而得到一个新的材质或纹理。

海洋着色器 ：该材质主要用来模拟海洋的表面效果，如图8-16所示。

Phong ：该材质主要用来制作表面比较平滑且具有光泽的塑料效果，如图8-17所示。

图8-16 　　　　　　　　　　图8-17

174

Phong E ：该材质是Phong材质的升级版，其特性和Phong材质相同，但该材质产生的高光更加柔和，并且能调节的参数也更多，如图8-18所示。

图8-18

渐变着色器 ：该材质在色彩变化方面具有更多的可控特性，可以用来模拟具有色彩渐变的材质效果。

着色贴图 ：该材质主要用来模拟卡通风格的材质，可以用来创建各种非照片效果的表面。

表面着色器 ：这种材质不进行任何材质计算，它可以直接把其他属性和它的颜色、辉光颜色和不透明度属性连接起来，例如可以把非渲染属性（移动、缩放、旋转等）和物体表面的颜色连接起来。当移动物体时，物体的颜色也会发生变化。

使用背景 ：该材质可以用来合成背景图像。

8.3.2 体积材质

"体积"材质包括6种类型，如图8-19所示。

图8-19

【体积材质介绍】

环境雾 ：主要用来设置场景的雾气效果。

流体形状 ：主要用来设置流体的形态。

灯光雾 ：主要用来模拟灯光产生的薄雾效果。

粒子云 ：主要用来设置粒子的材质，该材质是粒子的专用材质。

体积雾 ：主要用来控制体积节点的密度。

体积着色器 ：主要用来控制体积材质的色彩和不透明度等特性。

8.3.3 置换材质

"置换"材质包括"C肌肉着色器"材质和"置换"材质两种，如图8-20所示。

图8-20

【置换材质介绍】

C肌肉着色器 ：该材质主要用来保护模型的中缝，它是另一种置换材质。原来在ZBrush中完成的置换贴图，用这个材质可以消除UV的接缝，而且速度比"置换"材质要快很多。

置换 ：用来制作表面的凹凸效果。与"凹凸"贴图相比，"置换"材质所产生的凹凸是在模型表面产生的真实凹凸效果。而"凹凸"贴图只是使用贴图来模拟凹凸效果，所以模型本身的形态不会发生变化，其渲染速度要比"置换"材质快。

8.4 编辑材质

在制作材质时，往往需要将多个节点连接在一起，而且制作完的材质要指定到模型上才能看到最终效果。

8.4.1 连接节点

Maya中的很多属性都可以连接其他节点，无论是材质，还是其他对象，都可以通过连接节点来完成复杂的效果。

如果属性名称的后面提供了 按钮，那么该属性可以连接其他节点。单击 按钮，将会打开"创建渲染节点"对话框，如图8-21所示。在该对话框中可以选择需要连接的节点。

图8-21

如果已经创建好相应的节点，那么可以将光标移至节点上，然后按住鼠标中键并拖曳至属性上，松开鼠标后就能将节点连接到属性上，如图8-22所示。

图8-22

如果想将属性与属性连接，那么可以在Hypershade窗口中执行"窗口>连接编辑器"命令，如图8-23所示。

图8-23

在打开的"连接编辑器"对话框中，单击"重新加载左/右侧"按钮，将相应的节点添加到列表中，如图8-24所示。在左右两侧列表中选择需要连接的属性，当属性名称呈斜体并带有蓝色背景时，说明两个属性已经连接，如图8-25所示。

图8-24

图8-25

8.4.2 指定材质

在Hypershade窗口中制作好材质后，要将材质指定给模型，才能在模型上显示材质的效果。指定材质的方法主要有3种。

第1种：将光标移至材质球上，然后按住鼠标中键并拖曳到模型上，松开鼠标后即可为模型指定材质，如图8-26所示。

图8-26

第2种：选择模型，将光标移至材质球上，接着单击鼠标右键，在打开的菜单中选择"为当前选择指定材质"命令，如图8-27所示。

图8-27

第3种：将光标移至模型上，单击鼠标右键，在打开的菜单中选择"指定现有材质"中的材质节点，如图8-28所示。

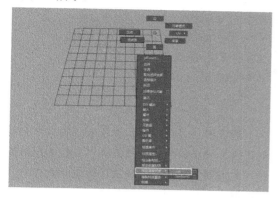

图8-28

8.5 材质属性

每种材质都有各自的属性，但各种材质之间又具有一些相同的属性。本节就对材质的公用属性进行介绍。

"各向异性"、Blinn、Lambert、Phong和Phong E材质具有一些共同的属性，因此只需要掌握其中一种材质的属性即可。

在创建栏中单击Blinn材质球，在工作区中创建一个Blinn材质，然后在双击材质节点或按快捷键Ctrl+A，打开该材质的属性编辑器，图8-29所示的是材质的公用材质属性。

图8-29

【常用参数介绍】

颜色：颜色是材质的基本属性，即物体的固有色。颜色决定了物体在环境中所呈现的色调，在调节时可以采用RGB颜色模式或HSV颜色模式来定义材质的固有色，当然也可以使用纹理贴图来模拟材质的颜色，如图8-30所示。

图8-30

技巧与提示

以下是3种常见颜色模式。

RGB颜色模式：该模式是工业界的一种颜色标准模式，是通过对R（红）、G（绿）、B（蓝）3个颜色通道的变化以及它们相互之间的叠加来得到各式各样的颜色效果，如图8-31所示。RGB颜色模式几乎包括了人类视力所能感知的所有颜色，是目前运用最广的颜色系统。另外，本书所有颜色设置均采用RGB颜色模式。

HSV颜色模式：H（Hue）代表色相、S（Saturation）代表色彩的饱和度、V（Value）代表色彩的明度，它是Maya默认的颜色模式，但是调节起来没有RGB颜色模式方便，如图8-32所示。

CMYK颜色模式：该颜色模式是通过对C（青）、M（洋红）、Y（黄）、K（黑）4种颜色变化以及它们相互之间的叠加来得到各种颜色效果，如图8-33所示。CMYK颜色模式是专用的印刷模式，但是在Maya中不能创建带有CMYK颜色的图像，如果使用CMYK颜色模式的贴图，Maya可能会显示错误。CMYK颜色模式的颜色数量要少于RGB颜色模式的颜色数量，所以印刷出的颜色往往没有屏幕上显示出来的颜色鲜艳。

图8-31　　　　图8-32　　　　图8-33

透明度："透明度"属性决定了在物体后面的物体的可见程度，如图8-34所示。在默认情况下，物体的表面是完全不透明的（黑色代表完全不透明，白色代表完全透明）。

图8-34

技巧与提示

在大多数情况下，"透明度"属性和"颜色"属性可以一起控制色彩的透明效果。

环境色： "环境色"是指由周围环境作用于物体所呈现出来的颜色，即物体背光部分的颜色，图8-35和图8-36所示的是在黑色和黄色环境色下的球体效果。

图8-35 图8-36

白炽度： 材质的"白炽度"属性可以使物体的表面产生自发光效果，图8-37和图8-38所示的是不同颜色的自发光效果。在自然界中，一些物体的表面能够自我照明，也有一些物体的表面能够产生辉光，如在模拟熔岩时就可以使用"白炽度"属性来模拟。"白炽度"属性虽然可以使物体表面产生自发光效果，但并非真实的发光，也就是说，具有自发光效果的物体并不是光源，没有任何照明作用，只是看上去好像在发光一样，它和"环境色"属性的区别是一个是主动发光，一个是被动发光。

图8-37 图8-38

凹凸贴图： "凹凸贴图"属性可以通过设置一张纹理贴图来使物体的表面产生凹凸不平的效果。利用凹凸贴图可以在很大程度上提高工作效率，因为采用建模的方式来表现物体表面的凹凸效果会耗费很多时间。

漫反射： "漫反射"属性表示物体对光线的反射程度，较小的值表明该物体对光线的反射能力较弱（如透明的物体）；较大的值表明物体对光线的反射能力较强（如较粗糙的表面）。"漫反射"属性的默认值是0.8，在一般情况下，默认值就可以渲染出较好的效果。虽然在材质编辑过程中并不会经常对"漫反射"属性值进行调整，但是它对材质颜色的影响非常大。当"漫反射"值为0时，材质的环境色将替代物体的固有色；当"漫反射"值为1时，材质的环境色可以增加图像的鲜艳程度。在渲染真实的自然材质时，使用较小的"漫反射"值即可得到较好的渲染效果，如图8-40所示。

图8-40

半透明： "半透明"属性可以使物体呈现出透明效果。在现实生活中经常可以看到这样的物体，如蜡烛、树叶、皮肤和灯罩等，如图8-41所示。当"半透明"数值为0时，表示关闭材质的透明属性，然而随着数值的增大，材质的透光能力将逐渐增强。

图8-41

技巧与提示

在设置透明效果时，"半透明"相当于一个灯光，只有当"半透明"设置为一个大于0的数值时，透明效果才能起作用。

半透明深度："半透明深度"属性可以控制阴影投射的距离。该值越大，阴影穿透物体的能力越强，从而映射在物体的另一面。

半透明聚焦："半透明聚焦"属性可以控制在物体内部由于光线散射造成的扩散效果。该数值越小，光线的扩散范围越大，反之就越小。

8.6 常用材质设置练习

在实际工作中会遇到各种各样的材质，如玻璃材质、金属材质、皮肤材质等。本节就以实例的形状针对在实际工作中经常遇到的各种材质进行练习。

课堂案例

制作熔岩材质

场景位置	Scenes>CH08>8.1>8-1.mb
实例位置	Examples>CH08>8.1>8-1.mb
难易指数	★★★★☆
技术掌握	掌握熔岩材质的制作方法

本例是一个熔岩材质，制作过程比较麻烦，使用到了较多的纹理节点，用户可以边观看本例的教学视频，边学习制作方法。图8-42所示的是本例的渲染效果。

图8-42

01 打开学习资源中的"Scenes>CH08>8.1>8-1.mb"文件，场景中有一个熔岩模型，如图8-43所示。

图8-43

02 打开Hypershade窗口，然后创建一个Blinn材质节点，接着在"特性编辑器"面板中设置名称为rongyan，如图8-44所示。

图8-44

03 在"特性编辑器"面板中，单击"凹凸贴图"属性后面的■按钮，在打开的"创建渲染节点"对话框中选择"文件"节点，如图8-45所示。在工作区中选择file1节点，在"特性编辑器"面板中单击"图像名称"属性后面的■按钮，指定学习资源中的"Scenes>CH08>8.1>07Lb.jpg"文件，如图8-46所示。

图8-45

图8-46

04 选择file1节点，执行"编辑>复制>已连接到网络"菜单命令，复制出一个节点，如图8-47所示。

图8-47

05 在"创建"面板中选择"2D 纹理>渐变"节点，如图8-48所示。然后选择ramp1节点，在"特性编辑器"面板中设置渐变的颜色，如图8-49所示。

图8-48

图8-49

技巧与提示

上述步骤中一共有4个色标，而默认的色标只有3个，这样色标就不够用了。如果要添加色标，可以在色条中单击鼠标左键，即可添加一个色标。

06 在"工作区"面板中选择file2节点，然后展开file2的"颜色平衡"卷展栏，接着将ramp1节点连接到file2的"颜色增益"属性上，如图8-50所示。

图8-50

07 在"创建"面板中选择"工具>亮度"节点，然后选择luminance1节点，将file2节点连接到luminance1节点的"明度值"属性上，如图8-51所示。

图8-51

技巧与提示

"亮度"节点的作用是将RGB颜色模式转换成灰度颜色模式。

08 选择blinn2SG节点，然后将luminance1节点连接到blinn2SG节点的"置换材质"属性上，如图8-52所示。

图8-52

09 在"工作区"面板中单击"完全模式"按钮，然后将ramp1节点中的"输出Alpha"属性连接到blinn节点"辉光强度"属性上，如图8-53所示。

图8-53

180

技巧与提示

按住节点属性后面的圆点（输出端），拖曳到另一个节点属性前面的圆点（输入端），可将节点属性连接。

⑩ 将rongyan材质指定给模型，然后渲染当前场景，最终效果如图8-54所示。

图8-54

课堂案例

制作冰雕材质

场景位置	Scenes>CH08>8.2>8-2.mb
实例位置	Examples>CH08>8.2>8-2.mb
难易指数	★★★★☆
技术掌握	掌握冰雕材质的制作方法

本例用Phong材质配合一些纹理节点制作冰雕材质，效果如图8-55所示。

图8-55

① 打开学习资源中的"Scenes>CH08>8.2>8-2.mb"文件，场景中有一个雕塑模型，如图8-56所示。

② 在Hypershade窗口中创建一个Phong材质节点，在"特性编辑器"面板中设置"颜色"和"环境色"为白色，"余弦幂"为11.5，"镜面反射颜色"为白色，如图8-57所示。

图8-56　　　　　　图8-57

③ 展开"光线跟踪选项"卷展栏，选择"折射"选项，接着设置"折射率"为1.5，"灯光吸收"为1，"表面厚度"为0.8，如图8-58所示。

图8-58

④ 在"创建"面板中选择"工具>混合颜色"节点，如图8-59所示。在"特性编辑器"面板中，设置"颜色1"为白色，"颜色2"为（R:171，G:171，B:171），如图8-60所示。

图8-59

图8-60

⑤ 在"工作区"面板中选择phong1节点，然后将blendColors1节点连接到phong1节点的"透明度"属性上，如图8-61所示。

图8-61

06 在"创建"面板中选择"工具>采样器信息"节点，然后将"采样器信息"节点的"正面比"属性连接到blendColors1节点的"混合器"属性上，如图8-62所示。

图8-62

07 在"创建"面板中选择"3D纹理>匀值分形"节点，然后在"特性编辑器"面板中，设置"振幅"为0.4，"比率"为0.6，如图8-63所示。

图8-63

08 在"工作区"面板中选择phong1节点，然后将solidFractal1连接到phong1节点的"凹凸贴图"属性上，如图8-64所示。

图8-64

09 选择bump3d1节点，然后在"特性编辑器"面板中，设置"凹凸深度"为0.9，如图8-65所示。

图8-65

10 在"创建"面板中选择"工具>凹凸2D"节点，然后选择bump2d1节点，如图8-66所示。在Hypershade窗口中执行"窗口>连接编辑器"命令，打开的"连接编辑器"对话框，如图8-67所示。

图8-66

图8-67

11 在"工作区"面板中选择bump3d1节点，然后在

182

"连接编辑器"对话框中单击"重新加载右侧"按钮 重新加载右侧，将bump3d1节点的信息加载到右侧列表中，如图8-68所示。

图8-68

⑫ 在"连接编辑器"对话框中，选择"右侧显示>显示隐藏项"命令，然后在左侧的列表中选择outNormal属性，在右侧的列表中选择normalCamera属性，如图8-69所示。这样，bump2d1节点的outNormal属性就与bump3d1节点的normalCamera属性连接了。

图8-69

技巧与提示

注意，在默认情况下节点的一部分属性处于隐藏状态，可以在"连接编辑器"对话框中执行"右侧显示>显示隐藏项"命令将其显示出来。同理，如果要显示左侧的隐藏属性，则执行"左侧显示>显示隐藏项"命令。

⑬ 在"创建"面板中选择"2D 纹理>噪波"节点，如图8-70所示。选择bump2d1节点，将"噪波"节点连接到bump2d1节点的"凹凸值"属性上，接着设置"凹凸深度"为0.04，如图8-71所示。

图8-70

图8-71

⑭ 将制作好的Phong材质球指定给场景中的模型，然后打开"渲染视图"，接着设置渲染器为mental ray，最后单击"渲染当前帧"按钮 ，如图8-72所示。最终效果如图8-73所示。

图8-72　　　　　　　　图8-73

课堂案例

制作金属材质

场景位置	Scenes>CH08>8.3>8-3.mb
实例位置	Examples>CH08>8.3>8-3.mb
难易指数	★★☆☆☆
技术掌握	掌握金属材质的制作方法，了解表现金属质感的环境因素

金属和玻璃的表现一直是令初学者头疼的问题。但是，这两种材质也是非常基础且非常简单的材质，只要掌握了它们之间的相同点和不同点，抓住规律，就能快速地表现出它们的质感。本例主要介绍金属材质的制作方法，以及表现金属质感的环境因素。案例效果如图8-74所示。

图8-74

01 打开学习资源中的
"Scenes>CH08>8.3>8-3
.mb"文件，场景中有一
个静物模型，如图8-75
所示。

图8-75

02 打开Hypershade窗口，然后创建一个mia_
material_x材质节点，如图8-76所示。

图8-76

03 在"属性编辑器"中，展开"漫反射"卷展栏，
设置"颜色"为（R:26，G:21，B:13），"权重"为
0.1。接着展开"反
射"卷展栏，设置
"颜色"为（R:131,
G:112，B:81），"光
泽度"为0.7，如图
8-77所示。

图8-77

04 展开BRDF卷展栏，设置"0度反射"为0.9，"90
度反射"为1，"Brdf曲线"为1.65，如图8-78所示。

图8-78

05 在"通道盒/层编辑器"中显示layer1，如图8-79
所示。在工作区中执行"视图>书签>sas"命令，如
图8-80所示。

图8-79　　　　　　　　　　　　　　图8-80

06 将制作好的mia_material_x1材质指定给模
型，然后在"渲染视图"中将渲染器设置为mental
ray，接着渲染当前
场景，最终效果如
图8-81所示。

图8-81

📚 **课堂案例**

制作甲壳材质

场景位置	Scenes>CH08>8-4.mb
实例位置	Examples>CH08>8-4.mb
难易指数	★★☆☆☆
技术掌握	掌握mi_car_paint_phen_x(车漆)材质的用法

本例用mi_car_paint_phen_x（车漆）材质绘制昆
虫材质，效果如图8-82所示。

184

图8-82

01 打开学习资源中的 "Scenes>CH08>8-4.mb" 文件，场景中有一个甲壳虫模型，如图8-83所示。

图8-83

02 打开Hypershade窗口，在"创建"面板中选择"mental ray>mi_car_paint_phen_x"材质节点，如图8-84所示。

图8-84

03 打开mi_car_paint_phen_x节点的属性编辑器，展开"漫反射参数"卷展栏，设置"基础颜色"为黑色，"灯光颜色"为（R:171, G:171, B:171），如图8-85所示。

04 展开"薄片参数"卷展栏，设置"薄片权重"为0.5，"薄片密度"为0.2，如图8-86所示。

图8-85   图8-86

05 展开"反射参数"卷展栏，设置"反射颜色"为（R:169，G:215，B:255），如图8-87所示。

06 将制作好的mi_car_paint_phen_x材质指定给模型，然后在"渲染视图"中将渲染器设置为mental ray，接着渲染当前场景，最终效果如图8-88所示。

图8-87   图8-88

8.7 渲染基础

在三维作品的制作过程中，渲染是非常重要的阶段。不管制作何种作品，都必须经过渲染来输出最终的成品。

8.7.1 渲染概念

英文Render就是经常所说的"渲染"，直译为"着色"，也就是为场景对象进行着色。当然这并不是简单的着色过程，Maya会经过相当复杂的运算，将虚拟的三维场景投影到二维平面上，从而形成最终输出的画面，如图8-89所示。

图8-89

技巧与提示

渲染可以分为实时渲染和非实时渲染。实时渲染可以实时地将三维空间中的内容反映到画面上，能即时计算出画面内容，如游戏画面就是实时渲染；非实时渲染是将三维作品提前输出为二维画面，然后将这些二维画面按一定速率进行播放，如电影、电视等都是非实时渲染出来的。

8.7.2 渲染算法

从渲染的原理来看，可以将渲染的算法分为"扫描线算法""光线跟踪算法"和"热辐射算法"3种，每种算法都有其存在的意义。

1.扫描线算法

扫描线算法是早期的渲染算法，也是目前发展最为成熟的一种算法，其最大优点是渲染速度很快，现在的电影大部分都采用这种算法进行渲染。使用扫描线渲染算法最为典型的渲染器是Render man渲染器。

2.光线跟踪算法

光线跟踪算法是生成高质量画面的渲染算法之一，能实现逼真的反射和折射效果，如金属、玻璃类物体。

光线跟踪算法是从视点发出一条光线，通过投影面上的一个像素进入场景。如果光线与场景中的物体没有发生相遇情况，即没有与物体产生交点，那么光线跟踪过程就结束了；如果光线在传播的过程中与物体相遇，将会根据以下3种条件进行判断。

第1种：与漫反射物体相遇，将结束光线跟踪过程。

第2种：与反射物体相遇，将根据反射原理产生一条新的光线，并且继续传播下去。

第3种：与折射的透明物体相遇，将根据折射原理弯曲光线，并且继续传播。

光线跟踪算法会进行庞大的信息处理，与扫描线算法相比，其速度相对比较慢，但可以产生真实的反射和折射效果。

3.热辐射算法

热辐射算法是基于热辐射能在物体表面之间的能量传递和能量守恒定律原理。热辐射算法可以使光线在物体之间产生漫反射效果，直至能量耗尽。这种算法可以使物体之间产生色彩溢出现象，能实现真实的漫反射效果。

技巧与提示

Mental Ray渲染器就是一种热辐射算法渲染器，能够输出电影级的高质量画面。热辐射算法需要大量的光子进行计算，在速度上比前面两种算法都慢。

8.8 默认渲染器——Maya软件

"Maya软件"渲染器是Maya默认的渲染器。执行"窗口>渲染编辑器>渲染设置"菜单命令，打开"渲染设置"对话框，如图8-90所示。

图8-90

技巧与提示

渲染设置是渲染前的最后准备，将直接决定渲染输出的图像质量，所以必须掌握渲染参数的设置方法。

8.8.1 文件输出与图像大小

展开"文件输出"和"图像大小"两个卷展栏，如图8-91所示。这两个卷展栏主要用来设置文件名称、文件类型以及图像渲染大小等。

图8-91

【常用参数介绍】

文件名前缀：设置输出文件的名字。

图像格式：设置图像文件的保存格式。

帧/动画扩展名：用来决定是渲染静帧图像还是渲染动画，以及设置渲染输出的文件名采用何种格式。

帧填充：设置帧编号扩展名的位数。

帧缓冲区命名：将字段与多重渲染过程功能结合使用。

自定义命名字符串：设置"帧缓冲区命名"为"自定义"选项时可以激活该选项。使用该选项可以自己选择渲染标记来自定义通道命名。

使用自定义扩展名：选择"使用自定义扩展名"选项后，可以在下面的"扩展名"选项中输入扩展名，这样可以对渲染图像文件名使用自定义文件格式扩展名。

版本标签：可以将版本标签添加到渲染输出文件名中。

预设：Maya提供了一些预置的尺寸规格，以方便用户进行选择。

保持宽度/高度比率：选择该选项后，可以保持文件尺寸的宽高比。

保持比率：指定要使用的渲染分辨率的类型。

像素纵横比：组成图像的宽度和高度的像素数之比。

设备纵横比：显示器的宽度单位数乘以高度单位数。4:3的显示器将生成较方正的图像，而16:9的显示器将生成全景形状的图像。

宽度：设置图像的宽度。

高度：设置图像的高度。

大小单位：设置图像大小的单位，一般以"像素"为单位。

分辨率：设置渲染图像的分辨率。

分辨率单位：设置分辨率的单位，一般以"像素/英寸"为单位。

设备纵横比：查看渲染图像的显示设备的纵横比。"设备纵横比"表示图像纵横比乘以像素纵横比。

像素纵横比：查看渲染图像的显示设备的各个像素的纵横比。

8.8.2 渲染设置

在"渲染设置"对话框中单击"Maya软件"选项卡，在这里可以设置"抗锯齿质量""光线跟踪质量"和"运动模糊"等参数，如图8-92所示。

图8-92

1.抗锯齿质量

展开"抗锯齿质量"卷展栏，如图8-93所示。

图8-93

【常用参数介绍】

质量：设置抗锯齿的质量，共有6个选项，如图8-94所示。

图8-94

自定义：用户可以自定义抗锯齿质量。

预览质量：主要用于测试渲染时预览抗锯齿的效果。

中间质量：比预览质量更加好的一种抗锯齿质量。

产品级质量：产品级的抗锯齿质量，可以得到比较好的抗锯齿效果，适用于大多数作品的渲染输出。

对比度敏感产品级：比"产品级质量"抗锯齿效果更好的一种抗锯齿级别。

3D运动模糊产品级：主要用来渲染动画中的运动模糊效果。

边缘抗锯齿：控制物体边界的抗锯齿效果，有"低质量""中等质量""高质量"和"最高质量"级别之分。

着色：用来设置表面的采样数值。

最大着色：设置物体表面的最大采样数值，主要用于决定最高质量的每个像素的计算次数。但是如果数值过大会增加渲染时间。

3D模糊可见性：当运动模糊物体穿越其他物体时，该选项用来设置其可视性的采样数值。

最大3D模糊可见性：用于设置更高采样级别的最大采样数值。

粒子：设置粒子的采样数值。

使用多像素过滤器：多重像素过滤开关器。当选择该选项时，下面的参数将会被激活，同时在渲染过程中会对整个图像中的每个像素之间进行柔化处理，以防止输出的作品产生闪烁效果。

像素过滤器类型：设置模糊运算的算法，有以下5种。

长方体过滤器：一种非常柔和的方式。

三角形过滤器：一种比较柔和的方式。

高斯过滤器：一种细微柔和的方式。

二次B样条线过滤器：比较陈旧的一种柔和方式。

插件过滤器：使用插件进行柔和。

像素过滤器宽度X/Y：用来设置每个像素点的虚化宽度。值越大，模糊效果越明显。

红/绿/蓝：用来设置画面的对比度。值越低，渲染出来的画面对比度越低，同时需要更多的渲染时间；值越高，画面的对比度越高，颗粒感越强。

2.光线跟踪质量

展开"光线跟踪质量"卷展栏，如图8-95所示。该卷展栏控制是否在渲染过程中对场景进行光线跟踪，并控制光线跟踪图像的质量。更改这些设置时，关联的材质属性值也会更改。

图8-95

【常用参数介绍】

光线跟踪：选择该选项时，将进行光线跟踪计算，可以产生反射、折射和光线跟踪阴影等效果。

反射：设置光线被反射的最大次数，与材质自身的"反射限制"一起起作用，但是较低的值才会起作用。

折射：设置光线被折射的最大次数，其使用方法与"反射"相同。

阴影：设置被反射和折射的光线产生阴影的次数，与灯光光线跟踪阴影的"光线深度限制"选项共同决定阴影的效果，但较低的值才会起作用。

偏移：如果场景中包含3D运动模糊的物体并存在光线跟踪阴影，可能在运动模糊的物体上观察到黑色画面或不正常的阴影，这时应设置该选项的数

值为0.05~0.1；如果场景中不包含3D运动模糊的物体和光线跟踪阴影，该值应设置为0。

3.运动模糊

展开"运动模糊"卷展栏，如图8-96所示。渲染动画时，运动模糊可以通过对场景中的对象进行模糊处理来产生移动效果。

图8-96

【常用参数介绍】

运动模糊：选择该选项时，渲染时会将运动的物体进行模糊处理，使渲染效果更加逼真。

运动模糊类型：有2D和3D两种类型。2D是一种比较快的计算方式，但产生的运动模糊效果不太逼真；3D是一种很真实的运动模糊方式，会根据物体的运动方向和速度产生很逼真的运动模糊效果，但需要更多的渲染时间。

模糊帧数：设置前后有多少帧的物体被模糊。数值越高，物体越模糊。

模糊长度：用来设置2D模糊方式的模糊长度。

使用快门打开/快门关闭：控制是否开启快门功能。

快门打开/关闭：设置"快门打开"和"快门关闭"的数值。"快门打开"的默认值为-0.5，"快门关闭"的默认值为0.5。

模糊锐度：用来设置运动模糊物体的锐化程度。数值越高，模糊扩散的范围就越大。

平滑：用来处理"平滑值"产生抗锯齿作用所带来的噪波的副作用。

平滑值：设置运动模糊边缘的级别。数值越高，更多的运动模糊将参与抗锯齿处理。

保持运动向量：选择该选项时，可以将运动向量信息保存到图像中，但不处理图像的运动模糊。

使用2D模糊内存限制：决定是否在2D运动模糊过程中使用内存数量的上限。

2D模糊内存限制：设置在2D运动模糊过程中使用内存数量的上限。

8.9 电影级渲染器——Mental Ray

Mental Ray是一款超强的高端渲染器，能够生成电影级的高质量画面，被广泛应用于电影、动画、广告等领域。从Maya 5.0起，Mental Ray就内置于Maya中，使Maya的渲染功能得到很大改善。随着Maya的不断升级，Mental Ray与Maya的融合也更加完美。

Mental Ray可以使用很多种渲染算法，能方便地实现透明、反射、运动模糊和全局照明等效果，并且使用Mental Ray自带的材质节点还可以快捷、方便地制作出烤漆材质、3S材质和不锈钢金属材质等，如图8-97所示。

图8-97

技巧与提示

执行"窗口>设置/首选项>插件管理器"菜单命令，打开"插件管理器"对话框，然后在Mayatomr插件右侧选择"已加载"选项，这样就可以使用Mental Ray渲染器了，如图8-98所示。如果选择"自动加载"选项，在重启Maya时可以自动加载Mental Ray渲染器。

图8-98

8.9.1 Mental Ray的常用材质

Mental Ray的材质非常多，这里只介绍一些比较常用的材质，如图8-99所示。

图8-99

【Mental Ray的常用材质介绍】

dgs_material（DGS物理学表面材质）

dgs_material：材质中的dgs是指Diffuse（漫反射）、Glossy（光泽）和Specular（高光）。该材质常用来模拟具有强烈反光的金属物体。

dielectric_material（电解质材质）

dielectric_material：常用于模拟水、玻璃等光密度较大的折射物体，可以精确地模拟出玻璃和水的效果。

mi_car_paint_phen（车漆材质）

mi_car_paint_phen：常用于制作汽车或其他金属的外壳，可以支持加入Dirt（污垢）来获得更加真实的渲染效果，如图8-100所示。

图8-100

mi_metallic_paint（金属漆材质）

mi_metallic_paint：和车漆材质比较类似，只是减少了Diffuse（漫反射）、Reflection Parameters（反射参数）和Dirt Parameters（污垢参数）。

mia_material（金属材质） mia_material/mia_material_X（金属材质_X） mia_material_x：这两个材质是专门用于建筑行业的材质，具有很强大的功能，通过它的预设值就可以模拟出很多建筑材质类型。

mib_glossy_reflection（玻璃反射）

mib_glossy_reflection/mib_glossy_refraction（玻璃折射） mib_glossy_refraction：这两个材质可以用来模拟

反射或折射效果，也可以在材质中加入其他材质来进一步控制反射或折射效果。

mib_illum_blinn `mib_illum_blinn`：材质类似于Blinn材质，可以实现丰富的高光效果，常用于模拟金属和玻璃。

mib_illum_cooktorr `mib_illum_cooktorr`：类似于Blinn材质，但是其高光可以基于角度来改变颜色。

mib_illum_hair `mib_illum_hair`：材质主要用来模拟角色的毛发效果。

mib_illum_lambert `mib_illum_lambert`：类似于Lambert材质，没有任何镜面反射属性，不会反射周围的环境，多用于表现不光滑的表面，如木头和岩石等。

mib_illum_phong `mib_illum_phong`：类似于Phong材质，其高光区域很明显，适用于制作湿润的、表面具有光泽的物体，如玻璃和水等。

mib_illum_ward `mib_illum_ward`：可以用来创建各向异性和反射模糊效果，只需要指定模糊的方向就可以受到环境的控制。

mib_illum_ward_deriv `mib_illum_ward_deriv`：主要用来作为DGS shader（DGS着色器）材质的附加环境控制。

misss_call_shader `misss_call_shader`：是Mental Ray用来调用不同的单一次表面散射的材质。

misss_fast_shader `misss_fast_shader`：不包含其他色彩成分，以Bake lightmap（烘焙灯光贴图）方式来模拟次表面散射的照明结果，使用时需要lightmap shader（灯光贴图着色器）的配合。

misss_fast_simple_maya `misss_fast_simple_maya`/**misss_fast_skin_maya** `misss_fast_skin_maya`：包含所有的色彩成分，以Bake lightmap（烘焙灯光贴图）方式来模拟次表面散射的照明结果，使用时需要lightmap shader（灯光贴图着色器）的配合。

misss_physical `misss_physical`：主要用来模拟真实的次表面散射的光能传递以及计算次表面散射的结果。该材质只能在开启全局照明的场景中才起作用。

misss_set_normal `misss_set_normal`：主要用来将Maya软件的"凹凸"节点的"法线"的"向量"信息转换成Mental Ray可以识别的"法线"信息。

misss_skin_specular `misss_skin_specular`：主要用来模拟有次表面散射成分的物体表面的透明膜（常见的如人类皮肤的角质层）上的高光效果。

path_material `path_material`：只用来计算全局照明，并且不需要在"渲染设置"对话框中开启GI选项和"光子贴图"功能。由于其需要使用强制方法和不能使用"光子贴图"功能，所以渲染速度非常慢，并且需要使用更高的采样值，所以渲染整体场景的时间会延长，但是这种材质计算出来的GI非常精确。

transmat `transmat`：用来模拟半透膜效果。在计算全局照明时，可以用来制作空间中形成光子体积的特效，例如混浊的水底和光线穿过布满灰尘的房间。

8.9.2 公用设置

"公用"选项卡下的参数与"Maya软件"渲染器的"公用"选项卡下的参数相同，主要用来设置动画文件的名称、格式和设置动画的时间范围，同时还可以设置输出图像的分辨率以及摄影机的控制属性等，如图8-101所示。

图8-101

8.9.3 质量设置

"质量"选项卡下的参数主要用来设置采样、过滤、跟踪深度和几何体等属性，如图8-102所示。

图8-102

1.显示高级设置

选择该选项后，在"质量"选项卡中增加更多的属性，这些属性可以更加细致地控制渲染的质量，其中还包括旧版本的属性，老用户可以在旧版本的属性中设置渲染质量，如图8-103所示。

图8-103

2.采样

"采样"卷展栏中包含了控制最终质量的参数，如图8-104所示。

图8-104

【常用参数介绍】

总体质量：在统一采样模式（默认模式）下全局控制场景中每像素的采样数。每像素的采样数随每像素区域在本地测量的质量而变化。这是质量与速度的主要控制。场景中存在噪点时，通常提高此属性数值。

照明质量：控制光线命中对象和处理材质时相交点上的灯光采样数。主动启用（新场景的默认值）时，Mental Ray将使用灯光重要性采样 (LIS) 对灯光采样。这将忽略每个区域光中的显式采样设置，有利于更多的扫描场景控制。照明质量将灯光数、点和区域以及跟踪深度和其他因素考虑在内，以最终确定要使用的灯光采样数。

环境照明质量：控制要使用的环境灯光采样数。当前，独立于照明质量，并在启用环境照明时启用。

间接漫反射(GI)模式：间接漫反射和透射的类型，包括"禁用""启用(GI 原型)""最终聚集"和"最终聚集力"4个选项，如图8-105所示。

图8-105

禁用：未发生间接漫反射采样。

启用(GI 原型)：使用Mental Ray中最新的GI技术以提供间接漫反射采样。这将使用质量控制来确定间接采样（GI 光线）。漫反射跟踪深度控制会影响将在眼睛采样路径中使用此技术的深度。

最终聚集：使用插值的FG贴图，将最终聚集技术用于间接漫反射采样。

最终聚集力：将最终聚集技术用于间接漫反射采样，而没有插值的FG贴图（即强力），因为与漫反射曲面相交的每个眼光线将投射许多FG光线。质量控制影响采样、使用的FG光线数。

间接漫反射质量：控制为材质上漫反射交互分割出的采样数。对于基本默认全局照明 (GI) 模式，这将控制GI光线数。在最终聚集 (FG) 模式下，控制FG光线数以及FG点密度和其他FG控制。

(MILA)材质质量：控制为具有光泽反射/折射或散射组件的分层库 (MILA) 材质分割出的采样数。

采样锁定：从帧到帧锁定像素内采样的抖动位置。如果启用，此选项可以确保在每个像素的同一位置进行采样，这一点对于在缓慢移动的摄影机序列中消除噪波和闪烁结果很重要。对于更快的动作，从帧到帧的噪波可能实际上是有益的。

体积采样：控制Maya体积中当前未用于 Bifrost 渲染的采样数。

3.过滤

"过滤"卷展栏包含了设置过滤的类型和过滤程度的参数，如图8-106所示。

图8-106

【常用参数介绍】

过滤器：设置多像素过滤的类型，可以通过模糊处理来提高渲染的质量，共有5种类型，如图8-107所示。

图8-107

长方体：这种过滤方式可以得到相对较好的效果和较快的速度，图8-108所示的是"长方体"过滤示意图。

图8-108

三角形：这种过滤方式的计算更加精细，计算速度比"长方体"过滤方式慢，但可以得到更均匀的效果，图8-109所示的是"三角形"过滤示意图。

高斯：这是一种比较好的过滤方式，能得到最佳的效果，速度最慢，但可以得到比较柔和的图像，图8-110所示的是"高斯"过滤示意图。

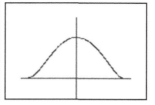

图8-109　　　　　　　　　图8-110

米切尔/兰索士：这两种过滤方式与"高斯"过滤方式不一样，它们更加倾向于提高最终计算的像素。因此，如果想要增强图像的细节，可以选择"米切尔"和"兰索士"过滤类型。

过滤器大小：该参数的数值越大，则来自相邻像素的信息就越多，图像也越模糊，但数值不能低于（1，1）。

4.跟踪深度

"跟踪深度"卷展栏包含了用来控制物理反射、折射和阴影效果的参数，如图8-111所示。

图8-111

【常用参数介绍】

漫反射：使用间接漫反射模式时，这会影响继续使用间接漫反射采样的跟踪深度。

后漫反射光泽/镜面反射交互：对第一个漫反射曲面进行采样后，这允许曲面采样包括光泽/高光反射和折射。如果没有它，则采样路径将仅继续用于漫反射到漫反射的交互。

反射：光线可以被反射曲面反射的最大次数。

透射：光线可以通过非不透明曲面折射的最大次数。

最大跟踪深度：灯光路径中漫反射交互之前的最大光泽或高光反射或透射的数量。

5.几何体

"几何体"卷展栏下的"置换运动因子"属性，是根据可视运动的数量，来控制置换细分质量，如图8-112所示。

图8-112

6.旧版选项

"旧版选项"卷展栏下的参数是Maya早期版本中用来控制渲染质量的参数，如图8-113所示。

图8-113

【常用参数介绍】

光线跟踪：控制是否开启"光线跟踪"功能。

扫描线：控制是否开启"扫描线"功能。

采样模式：设置图像采样的模式，共有以下3种。

统一采样：使用统一的样本数量进行采样。

旧版光栅化器模式：使用旧版的栅格化器的模式进行采样。

旧版采样模式：使用旧版的模式进行采样。

抖动：这是一种特殊的方向采样计算方式，可以减少锯齿现象，但是会以牺牲几何形状的正确性为代价，一般情况都应该关闭该选项。

阴影：设置光线跟踪的阴影质量。如果该数值为0，阴影将不穿过透明折射的物体。

反射/折射模糊限制：设置二次反射/折射的模糊值。数值越大，反射/折射的效果会更加模糊。

快门打开/关闭：利用帧间隔来控制运动模糊，默认值为0和1。如果这两个参数值相等，运动模糊将被禁用；如果这两个参数值更大，运动模糊将启用，正常取值为0和1；这两个参数值都为0.5时，同样会关闭运动模糊，但是会计算"运动向量"。

"加速"子卷展栏常用参数，如图8-114所示。

图8-114

加速方法：选择加速度的方式，共有以下3种。

常规BSP：即"二进制空间划分"，这是默认的加速度方式，在单处理器系统中是最快的一种。若关闭了"光线跟踪"功能，最好选用这种方式。

大BSP：这是"常规BSP"方式的变种方式，适用于渲染应用了光线跟踪的大型场景，因为它可以将场景分解成很多个小块，将不需要的数据存储在内存中，以加快渲染速度。

BSP2：即"二进制空间划分"的第2代，主要运用在具有光线跟踪的大型场景中。

BSP大小：设置BSP体素中三角形的最大数量。增大该值将减少内存的使用量，但是会增加渲染时间，默认值为10。

BSP深度：设置BSP体素细分的最大数量。增大该值将缩短渲染时间，但是会增加内存的使用量和预处理时间，默认值为40。

单独阴影BSP：让使用低精度场景的阴影来提高性能。

诊断BSP：使用诊断图像来判定"BSP深度"和"BSP大小"参数设置得是否合理。

"全局照明"子卷展栏常用参数，如图8-115所示。

图8-115

全局照明：控制是否开启"全局照明"功能。

精确度：设置全局照明的精度。数值越高，渲染效果越好，但渲染速度会变慢。

比例：控制间接照明效果对全局照明的影响。

半径：默认值为0，此时Maya会自动计算光子半径。如果场景中的噪点较多，增大该值（1~2）可以减少噪点，但是会带来更模糊的结果。为了减小模糊程度，必须增加由光源发出的光子数量（全局照明精度）。

合并距离：合并指定的光子世界距离。对于光子分布不均匀的场景，该参数可以大大降低光子映射的大小。

"焦散"子卷展栏常用参数，如图8-116所示。

图8-116

焦散：控制是否开启"焦散"功能。

精确度：设置渲染焦散的精度。数值越大，焦散效果越好。

比例：控制间接照明效果对焦散的影响。

半径：默认值为0，此时Maya会自动计算焦散光子的半径。

合并距离：合并指定的光子世界距离。对于光子分布不均匀的场景，该参数可以大大减少光子映射的大小。

焦散过滤器类型：选择焦散的过滤器类型，共有以下3种。

长方体：用该过滤器渲染出来的焦散效果很清晰，并且渲染速度比较快，但是效果不太精确。

圆锥体：用该过滤器渲染出来的焦散效果很平滑，而渲染速度比较慢，但是焦散效果比较精确。

高斯：用该过滤器渲染出来的焦散效果最好，但渲染速度最慢。

焦散过滤器内核：增大该参数值，可以使焦散效果变得更加平滑。

"光子跟踪"子卷展栏常用参数，如图8-117所示。

图8-117

光子反射：限制光子在场景中的反射量。该参数与最大光子的深度有关。

光子折射：限制光子在场景中的折射量。该参数与最大光子的深度有关。

最大光子深度：限制光子反弹的次数。

"光子贴图"子卷展栏常用参数，如图8-118所示。

图8-118

重建光子贴图：选择该选项后，Maya会重新计算光子贴图，而现有的光子贴图文件将被覆盖。

光子贴图文件：设置一个光子贴图文件，同时新的光子贴图将加载这个光子贴图文件。

启用贴图可视化器：选择该选项后，在渲染时可以在视图中观察到光子的分布情况。

直接照明阴影效果：如果在使用了全局照明和焦散效果的场景中有透明的阴影，应该选择该选项。

"光子体积"子卷展栏常用参数，如图8-119所示。

图8-119

光子自动体积：控制是否开启"光子自动体积"功能。

精确度：控制光子映射来估计参与焦散效果或全局照明的光子强度。

半径：设置参与媒介的光子的半径。

合并距离：合并指定的光子世界距离。对于光子分布不均匀的场景，该参数可以大大降低光子映射的大小。

"重要性粒子"子卷展栏常用参数，如图8-120所示。

图8-120

重要性粒子：控制是否启用重要性粒子发射。

密度：设置对于每个像素从摄影机发射的重要性粒子数。

合并距离：合并指定的世界空间距离内的重要性粒子。

最大深度：控制场景中重要性粒子的漫反射。

穿越：选择该选项后，可以使重要性粒子不受阻止，即使完全不透明的几何体也是如此；关闭该

选项后，重要性粒子会存储在从摄影机到无穷远的光线与几何体的所有相交处。

"最终聚集"子卷展栏常用参数，如图8-121所示。

图8-121

最终聚集：控制是否开启"最终聚集"功能。

精确度：增大该参数值可以减少图像的噪点，但会增加渲染时间，默认值为100。

点密度：控制最终聚集点的计算数量。

点插值：设置最终聚集插值渲染的采样点。数值越高，效果越平滑。

主漫反射比例：设置漫反射颜色的强度来控制场景的整体亮度或颜色。

次漫反射比例：主要配合"主漫反射比例"选项一起使用，可以得到更加丰富、自然的照明效果。

次漫反射反弹数：设置多个漫反射反弹最终聚焦，可以防止场景的暗部产生过于黑暗的现象。

重建：设置"最终聚焦贴图"的重建方式，共有"禁用""启用"和"冻结"这3种方式。

启用贴图可视化器：创建可以存储的可视化最终聚焦光子。

预览最终聚集分片：预览最终聚焦的效果。

预计算光子查找：选择该选项后，可以预先计算光子并进行查找，但是需要更多的内存。

诊断最终聚焦：允许使用显示为绿色的最终聚

集点渲染初始光栅空间，使用显示为红色的最终聚集点作为渲染时的最终聚集点。这有助于精细调整最终聚集设置，以区分依赖于视图的结果和不依赖于视图的结果，从而更好地分布最终聚集点。

过滤：控制最终聚集形成的斑点有多少被过滤掉。

衰减开始/停止：用这两个选项可以限制用于最终聚集的间接光（但不是光子）的到达。

法线容差：指定要考虑进行插值的最终聚集点法线可能会偏离该最终聚集点曲面法线的最大角度。

反射：光线可以被反射曲面反射的最大次数。该参数与光线的最大跟踪深度有关。

折射：光线可以通过透明曲面折射的最大次数。该参数与光线的最大跟踪深度有关。

最大跟踪深度：默认值为0，此时表示间接照明的最终计算不能穿过玻璃或被镜面反弹。

最终聚焦模式：针对渲染不同的场合进行设置，可以得到速度和质量的平衡。

最大/最小半径：合理设置这两个参数可以加快渲染速度。一般情况下，一个场景的最大半径为外形尺寸的10%，最小半径为最大半径的10%。

视图（半径以像素大小为单位）：选择该选项后，会导致"最小半径"和"最大半径"的最后聚集再次计算像素大小。

"辐照度粒子"子卷展栏常用参数，如图8-122所示。

图8-122

辐照度粒子：控制是否开启"辐照度粒子"功能。

光线数：使用光线的数量来估计辐射。最低值为2，默认值为256。

间接过程：设置间接照明传递的次数。

比例：设置"辐照度粒子"的强度。

插值：设置"辐照度粒子"使用的插值方法。

插值点数量：用于设置插值点的数量，默认值为64。

环境：控制是否计算辐照环境贴图。

环境光线：计算辐照环境贴图使用的光线数量。

重建：如果选择该选项，Mental Ray会计算辐照粒子贴图。

贴图文件：指定辐射粒子的贴图文件。

"环境光遮挡"子卷展栏常用参数，如图8-123所示。

图8-123

环境光遮挡：控制是否开启"环境光遮挡"功能。

光线数：使用环境的光线来计算每个环境闭塞。

缓存：控制环境闭塞的缓存。

缓存密度：设置每个像素的环境闭塞点的数量。

缓存点数：查找缓存点的数目的位置插值，默认值为64。

8.9.4 Scene（场景）设置

Scene（场景）选项卡包含"摄影机""灯光""材质""纹理"和"对象"这5个卷展栏，如图8-124所示。

图8-124

1.摄影机

"摄影机"卷展栏包含了可渲染摄影机共享的设置，如图8-125所示。

图8-125

【常用参数介绍】

主帧缓冲区：主帧缓冲区属性指定由Mental Ray创建的主颜色渲染图像。

数据类型：选择通道的数量和类型，以及主颜色渲染图像的值类型。

使用深度图像格式：使用OpenEXR文件格式时，可以存储深度数据。

过程：由于进行了过滤，将渲染保存到基于像素的图像格式时，采样信息将会丢失。因此，在使用过程时，尽可能地首选使用相加的灯光过程。

环境：用来设置场景中的环境照明。

基于图像的照明：单击"创建"按钮 创建 可以创建一个新的IBL节点，用于替换任何当前已连接的节点（尽管场景中可以存在多个IBL环境，但一次只能使用一个）。

物理太阳和天空：单击"创建"按钮 创建 可以创建包含mia_physicalsky、mia_physicalsun和directionalLight 的节点网络。

发射环境光：选择该选项时，将从环境创建灯光，而不管它是程序的（如环境天空灯光）还是基于图像的（如环境图像）。

快门：使用运动模糊时，快门打开时间间隔主要由摄影机中的快门角度确定。

运动模糊：用于控制是否启动"运动模糊"功能。

运动模糊时间间隔：用于放大运动模糊效果。增加该值会降低所达到的逼真效果，但如果需要，可以产生增强的效果。该值越大，计算运动模糊时的时间间隔越长。

关键帧位置：指定关键帧时间在打开快门时间间隔内的位置，将关键帧位置有效地放置在模糊的运动内。

运动步数：用于控制场景中的所有运动变换创建多少个运动路径分段。

形状：用于控制快门打开时间间隔的形状。

2.灯光

"灯光"卷展栏包含了控制场景中灯光和阴影的参数，如图8-126所示。

图8-126

3.材质

"材质"卷展栏包含了材质体系结构的参数，如图8-127所示。

图8-127

4.纹理

"纹理"卷展栏包含了是否自动生成Mipmap贴图的参数，如图8-128所示。

图8-128

5.对象

"对象"卷展栏包含了"自动用户数据属性"和"添加用户数据"两个属性，如图8-129所示。

图8-129

8.9.5 Configuration（采样配置）设置

Configuration（采样配置）选项卡下的参数主要

用来设置渲染的质量、采样、光线跟踪和运动模糊等，如图8-130所示。

图8-130

1.首选项

"首选项"卷展栏中包含渐进式渲染设置所需的参数，如图8-131所示。

图8-131

2.功能

"功能"卷展栏包含了双面渲染、置换预采样、自动体积和光子自动体积等功能，如图8-132所示。

图8-132

3.转换

"转换"卷展栏中包含了使用Mental Ray渲染Maya场景时要设置的选项，如图8-133所示。

图8-133

【常用参数介绍】

使用精确层次：在处理过程中尝试保留DAG层次。

使用完整路径名：使用完整的DAG路径名称，而不是Mental Ray场景实体可能的最短名称。

首先平移纹理：首先收集场景中的所有文件纹理引用。

渲染粒子：可用于渲染粒子。

渲染粒子实例：可用于渲染粒子实例。

渲染流体：可用于渲染流体。

渲染头发：用于渲染头发，包括"禁用""头发几何体着色器"和"头发基本体"3个选项。

渲染Maya辉光：创建Maya辉光帧缓冲区过程，以便渲染后期效果。

使用顶点颜色：转换场景中所有网格的所有CPV（逐顶点颜色）数据。

8.9.6 Diagnostics（诊断）设置

Diagnostics（诊断）选项卡下的参数主要用来测试场景中各个功能是否出现错误，包括"诊断""功能覆盖"和"场景覆盖"3个卷展栏，如图8-134所示。

图8-134

技巧与提示

使用"诊断"功能可以检测场景中光子映射的情况。用户可以指定诊断网格和网格的大小，以及诊断光子的密度或辐照度。当选择"诊断采样"选项后，会出现灰度的诊断图，如图8-135所示。

图8-135

课堂案例

模拟全局照明

场景位置	Scenes>CH08>8.5>8-5.mb
实例位置	Examples>CH08>8.5>8-5.mb
难易指数	★★☆☆☆
技术掌握	掌握全局照明技术的用法

本例使用Mental Ray的"全局照明"技术制作的全局照明，效果如图8-136所示。

图8-136

01 打开学习资源中的"Scenes>CH08>8.5>8-5.mb"文件，场景中有一个室内模型，如图8-137所示。

02 打开"渲染视图"，然后设置渲染器为mental ray，接着执行"渲染>渲染>camera1"命令，效果如图8-138所示。

图8-137　　　　　　　　　图8-138

03 由图8-138可以看出，顶部的阴影过重，导致细节表现不够。打开"渲染设置"对话框，切换到"质量"选项卡，在"采样"卷展栏中设置"间接漫反射（GI）模式"为"启用（GI原型）"，如图8-139所示。

图8-139

04 在"渲染视图"中渲染场景，效果如图8-140所示。从图中可以看到暗部的细节比之前的丰富许多。

图8-140

课堂案例

用mib_cie_d灯光节点调整色温

场景位置	Scenes>CH08>8.6>8-6.mb
实例位置	Examples>CH08>8.6>8-6.mb
难易指数	★★☆☆☆
技术掌握	掌握用mib_cie_d灯光节点调整灯光色温的方法

mib_cie_d灯光节点是Mental Ray灯光节点中非常重要的一个，其主要作用就是调节灯光的色温，使场景的氛围更加合理。图8-141的左图是默认渲染效果，右图是调节了色温后的渲染效果。

图8-141

01 打开学习资源中的"Scenes>CH08>8.6>8-6.mb"文件，场景中有静物模型和灯光，如图8-142所示。

图8-142

技巧与提示

本场景创建两盏区域光作为照明灯光，同时还利用了"基于图像的照明"技术。

02 测试渲染场景，效果如图8-143所示。场景的光照比较冷清，所以接下来需要设置灯光，让其具有暖色调。

图8-143

技巧与提示

从图8-143中可以观察到场景中的灯光效果很平淡，没有渲染出氛围。

（03）打开Hypershade窗口，然后在"创建"面板中选择"MentalRay 灯光>mib_cie_d"节点，如图8-144所示。

图8-144

（04）在浏览器中选择"灯光"选项卡，然后选择areaLightShape1节点，接着将mib_cie_d1节点连接到areaLightShape1节点的"颜色"属性上，如图8-145所示。选择mib_cie_d1节点，在"特性编辑器"面板中，设置"温度"为4000，如图8-146所示。

图8-145

（05）新建一个mib_cie_d节点，连接到areaLight2灯光的"颜色"属性上，接着在"特性编辑器"面板中，设置"温度"为16000，"强度"为0.6，如图8-147所示。

图8-146

图8-147

（06）渲染当前场景，最终效果如图8-148所示。此时可以发现画面色调偏暖了。

图8-148

技巧与提示

从上图中可以观察到，整个场景的冷暖搭配效果比之前好多了。

8.10 综合实例：用Maya软件渲染水墨画

场景位置	Scenes>CH08>8.7>8-7.mb
实例位置	Examples>CH08>8.7>8-7.mb
难易指数	★★☆☆☆
技术掌握	掌握国画材质的制作方法及Maya软件渲染器的使用方法

本例使用Maya软件渲染器渲染的水墨画效果如图8-149所示。

图8-149

1.虾背材质

（01）打开学习资源中的"Scenes>CH08>8.7>8-7.mb"文件，场景中有一个虾模型，如图8-150所示。

图8-150

02 打开Hypershade窗口，在"创建"面板中选择"表面>渐变着色器"节点，如图8-151所示。在"特性编辑器"面板中，将该节点命名为bei，设置"颜色""透明度"和"白炽度"卷展栏下的属性，参数设置如图8-152所示。

图8-151

图8-152

03 创建一个"渐变"节点，在"特性编辑器"面板中，设置"类型"为"U向渐变"，"插值"为"钉形"，接着设置第1个色标的"选定颜色"为（R:43，G:43，B:43），"选定位置"为0.13，设置第2个色标的"选定颜色"为（R:255，G:255，B:255），"选定位置"为0.84，如图8-153所示。

图8-153

04 创建一个"噪波"节点，然后在"特性编辑器"面板中，设置"阈值"为0.12，"振幅"为0.62，如图8-154所示。

图8-154

05 选择noise1节点的place2dTexture2节点，然后在"特性编辑器"面板中，设置"UV向重复"为（0.3，0.6），如图8-155所示。

图8-155

06 选择ramp1节点，在"特性编辑器"面板中，展开"颜色平衡"卷展栏，接着将noise1节点连接到ramp1节点的"颜色偏移"属性上，如图8-156所示。

图8-156

07 选择bei节点，在"特性编辑器"面板中，展开"透明度"卷展栏，接着选择第2个色标，将ramp1节点连接到"选定颜色"属性上，如图8-157所示。

图8-157

08 将制作好的bei材质指定给龙虾的背部，如图8-158所示。

图8-158

2.触角材质

01 创建一个"渐变着色器"材质，在"特性编辑器"面板中，将该节点命名为chujiao，接着设置"颜色"和"透明度"的属性，参数设置如图8-159所示。

图8-159

02 创建一个"渐变"节点，在"特性编辑器"面板中，设置"类型"为"U向渐变"，"插值"为"钉形"，接着设置第1个色标的"选定颜色"为（R:0，G:0，B:0），"选定位置"为0，设置第2个色标的"选定颜色"为（R:38，G:38，B:38），"选定位置"为0.48，设置第3个色标的"选定颜色"为（R:255，G:255，B:255），"选定位置"为1，如图8-160所示。

图8-160

03 创建一个"分形"节点，选择place2dTexture4节点，接着在"特性编辑器"面板中，设置"UV向重复"为（0.05，0.1），如图8-161所示。

图8-161

04 创建一个"分层"节点，在"特性编辑器"面板中，将ramp3节点添加到layeredTexture1节点的层中，接着设置Alpha为0.8，"混合模式"为"相加"，将fractal1节点添加到layeredTexture1节点的层中，如图8-162所示。

图8-162

05 选择chujiao节点，在"特性编辑器"面板中，展开"透明度"卷展栏，接着选择第2个色标，将layeredTexture1节点连接到"选定颜色"属性上，如图8-163所示。

图8-163

06 将设置好的chujiao材质指定给龙虾的触角，如图8-164所示。

图8-164

3.鳍材质

01 创建一个"渐变着色器"材质，在"特性编辑器"面板中，将该节点命名为qi，接着设置"颜色""透明度"和"白炽度"的属性，参数设置如图8-165所示。

图8-165

02 创建一个"噪波"节点，在"特性编辑器"面板中，设置"阈值"为0.46，"振幅"为0.55、"比率"为0.27，如图8-166所示。

图8-166

03 创建一个"渐变"节点，在"特性编辑器"面板中，设置"类型"为"U向渐变"，"插值"为"钉形"，接着设置第1个色标的"选定颜色"为（R:255，G:255，B:255），"选定位置"为0，设置第2个色标的"选定颜色"为（R:77，G:77，B:77），"选定位置"为0.33，设置第3个色标的"选定颜色"为（R:77，G:77，B:77），"选定位置"为0.58，设置第4个色标的"选定颜色"为（R:255，G:255，B:255），"选定位置"为1，如图8-167所示。

图8-167

图8-170

(04) 选择noise2节点，将ramp4节点连接到noise2节点的"颜色偏移"属性上，如图8-168所示。接着选择qi节点，展开"透明度"卷展栏，选择第3个色标，将noise2节点连接到"选定颜色"属性上，如图8-169所示。

图8-168

4.渲染对象

(01) 采样相同的方法制作出其他部分的材质，完成的效果如图8-171所示。测试渲染当前场景，效果如图8-172所示。

图8-171

图8-169

(05) 将设置好的qi材质指定给虾的尾部和头部结构，如图8-170所示。

图8-172

（02） 复制出多个模型，然后调整好各个模型的位置，如图8-173所示。渲染场景，效果如图8-174所示。

图8-173

图8-174

8.11 本章小结

本章主要介绍了Hypershade窗口的使用方法、节点的连接方法、Maya软件渲染器的使用方法，以及Mental Ray渲染器的使用方法。Mental Ray是一款功能强大、效果逼真的渲染器，望读者勤加练习。

8.12 课后习题: 渲染变形金刚

场景位置	Scenes>CH08>8.8>8-8.mb
实例位置	Examples>CH08>8.8>8-8.mb
难易指数	★★★★☆
技术掌握	学习金属材质的制作方法,学习Maya软件渲染器的使用方法

本例使用Maya软件渲染器渲染变形金刚，效果如图8-175所示。

图8-175

制作提示

本习题需要制作3个材质，分别是两个金属材质和一个辉光材质，如图8-176所示。

图8-176

第9章

绑定技术

在制作角色动画前，需要对模型进行绑定，这样可以灵活地调整模型的动作和表情。本章主要介绍创建骨架、编辑骨架和角色蒙皮等内容。

课堂学习目标

了解骨架结构

了解骨架的父子关系

掌握如何创建和编辑骨架

了解蒙皮的注意事项

掌握蒙皮的方法

掌握绘制蒙皮权重的方法

9.1 骨架系统

Maya提供了一套非常优秀的动画控制系统——骨架。动物的外部形体是由骨架、肌肉和皮肤组成的，从功能上来说，骨架主要起着支撑动物躯体的作用，它本身不能产生运动。动物的运动实际上都是由肌肉来控制的，在肌肉的带动下，筋腱拉动骨架沿着各个关节产生转动或在某些局部发生移动，从而表现出整个形体的运动状态。但在数字空间中，骨架、肌肉和皮肤的功能与现实中是不同的。数字角色的形态只由一个因素来决定，就是角色的三维模型，也就是数字空间中的皮肤。一般情况下，数字角色是没有肌肉的，控制数字角色运动的就是三维软件里提供的骨架系统。所以，通常所说的角色动画，就是制作数字角色骨架的动画，骨架控制着皮肤，或是由骨架控制着肌肉，再由肌肉控制皮肤来实现角色动画。总体来说，数字空间中只有两个因素最重要，一个是模型，它控制着角色的形体；另一个是骨架，它控制着角色的运动。肌肉系统在角色动画中只是为了让角色在运动时，让形体的变形更加符合解剖学原理，也就是使角色动画更加生动。

9.1.1 了解骨架结构

骨架是由"关节"和"骨骼"两部分构成的。关节位于骨与骨之间的连接位置，由关节的移动或旋转来带动与其相关的骨的运动。每个关节可以连接一个或多个骨，关节在场景视图中显示为球形线框结构物体；骨是连接在两个关节之间的物体结构，它能起到传递关节运动的作用，骨在场景视图中显示为棱锥状线框结构物体。另外，骨也可以指示出关节之间的父子层级关系，位于棱锥方形一端的关节为父级，位于棱锥尖端位置的关节为子级，如图9-1所示。

图9-1

1.关节链

"关节链"又称"骨架链"，它是一系列关节和与之相连接的骨的组合。在一条关节链中，所有的关节和骨之间都是呈线性连接的，也就是说，如果从关节链中的第1个关节开始绘制一条路径曲线，到最后一个关节结束，可以使该关节链中的每个关节都经过这条曲线，如图9-2所示。

关节链结构图

图9-2

2.肢体链

"肢体链"是多条关节链连接在一起的组合。与关节链不同，肢体链是一种"树状"结构，其中所有的关节和骨之间并不是呈线性方式连接的。也就是说，无法绘制出一条经过肢体链中所有关节的路径曲线，如图9-3所示。

肢体链结构图

图9-3

在肢体链中，层级最高的关节被称为"根关节"，每个肢体链中只能存在一个根关节，但是可以存在多个父关节。其实，父关节和子关节是相对而言的，在关节链中，任意的关节都可以成为父关节或子关节，只要在一个关节的层级之下有其他的关节存在，这个位于上一级的关节就是其层级之下关节的父关节，而这个位于层级之下的关节就是其层级之上关节的子关节。

9.1.2 父子关系

在Maya中，可以把父子关系理解成一种控制与被控制的关系。也就是说，把存在控制关系的物体中处于控制地位的物体被称为父物体，把被控制的物体被称为子物体。父物体和子物体之间的控制关系是单向的，前者可以控制后者，但后者不能控制前者。同时还要注意，一个父物体可以同时控制若干个子物体，但一个子物体不能同时被两个或两个以上的父物体控制。

9.1.3 创建骨架

在角色动画制作中，创建骨架通常就是创建肢体链的过程。创建骨架都使用"创建关节"命令 来完成，如图9-4所示。

单击"骨架>创建关节"菜单命令后面的 按钮，打开"创建关节"的"工具设置"面板，如图9-5所示。

图9-4

图9-5

【常用参数介绍】

自由度：指定被创建关节的哪些局部旋转轴向能被自由旋转，有"X轴""Y轴"和"Z轴"这3个选项。

对称：可以在创建关节时启用或禁用对称。在下拉菜单中，可以指定创建对称连接时的方向。

比例补偿：选择该选项时，在创建关节链后，当对位于层级上方的关节进行比例缩放操作时，位于其下方的关节和骨架不会自动按比例缩放；如果关闭该选项，当对位于层级上方的关节进行缩放操作时，位于其下方的关节和骨架也会自动按比例缩放。

自动关节限制：当选择该选项时，被创建关节的一个局部旋转轴向将被限制，使其只能在180°范围之内旋转。被限制的轴向就是与创建关节时被激活视图栅格平面垂直的关节局部旋转轴向，被限制的旋转方向在关节链小于180°夹角的一侧。

"自动关节限制"选项适用于类似有膝关节旋转特征的关节链的创建。该选项的设置不会限制关节链的开始关节和末端关节。

创建IK控制柄：当选择该选项时，"IK控制柄设置"卷展栏下的相关选项才起作用。这时，使用"创建关节"命令 创建关节链的同时会自动创建一个IK控制柄。创建的IK控制柄将从关节链的第1个关节开始，到末端关节结束。

关于IK控制柄的设置方法将在后面的内容中详细介绍。

可变骨骼半径设置：选择该选项后，可以在"骨骼半径设置"卷展栏下设置短/长骨骼的长度和半径。

投影中心：如果启用该选项，Maya会自动将关节捕捉到选定网格的中心。

确定关节方向为世界方向：选择该选项后，被创建的所有关节局部旋转轴向将与世界坐标轴向保持一致。

主轴：设置被创建关节的局部旋转主轴方向。

次轴：设置被创建关节的局部旋转次轴方向。

次轴世界方向：为使用"创建关节"命令创建的所有关节的第2个旋转轴设定世界轴（正或负）方向。

短骨骼长度：设置一个长度数值来确定哪些骨为短骨骼。

短骨骼半径：设置一个数值作为短骨的半径尺寸，它是骨半径的最小值。

长骨骼长度：设置一个长度数值来确定哪些骨为长骨骼。

长骨骼半径：设置一个数值作为长骨的半径尺寸，它是骨半径的最大值。

课堂案例
用关节工具创建人体骨架

场景位置	无
实例位置	Examples>CH09>9-1.mb
难易指数	★☆☆☆☆
技术掌握	掌握关节工具的用法及人体骨架的创建方法

本例使用"创建关节"命令创建人体骨架，效果如图9-6所示。

图9-6

01 切换到"装备"模块，执行"骨架>创建关节"菜单命令，当光标变成十字形时，在视图中单击鼠标左键，创建出第1个关节，接着在该关节的上方单击一次鼠标左键，创建出第2个关节（这时在两个关节之间会出现一根骨），在当前关节的上方单击一次鼠标左键，创建出第3个关节，如图9-7所示。

图9-7

技巧与提示

当创建一个关节后，如果对关节的放置位置不满意，可以使用鼠标中键拖曳当前处于选择状态下的关节，然后将其移动到满意的位置即可；如果已经创建了多个关节，想要修改之前创建关节的位置时，可以使用方向键↑和↓来切换选择不同层级的关节。当选择了需要调整位置的关节后，使用鼠标中键拖曳当前处于选择状态下的关节，将其移动到需要的位置即可。

注意，以上操作必须在没用结束"创建关节"命令操作的情况下才有效。

02 继续创建其他的肢体链分支。按一次↑键，选择位于当前选择关节上一个层级的关节，然后在其右侧依次单击两次鼠标左键，创建出第4个和第5个关节，如图9-8所示。

图9-8

03 继续在左侧创建肢体链分支。连续按两次↑键，选择位于当前选择关节上两个层级处的关节，然后在其左侧依次单击两次鼠标左键，创建出第6个和第7个关节，如图9-9所示。

图9-9

04 继续在下方创建肢体链分支。连续按3次↑键，选择位于当前选择关节上3个层级处的关节，然后在其右侧依次单击两次鼠标左键，创建出第8个和第9个关节，如图9-10所示。

图9-10

技巧与提示

可以使用相同的方法继续创建出其他位置的肢体链分支，不过这里要尝试采用另外一种方法，所以可以先按Enter键结束肢体链的创建。下面将采用添加关节的方法在现有肢体链中创建关节链分支。

05 重新选择"创建关节"命令，在想要添加关节链的现有关节上单击一次鼠标左键（选中该关节，以确定新关节链将要连接的位置），依次单击两次鼠标左键，创建出第10个和第11个关节，接着按Enter键结束肢体链的创建，如图9-11所示。

图9-11

技巧与提示

使用上述这种方法可以在已经创建完成的关节链上随意添加新的分支，并且能在指定的关节位置对新旧关节链进行自动连接。

9.1.4 编辑骨架

创建骨架之后，可以采用多种方法来编辑骨架，使骨架能更好地满足动画制作的需要。Maya提供了一些方便的骨架编辑工具，如图9-12所示。

图9-12

1.插入关节

如果要增加骨架中的关节数，可以使用"插入关节"在任何层级的关节下插入任意数目的关节。

2.镜像关节

使用"镜像关节"命令可以镜像复制出一个关节链的副本，镜像关节的操作结果将取决于事先设置的镜像交叉平面的放置方向。如果选择关节链中的关节进行部分镜像操作，这个镜像交叉平面的原点在原始关节链的父关节位置；如果选择关节链的根关节进行整体镜像操作，这个镜像交叉平面的原点在世界坐标原点位置。当镜像关节时，关节的属性、IK控制柄连同关节和骨一起被镜像复制。但其他一些骨架数据（如约束、连接和表达式）不能包含在被镜像复制出的关节链副本中。

单击"镜像关节"命令后面的按钮，打开"镜像关节选项"对话框，如图9-13所示。

图9-13

【常用参数介绍】

镜像平面：指定一个镜像关节时使用的平面。镜像交叉平面就像是一面镜子，它决定了产生的镜像关节链副本的方向，提供了以下3个选项。

XY：选择该选项，镜像平面是由世界空间坐标xy轴向构成的平面，将当前选择的关节链沿该平面镜像复制到另一侧。

YZ：选择该选项，镜像平面是由世界空间坐标yz轴向构成的平面，将当前选择的关节链沿该平面镜像复制到另一侧。

XZ：选择该选项，镜像平面是由世界空间坐标xz轴向构成的平面，将当前选择的关节链沿该平面镜像复制到另一侧。

镜像功能：指定被镜像复制的关节与原始关节的方向关系，提供了以下两个选项。

行为：当选择该选项时，被镜像的关节将与原始关节具有相对的方向，并且各关节局部旋转轴指向与它们对应副本的相反方向，如图9-14所示。

方向：当选择该选项时，被镜像的关节将与原始关节具有相同的方向，如图9-15所示。

图9-14　　　　　　　　　图9-15

搜索：可以在文本输入框中指定一个关节命名标识符，以确定在镜像关节链中要查找的目标。

替换为：可以在文本输入框中指定一个关节命名标识符，使用这个命名标识符来替换被镜像关节链中查找到的所有在"搜索"文本框中指定的命名标识符。

> **技巧与提示**
>
> 为结构对称的角色创建骨架时，"镜像关节"命令将非常有用。例如当制作一个人物角色骨架时，用户只需要制作出一侧的手臂、手、腿和脚部骨架，然后执行"镜像关节"命令，就可以得到另一侧的骨架，这样能减少重复性的工作，提高工作效率。
>
> 特别注意，不能使用"编辑>特殊复制"菜单命令对关节链进行镜像复制操作。

3.确定关节方向

在创建骨架链之后，为了让某些关节与模型能更准确地对位，经常需要调整一些关节的位置。因为每个关节的局部旋转轴向并不能跟随关节位置改变来自动调整方向。如果使用"创建关节"命令的默认参数创建一条关节链，在关节链中关节局部旋转轴的x轴将指向骨的内部；如果使用"移动工具"对关节链中的一些关节进行移动，这时关节局部旋转轴的x轴将不再指向骨的内部。所以在通常情况下，调整关节位置之后，需要重新定向关节的局部旋转轴向，使关节局部旋转轴的x轴重新指向骨的内部。这样可以确保在为关节链添加IK控制柄时，获得最理想的控制效果。

4.移除关节

使用"移除关节"命令可以从关节链中删除当前选择的一个关节，并且可以将剩余的关节和骨结合为一个单独的关节链。也就是说，虽然删除了关节链中的关节，但仍然会保持该关节链的连接状态。

5.连接关节

使用"连接关节"命令能采用两种不同方式（"连接关节"和"将关节设为父子关系"）将断开的关节连接起来，形成一个完整的骨架链。单击"连接关节"命令后面的按钮，打开"连接关节选项"对话框，如图9-16所示。

图9-16

【常用参数介绍】

连接关节：这种方式是使用一条关节链中的根关节去连接另一条关节链中除根关节之外的任何关节，使其中一条关节链的根关节直接移动位置，对齐到另一条关节链中选择的关节上。结果两条关节链连接形成一个完整的骨架链。

将关节设为父子关系： 这种方式是使用一根骨，将一条关节链中的根关节作为子物体与另一条关节链中除根关节之外的任何关节连接起来，形成一个完整的骨架链。这种方法连接关节时不会改变关节链的位置。

6.断开关节

使用"断开关节"命令 可以将骨架在当前选择的关节位置打断，将原本单独的一条关节链分离为两条关节链。

7.重定骨架根

使用"重定骨架根"命令 可以改变关节链或肢体链的骨架层级，以重新设定根关节在骨架链中的位置。如果选择的是位于整个骨架链中层级最下方的一个子关节，重新设定根关节后骨架的层级将会颠倒；如果选择的是位于骨架链中间层级的一个关节，重新设定根关节后，在根关节的下方将有两个分离的骨架层级被创建。

9.1.5 IK控制柄

"IK控制柄"是制作骨架动画的重要工具，本节主要针对Maya中提供的"IK控制柄工具"来讲解IK控制柄的功能、使用方法和参数设置。

角色动画的骨架运动遵循运动学原理，定位和动画骨架包括两种类型的运动学，分别是"正向运动学"和"反向运动学"。

1.正向运动学

"正向运动学"简称FK，它是一种通过层级控制物体运动的方式，这种方式是由处于层级上方的父级物体运动，经过层层传递来带动其下方子级物体的运动。

如果采用正向运动学方式制作角色抬腿的动作，需要逐个旋转角色腿部的每个关节，如首先旋转大腿根部的髋关节，再旋转膝关节，然后是踝关节，依次向下直到脚尖关节位置结束，如图9-17所示。

图9-17

> ★ **技巧与提示**
>
> 由于正向运动学的直观性，所以它很适合创建一些简单的圆弧状运动，但是在使用正向运动学时，也会遇到一些问题。例如使用正向运动学调整角色的腿部骨架到一个姿势后，如果腿部其他关节位置都很正确，只是对大腿根部的髋关节位置不满意，这时当对髋关节位置进行调整后，发现其他位于层级下方的腿部关节位置也会发生改变，还需要逐个调整这些关节才能达到想要的结果。如果这是一个复杂的关节链，那么要重新调整的关节将会很多，工作量也非常大。
>
> 那么，是否有一种可以使工作更加简化的方法呢？答案是肯定的，随着技术的发展，用反向运动学控制物体运动的方式产生了，它可以使制作复杂物体的运动变得更加方便、快捷。

2.反向运动学

"反向运动学"简称IK，从控制物体运动的方式来看，它与正向运动学刚好相反，这种方式是由处于层级下方的子级物体运动来带动其层级上方父级物体的运动。与正向运动学不同，反向运动学不是依靠逐个旋转层级中的每个关节来达到控制物体运动的目的，而是创建一个额外的控制结构，此控制结构被称为IK控制柄。用户只需要移动这个IK控制柄，就能自动旋转关节链中的所有关节。例如，如果为角色的腿部骨架链创建了IK控制柄，制作角色抬腿动作时，只需要向上移动IK控制柄使脚离开地面，这时腿部骨架链中的其他关节就会自动旋转相应角度来适应脚部关节位置的变化，如图9-18所示。

图9-18

有了反向运动学，就可以使动画师将更多精力集中在制作动画效果上，而不必像正向运动学那样始终要考虑如何旋转关节链中的每个关节来达到想要的摆放姿势。使用反向运动学，可以大大减少调节角色动作的工作量，能解决一些正向运动学难以解决的问题。

要使用反向运动学方式控制骨架运动，就必须利用专门的反向运动学工具为骨架创建IK控制柄。Maya提供了两种类型的反向运动学工具，分别是"IK控制柄工具"和"IK样条线控制柄工具"。下面将分别介绍这两种反向运动学工具的功能、使用方法和参数设置。

3.IK控制柄工具

"IK控制柄工具"提供了一种使用反向运动学定位关节链的方法，它能控制关节链中每个关节的旋转和关节链的整体方向。"IK控制柄工具"是解决常规反向运动学控制问题的专用工具，使用系统默认参数创建的IK控制柄结构如图9-19所示。

图9-19

【IK控制柄结构介绍】

开始关节：开始关节是受IK控制柄控制的第1个关节，是IK控制柄开始的地方。开始关节可以是关节链中除末端关节之外的任何关节。

终止关节：终止关节是受IK控制柄控制的最后一个关节，是IK控制柄终止的地方。终止关节可以是关节链中除根关节之外的任何关节。

手柄线：手柄线是贯穿被IK控制柄控制关节链的所有关节和骨的一条线。手柄线从开始关节的局部旋转轴开始，到终止关节的局部旋转轴位置结束。

手柄矢量：手柄矢量是从IK控制柄的开始关节引出，到IK控制柄的终止关节（末端效应器）位置结束的一条直线。

末端效应器是创建IK控制柄时自动增加的一个节点，IK控制柄被连接到末端效应器。当调节IK控制柄时，由末端效应器驱动关节链与IK控制柄的运动相匹配。在系统默认设置下，末端效应器被定位在受IK控制柄控制的终止关节位置并处于隐藏状态，末端效应器与终止关节处于同一个骨架层级中。可以通过"大纲视图"窗口或"Hypergraph：层次"窗口来观察和选择末端效应器节点。

极矢量：极矢量可以改变IK链方向的操纵器，同时也可以防止IK链发生意外翻转。

IK链是被IK控制柄控制和影响的关节链。

扭曲操纵器：扭曲操纵器是一种可以扭曲或旋转关节链的操纵器，它位于IK链的终止关节位置。

单击"骨架>创建IK控制柄"命令后面的 ▣ 按钮，打开"IK控制柄工具"的"工具设置"面板，如图9-20所示。

图9-20

【IK控制柄工具参数介绍】

当前解算器：指定被创建的IK控制柄将要使用的解算器类型，共有"旋转平面解算器"和"单链解算器"两种类型。

旋转平面解算器：使用该解算器创建的IK控制柄，将利用旋转平面解算器来计算IK链中所有关节的旋转，但是它并不计算关节链的整体方向。可以使用极矢量和扭曲操纵器来控制关节链的整体方向，如图9-21所示。

图9-21

旋转平面解算器非常适合控制角色手臂或腿部关节链的运动。例如可以在保持腿部髋关节、膝关节和踝关节在同一个平面的前提下,沿手柄矢量为轴自由旋转整个腿部关节链。

单链解算器:使用该解算器创建的IK控制柄,不但可以利用单链解算器来计算IK链中所有关节的旋转,而且也可以利用单链解算器计算关节链的整体方向。也就是说,可以直接使用"旋转工具"对选择的IK单链手柄进行旋转操作来达到改变关节链整体方向的目的,如图9-22所示。

图9-22

IK单链手柄与IK旋转平面手柄之间的区别是,IK单链手柄的末端效应器总是尝试尽量达到IK控制柄的位置和方向,而IK旋转平面手柄的末端效应器只尝试尽量达到IK控制柄的位置。正因为如此,使用IK旋转平面手柄对关节旋转的影响结果是更加可预测的,对于IK旋转平面手柄可以使用极矢量和扭曲操纵器来控制关节链的整体方向。

自动优先级:当选择该选项时,在创建IK控制柄时Maya将自动设置IK控制柄的优先级。Maya是根据IK控制柄的开始关节在骨架层级中的位置来分配IK控制柄优先级的。例如,如果IK控制柄的开始关节是根关节,则优先级被设置为1;如果IK控制柄刚好开始在根关节之下,优先级将被设置为2,以此类推。

只有当一条关节链中有多个(超过一个)IK控制柄的时候,IK控制柄的优先级才是有效的。为IK控制柄分配优先级的目的是确保一个关节链中的多个IK控制柄能按照正确的顺序被解算,以便能得到所希望的动画结果。

解算器启用:当选择该选项时,在创建的IK控制柄上IK解算器将处于激活状态。该选项默认设置为选择状态,以便在创建IK控制柄之后就可以立刻使用IK控制柄摆放关节链到所需要的位置。

捕捉启用:当选择该选项时,创建的IK控制柄将始终捕捉到IK链的终止关节位置,该选项默认设置为选择状态。

粘滞:当选择该选项后,如果使用其他IK控制柄摆放骨架姿势或直接移动、旋转、缩放某个关节时,这个IK控制柄将黏附在当前位置和方向上,如图9-23所示。

图9-23

优先级:该选项可以为关节链中的IK控制柄设置优先级,Maya基于每个IK控制柄在骨架层级中的位置来计算IK控制柄的优先级。优先级为1的IK控制柄将在解算时首先旋转关节;优先级为2的IK控制柄将在优先级为1的IK控制柄之后再旋转关节,以此类推。

权重:为当前IK控制柄设置权重值。该选项对于ikRPsolver(IK旋转平面解算器)和ikSCsolver(IK单链解算器)是无效的。

位置方向权重:指定当前IK控制柄的末端效应器将匹配到目标的位置或方向。当该数值设置为1时,末端效应器将尝试到达IK控制柄的位置;当该数值设置为0时,末端效应器将只尝试到达IK控制柄的方向;当该数值设置为0.5时,末端效应器将尝试达到与IK控制柄位置和方向的平衡。另外,该选项对于ikRPsolver(IK旋转平面解算器)是无效的。

使用"IK控制柄工具"的操作步骤如下。

第1步:打开"IK控制柄工具"的"工具设置"面板,根据实际需要进行相应参数设置后关闭对话框,这时光标将变成十字形。

第2步:用鼠标左键在关节链上单击选择一个关节,此关节将作为创建IK控制柄的开始关节。

第3步：继续用鼠标左键在关节链上单击选择一个关节，此关节将作为创建IK控制柄的终止关节，这时一个IK控制柄将在选择的关节之间被创建，如图9-24所示。

图9-24

4. IK样条线控制柄工具

"IK样条线控制柄工具"可以使用一条NURBS曲线来定位关节链中的所有关节，当操纵曲线时，IK控制柄的IK样条解算器会旋转关节链中的每个关节，所有关节被IK样条控制柄驱动以保持与曲线的跟随。与"IK控制柄工具"不同，IK样条线控制柄不是依靠移动或旋转IK控制柄自身来定位关节链中的每个关节。当为一条关节链创建了IK样条线控制柄之后，可以采用编辑NURBS曲线形状、调节相应操纵器等方法来控制关节链中各个关节的位置和方向。图9-25所示的是IK样条线控制柄的结构。

图9-25

【IK样条线控制柄结构介绍】

开始关节：开始关节是受IK样条线控制柄控制的第1个关节，是IK样条线控制柄开始的地方。开始关节可以是关节链中除末端关节之外的任何关节。

终止关节：终止关节是受IK样条线控制柄控制的最后一个关节，是IK样条线控制柄终止的地方。终止关节可以是关节链中除根关节之外的任何关节。

手柄矢量：手柄矢量是从IK样条线控制柄的开始关节引出，到IK样条线控制柄的终止关节（末端效应器）位置结束的一条直线。

滚动操纵器：滚动操纵器位于开始关节位置，

拖曳滚动操纵器的圆盘可以使IK样条线控制柄的开始关节滚动整个关节链，如图9-26所示。

图9-26

偏移操纵器：偏移操纵器位于开始关节位置，利用偏移操纵器可以沿曲线作为路径滑动开始关节到曲线的不同位置。偏移操纵器只能在曲线两个端点之间的范围内滑动，在滑动过程中，超出曲线终点的关节将以直线形状排列，如图9-27所示。

图9-27

扭曲操纵器：扭曲操纵器位于终止关节位置，用鼠标左键拖曳扭曲操纵器的圆盘，可以从IK样条线控制柄的终止关节扭曲关节链。

技巧与提示

上述IK样条线控制柄的操纵器默认并不显示在场景视图中，如果要调整这些操纵器，可以首先选择IK样条线控制柄，然后在Maya用户界面左侧的"工具箱"中单击"显示操纵器工具"，这样就会在场景视图中显示出IK样条线控制柄的操纵器，用鼠标左键拖曳相应操纵器的控制柄，可以调整关节链，以得到想要的效果。

打开"IK样条线控制柄工具"的"工具设置"面板，如图9-28所示。

图9-28

【IK样条线控制柄工具参数介绍】

根在曲线上： 当选择该选项时，IK样条线控制柄的开始关节会被约束到NURBS曲线上，这时可以拖曳偏移操纵器沿曲线滑动开始关节（和它的子关节）到曲线的不同位置。

技巧与提示

当"根在曲线上"选项为关闭状态时，用户可以移动开始关节离开曲线，开始关节不再被约束到曲线上。Maya将忽略"偏移"属性，并且开始关节位置也不会存在偏移操纵器。

自动创建根轴： 该选项只有在"根在曲线上"选项处于关闭状态时才变为有效。当选择该选项时，在创建IK样条线控制柄的同时也会为开始关节创建一个父变换节点，此父变换节点位于场景层级的上方。

自动将曲线结成父子关系： 如果IK样条线控制柄的开始关节有父物体，选择该选项会使IK样条曲线成为开始关节父物体的子物体，也就是说IK样条曲线与开始关节将处于骨架的同一个层级上。因此IK样条曲线与开始关节（和它的子关节）将跟随其层级上方父物体的变换而做出相应的改变。

技巧与提示

通常在为角色的脊椎或尾部添加IK样条线控制柄时需要选择这个选项，这样可以确保在移动角色根关节时，IK样条曲线也会跟随根关节做出同步改变。

将曲线捕捉到根： 该选项只有在"自动创建根轴"选项处于关闭状态时才有效。当选择该选项时，IK样条曲线的起点将捕捉到开始关节位置，关节链中的各个关节将自动旋转以适应曲线的形状。

技巧与提示

如果想让事先创建的NURBS曲线作为固定的路径，使关节链移动并匹配到曲线上，可以关闭该选项。

自动创建曲线： 当选择该选项时，在创建IK样条线控制柄的同时也会自动创建一条NURBS曲线，该曲线的形状将与关节链的摆放路径相匹配。

技巧与提示

如果选择"自动创建曲线"选项的同时关闭"自动简化曲线"选项，在创建IK样条线控制柄的同时自动创建一条通过此IK链中所有关节的NURBS曲线，该曲线在每个关节位置都会放置一个编辑点。如果IK链中存在有许多关节，那么创建的曲线会非常复杂，这将不利于对曲线的操纵。

如果"自动创建曲线"和"自动简化曲线"选项都处于选择状态，在创建IK样条线控制柄的同时会自动创建一条形状与IK链相似的简化曲线。

当"自动创建曲线"选项为非选择状态时，用户必须事先绘制一条NURBS曲线以满足创建IK样条线控制柄的需要。

自动简化曲线： 该选项只有在"自动创建曲线"选项处于选择状态时才有效。当选择该选项时，在创建IK样条线控制柄的同时会自动创建一条经过简化的NURBS曲线，曲线的简化程度由"跨度数"数值来决定。"跨度数"与曲线上的CV控制点数量相对应，该曲线是具有3次方精度的曲线。

跨度数： 在创建IK样条线控制柄时，该选项用来指定与IK样条线控制柄同时创建的NURBS曲线上CV控制点的数量。

根扭曲模式： 当选择该选项时，可以调节扭曲操纵器在终止关节位置对开始关节和其他关节进行轻微的扭曲操作；当关闭该选项时，调节扭曲操纵器将不会影响开始关节的扭曲，这时如果想要旋转开始关节，必须使用位于开始关节位置的滚动操纵器。

扭曲类型： 指定在关节链中扭曲将如何发生，共有以下4个选项。

线性： 均匀扭曲IK链中的所有部分，这是默认选项。

缓入： 在IK链中的扭曲作用效果由终止关节向开始关节逐渐减弱。

缓出： 在IK链中的扭曲作用效果由开始关节向终止关节逐渐减弱。

缓入缓出： 在IK链中的扭曲作用效果由中间关节向两端逐渐减弱。

9.2 角色蒙皮

所谓"蒙皮"就是"绑定皮肤"，当完成了角色建模、骨架创建和角色装配工作之后，就可以着手对角色模型进行蒙皮操作了。蒙皮就是将角色模型与骨架建立绑定连接关系，使角色模型能够跟随骨架运动产生类似皮肤的变形效果。

蒙皮后的角色模型表面被称为"皮肤"，它可以是NURBS曲面、多边形表面或细分表面。蒙皮后角色模型表面上的点被称为"蒙皮物体点"，它可以是NURBS曲面的CV控制点、多边形表面顶点、细分表面顶点或晶格点。

经过角色蒙皮操作后，就可以为高精度的模型制作动画了。Maya提供了两种类型的蒙皮方式，分别是"绑定蒙皮"和"交互式绑定蒙皮"，它们各自具有不同的特性，分别适合应用不同的情况。

9.2.1 蒙皮前的准备工作

在蒙皮之前，需要充分检查模型和骨架的状态，以保证模型和骨架能正确地绑在一起，这样在以后的动画制作中才不至于出现异常情况。在检查模型时需要从以下3点入手。

第1点：首先要测试的就是角色模型是否适合制作动画，或者说检查角色模型在绑定之后是否能完成预定的动作。模型是否适合制作动画，主要从模型的布线方面进行分析。在动画制作中，凡是角色模型需要弯曲或褶皱的地方都必须要有足够多的线来划分，以供变形处理。在关节位置至少需要3条线的划分，这样才能实现基本的弯曲效果，而在关节处划分的线成扇形分布是比较合理的，如图9-29所示。

检查关节部位的布线是否可以使模型达到变形效果

在关节处划分的线成扇影分布是比较合理的

图9-29

第2点：分析完模型的布线情况后，要检查模型是否"干净整洁"。所谓"干净"是指模型上除了必要的历史信息外，不含无用的历史信息；所谓"整洁"就是要对模型的各个部位进行准确清晰的命名。

技巧与提示

正是由于变形效果是基于历史信息的，所以在绑定或者用变形器变形前都要清除模型上的无用历史信息，以此来保证

变形效果的正常解算。如果需要清除模型的历史信息，可以选择模型后执行"编辑>按类型删除>历史"菜单命令。

要做到模型干净整洁，还需要将模型的变换参数都调整到0，选择模型，执行"修改>冻结变换"菜单命令即可。

第3点：检查骨架系统的设置是否存在问题。各部分骨架是否已经全部正确清晰地进行了命名，这对后面的蒙皮和动画制作有很大的影响，一个不太复杂的人物角色，用于控制其运动的骨架节点也有数十个之多，如果骨架没有清晰的命名而是采用默认的joint1、joint2、joint3方式，那么在编辑蒙皮时，想要找到对应位置的骨架节点就非常困难。所以在蒙皮前，必须对角色的每个骨架节点进行命名。骨架节点的名称没有统一的标准，但要求是看到名称时就能准确找到骨架节点的位置。

9.2.2 绑定蒙皮

"绑定蒙皮"方式能使骨架链中的多个关节共同影响被蒙皮模型表面（皮肤）上同一个蒙皮物体点，提供一种平滑的关节连接变形效果。从理论上讲，一个被绑定蒙皮后的模型表面会受到骨架链中所有关节的共同影响，但在对模型进行蒙皮操作之前，可以利用选项参数设置来决定只有最靠近相应模型表面的几个关节才能对蒙皮物体点产生变形影响。

采用绑定蒙皮方式绑定的模型，其表面上的每个蒙皮物体点可以由多个关节共同影响，而且每个关节对该蒙皮物体点影响力的大小是不同的，这个影响力大小用蒙皮权重来表示，它是在进行绑定皮肤计算时由系统自动分配的。如果一个蒙皮物体点完全受一个关节的影响，那么这个关节对于此蒙皮物体点的影响力最大，此时蒙皮权重数值为1；如果一个蒙皮物体点完全不受一个关节的影响，那么这个关节相对于此蒙皮物体点的影响力最小，此时蒙皮权重数值为0。

技巧与提示

在默认状态下，绑定蒙皮权重的分配是按照标准化原则进行的，所谓权重标准化原则就是无论一个蒙皮物体点受几个关节的共同影响，这些关节对该蒙皮物体点影响力（蒙皮权

重）的总和始终等于1。例如，一个蒙皮物体点同时受两个关节的共同影响，其中一个关节的影响力（蒙皮权重）是0.5，则另一个关节的影响力（蒙皮权重）也是0.5，它们的总和为1；如果将其中一个关节的蒙皮权重修改为0.8，则另一个关节的蒙皮权重会自动调整为0.2，它们的蒙皮权重总和将始终保持为1。

单击"蒙皮>绑定蒙皮"菜单命令后面的 按钮，打开"绑定蒙皮选项"对话框，如图9-30所示。

图9-30

【常用参数介绍】

绑定到：指定平滑蒙皮操作将绑定整个骨架还是只绑定选择的关节，共有以下3个选项。

关节层次：当选择该选项时，选择的模型表面（可变形物体）将被绑定到骨架链中的全部关节上，即使选择了根关节之外的一些关节。该选项是角色蒙皮操作中常用的绑定方式，也是系统默认的选项。

选定关节：当选择该选项时，选择的模型表面（可变形物体）将被绑定到骨架链中选择的关节上，而不是绑定到整个骨架链上。

对象层次：当选择该选项时，这个选择的模型表面（可变形物体）将被绑定到选择的关节或非关节变换节点（如组节点和定位器）的整个层级。只有选择这个选项，才能利用非蒙皮物体（如组节点和定位器）与模型表面（可变形物体）建立绑定关系，使非蒙皮物体能像关节一样影响模型表面，产生类似皮肤的变形效果。

绑定方法：指定关节影响被绑定物体表面上的蒙皮物体点是基于骨架层次还是基于关节与蒙皮物体点的接近程度，共有以下两个选项。

在层次中最近：当选择该选项时，关节的影响基于骨架层次，在角色设置中，通常需要使用这种

绑定方法，因为它能防止产生不适当的关节影响。例如在绑定手指模型和骨架时，使用这个选项可以防止一个手指关节影响与其相邻近的另一个手指上的蒙皮物体点。

最近距离：当选择该选项时，关节的影响基于它与蒙皮物体点的接近程度，当绑定皮肤时，Maya将忽略骨架的层次。因为这个选项能引起不适当的关节影响，所以在角色设置中，通常需要避免使用这种绑定方法。例如在绑定手指模型和骨架时，使用这个选项可能导致一个手指关节影响与其相邻近的另一个手指上的蒙皮物体点。

蒙皮方法：指定希望为选定可变形对象使用哪种蒙皮方法。

经典线性：如果希望得到基本平滑蒙皮变形效果，可以使用该方法。这个方法允许出现一些体积收缩和收拢变形效果。

双四元数：如果希望在扭曲关节周围变形时保持网格中的体积，可以使用该方法。

权重已混合：这种方法基于绘制的顶点权重贴图，是"经典线性"和"双四元数"蒙皮的混合。

规格化权重：设定如何规格化平滑蒙皮权重。

无：禁用平滑蒙皮权重规格化。

交互式：如果希望精确使用输入的权重值，可以选择该模式。当使用该模式时，Maya会从其他影响添加或移除权重，以便所有影响的合计权重为1。

后期：选择该选项时，Maya会延缓规格化计算，直至变形网格。

允许多种绑定姿势：设定是否允许让每个骨架用多个绑定姿势。如果绑定几何体的多个片到同一骨架，该选项非常有用。

最大影响：指定可能影响每个蒙皮物体点的最大关节数量。该选项默认设置为5，对于四足动物角色，这个数值比较合适，如果角色结构比较简单，可以适当减小这个数值，以优化绑定蒙皮计算的数据量，提高工作效率。

保持最大影响：选择该选项后，平滑蒙皮几何体在任何时候都不能具有比"最大影响"指定数量更大的影响数量。

移除未使用的影响：当选择该选项时，绑定蒙

皮皮肤后可以断开所有蒙皮权重值为0的关节和蒙皮物体点之间的关联，避免Maya对这些无关数据进行检测计算。当想要减少场景数据的计算量、提高场景播放速度时，选择该选项将非常有用。

为骨架上色： 当选择该选项时，被绑定的骨架和蒙皮物体点将变成彩色，使蒙皮物体点显示出与影响它们的关节和骨头相同的颜色。这样可以很直观地区分不同关节和骨头在被绑定可变形物体表面上的影响范围，如图9-31所示。

图9-31

在创建时包含隐藏的选择： 打开该选项使绑定包含不可见的几何体，因为默认情况下，绑定方法必须具有可见的几何体才能成功完成绑定。

衰减速率： 指定每个关节对蒙皮物体点的影响随着点到关节距离的增加而逐渐减小的速度。该选项数值越大，影响减小的速度越慢，关节对蒙皮物体点的影响范围也越大；该选项数值越小，影响减小的速度越快，关节对蒙皮物体点的影响范围也越小，如图9-32所示。

图9-32

9.2.3 交互式绑定蒙皮

"交互式绑定蒙皮"可以通过一个包裹物体来实时改变绑定的权重分配，这样可以大大减少权重分配的工作量。打开"交互式绑定蒙皮选项"对话框，如图9-33所示。

图9-33

> **技巧与提示**
> "交互式绑定蒙皮选项"对话框中的参数与"绑定蒙皮选项"对话框中的参数基本一致，这里不再重复介绍。

9.2.4 绘制蒙皮权重工具

"绘制蒙皮权重工具"提供了一种直观的编辑平滑蒙皮权重的方法，让用户可以采用涂抹绘画的方式直接在被绑定物体表面修改蒙皮权重值，并能实时观察到修改结果。这是一种十分有效的工具，也是在编辑平滑蒙皮权重工作中主要使用的工具。它虽然没有"组件编辑器"输入的权重数值精确，但是可以在蒙皮物体表面快速、高效地调整出合理的权重分布数值，以获得理想的平滑蒙皮变形效果，如图9-34所示。

单击"蒙皮>绘制蒙皮权重工具"菜单命令后面的■按钮，打开该工具的"工具设置"面板，如图9-35所示。该对话框分为"影响""渐变""笔划""光笔压力"和"显示"5个卷展栏。

图9-34   图9-35

1.影响

展开"影响"卷展栏，该卷展栏中提供了很多绘制权重的工具和属性，如图9-36所示。

图9-36

【常用参数介绍】

排序：在影响列表中设定关节的显示方式，共有以下3种方式。

按字母顺序：按字母顺序对关节名称排序。

按层次：按层次（父子层次）对关节名称排序。

平板：按层次对关节名称排序，但是将其显示在平板列表中。

重置为默认值■：将"影响"列表重置为默认大小。

展开影响列表■：展开"影响"列表，并显示更多行。

收拢影响列表■：收缩"影响"列表，并显示更少行。

影响：这个列表显示绑定到选定网格的所有影响的列表。例如，影响选定角色网格蒙皮权重的所有关节。

过滤器▭：输入文本以过滤在列表中显示的影响。这样可以更轻松地查找和选择要处理的影响，尤其是在处理具有复杂的装配时很实用。例如，输入"r_*"，可以只列出前缀为"r_"的那些影响。

复制选定顶点的权重■：选择顶点后，单击该按钮可以复制选定顶点的权重值。

将复制的权重粘贴到选定顶点上■：复制选定顶点的权重以后，单击该按钮可以将复制的顶点权重值粘贴到其他选定顶点上。

权重锤■：单击该按钮可以修复其权重导致网格上出现不希望变形的选定顶点。Maya为选定顶点指定与其相邻顶点相同的权重值，从而可以形成更平滑的变形。

将权重移到选定影响■：单击该按钮可以将选定顶点的权重值从其当前影响移动到选定影响。

显示对选定顶点的影响■：单击该按钮可以选择影响到选定顶点的所有影响。这样可以帮助用户解决网格区域中出现异常变形的疑难问题。

显示选定项■：单击该按钮可以自动浏览影响列表，以显示选定影响。在处理具有多个影响的复杂角色时，该按钮非常有用。

反选■：单击按钮可快速反选要在列表中选定的影响。

模式：在绘制模式之间进行切换。

绘制：选择该选项时，可以通过在顶点绘制值来设定权重。

选择：选择该选项时，可以从绘制蒙皮权重切换到选择蒙皮点和影响。对于多个蒙皮权重任务，例如修复平滑权重和将权重移动到其他影响，该模式非常重要。

绘制选择：选择该选项时，可以绘制选择顶点。

绘制选择：通过后面的3个附加选项可以设定绘制时是否向选择中添加或从选择中移除顶点。

添加：选择该选项时，绘制将向选择添加顶点。

移除：选择该选项时，绘制将向选择移除顶点。

切换：选择该选项时，绘制将切换顶点的选择。绘制时，从选择中移除选定顶点并添加取消选择的顶点。

选择几何体▭：单击该按钮可以快速选择整个网格。

绘制操作：设置影响的绘制方式。

替换：笔刷笔划将使用为笔刷设定的权重替换蒙皮权重。

添加：笔刷笔划将增大附近关节的影响。

缩放：笔刷笔划将减小远处关节的影响。

平滑：笔刷笔划将平滑关节的影响。

剖面：选择笔刷的轮廓样式，有"高斯笔刷"■、"软笔刷"■、"硬笔刷"■、"方形笔刷"■4种样式以及"上一个图像文件"■和"文件浏览器"■2个选项。

权重类型：选择以下两种类型中的一种权重进行绘制。

蒙皮权重：为选定影响绘制基本的蒙皮权重，这是默认设置。

DQ混合权重：选择这个类型来绘制权重值，可以逐顶点控制"经典线性"和"双四元数"蒙皮的混合。

规格化权重：设定如何规格化平滑蒙皮权重。

禁用：禁用平滑蒙皮权重规格化。

交互式：如果希望精确使用输入的权重值，可以选择该模式。当使用该模式时，Maya会从其他影响添加或移除权重，以便所有影响的合计权重为1。

后期：选择该模式时，Maya会延缓规格化计算，直至变形网格。

不透明度：通过设置该选项可以使用同一种笔刷轮廓来产生更多的渐变效果，使笔刷的作用效果更加精细微妙。如果设置该选项数值为0，笔刷将没有任何作用。

值：设定笔刷笔划应用的权重值。

最小值/最大值：设置可能的最小和最大绘制值。默认情况下，可以设置绘制值为0和1之间的值。设置"最小值/最大值"，可以扩大或缩小权重值的范围。

整体应用整体应用：将笔刷设置应用到选定"抖动"变形器的所有权重，结果取决于执行整体应用时定义的笔刷设置。

2.渐变

展开"渐变"卷展栏，如图9-37所示。

图9-37

【常用参数介绍】

使用颜色渐变：选择该选项时，权重值表示为网格的颜色。这样在绘制时可以更容易看到较小的值，并确定在不应对顶点有影响的地方关节是否正在影响顶点。

权重颜色：当选择"使用颜色渐变"选项时，该选项可以用于编辑颜色渐变。

选定颜色：为权重颜色的渐变色标设置颜色。

颜色预设：从预设的3个颜色渐变选项中选择颜色。

3.笔划

展开"笔划"卷展栏，如图9-38所示。

图9-38

【常用参数介绍】

半径（U）：如果用户正在使用一支压感笔，该选项可以为笔刷设定最大的半径值；如果用户只是使用鼠标，该选项可以设置笔刷的半径范围值。当调节滑块时，该值最高可设置为50，但是可以按住B键拖曳鼠标来得到更高的笔刷半径值。

半径（L）：如果用户正在使用一支压感笔，该选项可以为笔刷设定最小的半径值；如果没有使用压感笔，这个属性将不能使用。

屏幕投影：当关闭该选项时（默认设置），笔刷会沿着绘画的表面确定方向；当选择该选项时，笔刷标记将以视图平面作为方向影射到选择的绘画表面。

> **技巧与提示**
>
> 当使用"绘制蒙皮权重工具"涂抹绘画表面权重时，通常需要关闭"屏幕投影"选项。如果被绘制的表面非常复杂，可能需要选择该选项，因为使用该选项会降低系统的执行性能。

镜像：该选项对于"绘制蒙皮权重工具"是无效的，可以使用"蒙皮>编辑平滑蒙皮>镜像蒙皮权重"菜单命令来镜像平滑的蒙皮权重。

图章间距：在被绘制的表面上拖曳鼠标绘制出一个笔划，用笔刷绘制出的笔划是由许多相互交叠的图章组成的。利用这个属性，用户可以设置笔划中的印记将如何重叠。如果设置"图章间距"数值为1，创建笔划中每个图章的边缘刚好彼此接触；设置"图章间距"数值大于1，那么在每个相邻的图章之间会留有空隙；设置"图章间距"数值小于1，图章之间将会重叠，如图9-39所示。

图9-39

图章深度：该选项决定了图章能被投影多远。例如当使用"绘制蒙皮权重工具"在一个有褶皱的表面上绘画时，减小"图章深度"数值，会导致笔刷无法绘制到一些折痕区域的内部。

4.光笔压力

展开"光笔压力"卷展栏，如图9-40所示。

图9-40

【常用参数介绍】

光笔压力：当选择该选项时，可以激活压感笔的压力效果。

压力映射：可以在下拉列表中选择一个选项，来确定压感笔的笔尖压力将会影响的笔刷属性。

5.显示

展开"显示"卷展栏，如图9-41所示。

图9-41

【常用参数介绍】

绘制笔刷：利用这个选项，可以切换"绘制蒙皮权重工具"笔刷在场景视图中的显示和隐藏状态。

绘制时绘制笔刷：当选择该选项时，在绘制的过程中会显示出笔刷轮廓；如果关闭该选项，在绘制的过程中将只显示出笔刷指针而不显示笔刷轮廓。

绘制笔刷切线轮廓：当选择该选项时，在选择的蒙皮表面上移动光标时会显示出笔刷的轮廓，如图9-42所示；如果关闭该选项，将只显示出笔刷指针而不显示笔刷轮廓，如图9-43所示。

图9-42　　　　　　　　　　　图9-43

显示笔刷反馈：当选择该选项时，会显示笔刷的附加信息，以指示出当前笔刷所执行的绘制操作。当用户在"影响"卷展栏下为"绘制操作"选择了不同方式时，显示出的笔刷附加信息也会有所不同，如图9-44所示。

图9-44

显示线框：当选择该选项时，在选择的蒙皮表面上会显示出线框结构，这样可以观察绘画权重的结果，如图9-45所示；关闭该选项时，将不会显示出线框结构，如图9-46所示。

图9-45　　　　　　　　　　　图9-46

颜色反馈：当选择该选项时，在选择的蒙皮表面上将显示出灰度颜色反馈信息，采用这种渐变灰度值来表示蒙皮权重数值的大小，如图9-47所示；当关闭该选项时，将不会显示出灰度颜色反馈信息，如图9-48所示。

图9-47　　　　　　　　　　　图9-48

技巧与提示

当减小蒙皮权重数值时，反馈颜色会变暗；当增大蒙皮权重数值时，反馈颜色会变亮；当蒙皮权重数值为0时，反馈颜色为黑色；当蒙皮权重数值为1时，反馈颜色为白色。

利用"颜色反馈"功能，可以帮助用户查看选择表面上蒙皮权重的分布情况，并能指导用户采用正确的数值绘制蒙皮权重。要在蒙皮表面上显示出颜色反馈信息，必须使模型在场景视图中以平滑实体的方式显示才行。

多色反馈：当选择该选项时，能以多重颜色的方式观察被绑定蒙皮物体表面上绘制蒙皮权重的分配，如图9-49所示。

图9-49

X射线显示关节：在绘制时，以X射线显示关节。

最小颜色：该选项可以设置最小的颜色显示数值。如果蒙皮物体上的权重数值彼此非常接近，使

颜色反馈显示太微妙以至于不易察觉，这时使用该选项将很有用。可以尝试设置不同数值使颜色反馈显示出更大的对比度，为用户进行观察和操作提供方便。

最大颜色：该选项可以设置最大的颜色显示数值，如果蒙皮物体上的权重数值彼此非常接近，使颜色反馈显示太微妙以至于不易察觉，这时可以尝试设置不同数值使颜色反馈显示出更大的对比度，为用户进行观察和操作提供方便。

9.3　综合实例：鲨鱼模型的绑定与编辑

场景位置	Scenes>CH09>9-2.mb
实例位置	Examples>CH09>9.2>9-2.mb
难易指数	★★★★☆
技术掌握	学习绑定NURBS多面片角色模型，编辑角色模型蒙皮变形效果

本例使用绑定的方法对一个NURBS多面片角色模型进行蒙皮操作，如图9-50所示。通过这个实例练习，可以让用户了解蒙皮角色的工作流程和编辑方法，也为用户提供了一种解决NURBS多面片角色模型绑定问题的思路。

图9-50

1.绑定鱼鳍

01 打开学习资源中的"Scenes>CH09>9-2.mb"文件，场景中有一个鲨鱼模型，如图9-51所示。

图9-51

02 打开"大纲视图",选择shark_GEOMETRY节点,接着在"层编辑器"中设置SharkSkinLayer图层的"显示模式"为"正常",如图9-52所示。

图9-52

03 在状态栏中激活"按组件类型选择"按钮███和"选择点组件"按钮▣,如图9-53所示。切换到前视图,接着选择两侧鱼鳍上的控制顶点,如图9-54所示。

图9-53

图9-54

04 在"大纲视图"中加选shark_leftAla和shark_rightAla骨骼,如图9-55所示。执行"蒙皮>绑定蒙皮"菜单命令,效果如图9-56所示。

图9-55

图9-56

05 在"层编辑器"中设置SharkSkeletonLayer图层的"显示模式"为"正常",如图9-57所示。旋转鱼鳍上的骨架,这样鱼鳍模型随即产生旋转,如图9-58所示。

图9-57

图9-58

2.创建晶格变形器

01 在状态栏中激活"按组件类型选择"按钮███和"选择点组件"按钮▣,如图9-59所示。

02 切换到前视图,然后选择鱼身部分的控制点,如图9-60所示。

图9-59

图9-60

技巧与提示

注意,本场景锁定了鲨鱼模型,需要在"层编辑器"中将鲨鱼的层解锁后才可编辑。

03 单击"变形>晶格"菜单命令后面的▣按钮,打开"晶格选项"对话框,然后设置"分段"为(5,5,25),如图9-61所示。接着单击"创建"按钮,完成晶格物体的创建,效果如图9-62所示。

图9-61

图9-62

3.将晶格绑定到骨架上

01 选择鲨鱼骨架链的根关节shark_root,然后按住Shift键加选要绑定的影响晶格物体ffd1Lattice,如图9-63所示。

223

图9-63

02 执行"蒙皮>绑定蒙皮"菜单命令,这样晶格就被绑定到骨架上了,如图9-64所示。

图9-64

03 调整骨架,使鲨鱼模型具有动感的造型,如图9-65所示。

图9-65

9.4 本章小结

本章主要介绍了创建骨架、编辑骨架,以及绑定蒙皮技术。本章的内容都很重要,希望读者仔细领会各项重要绑定技术。

9.5 课后习题:腿部绑定

场景位置	Scenes>CH09>9.3>9-3.mb
实例位置	Examples>CH09>9.3>9-3.mb
难易指数	★★★☆☆
技术掌握	练习腿部骨架绑定的方法

人物骨架的创建、绑定与蒙皮在实际工作中(主要用在动画设定中)会经常遇到,如果要制作人物动画,这些工作是必不可少的。本例就将针对人物腿部骨架的创建方法、骨架与模型的蒙皮方法进行练习。图9-66所示的是本例各种动作的渲染效果。

图9-66

制作提示

本习题制作好的骨架如图9-67所示。

图9-67

第10章

动画技术

本章主要讲解Maya 2016的基础动画，包含关键帧动画、变形动画、受驱动关键帧动画、运动路径动画和约束动画等。这一章虽然是基础动画，但是涵盖的知识涉及了其他应用。

课堂学习目标

掌握时间轴的用法

掌握关键帧动画的设置方法

掌握曲线图编辑器的用法

掌握受驱动关键帧动画的设置方法

掌握运动路径动画的设置方法

掌握约束的使用方法

10.1 动画概述

动画——顾名思义，就是让角色或物体动起来，其英文为Animation。动画与运动是分不开的，因为运动是动画的本质，将多张连续的单帧画面连在一起就形成了动画，如图10-1所示。

图10-1

Maya作为优秀的三维软件之一，为用户提供了一套非常强大的动画系统，如关键帧动画、路径动画、非线性动画、表达式动画和变形动画等。但无论使用哪种方法来制作动画，都需要用户对角色或物体有着仔细的观察和深刻的体会，这样才能制作出生动的动画效果，如图10-2所示。

图10-2

10.2 时间轴

在制作动画时，无论是传统动画的创作还是用三维软件制作动画，时间都是一个难以控制的部分，但是它的重要性是无可比拟的，它存在于动画的任何阶段，通过它可以描述出角色的重量、体积和个性等，而且时间不仅包含于运动当中，同时还能表达出角色的感情。

Maya中的"时间轴"提供了快速访问时间和关键帧设置的工具，包括"时间滑块"，"时间范围滑块"和"播放控制器"等，这些工具可以从"时间轴"中快速地进行访问和调整，如图10-3所示。

时间范围滑块
设置播放范围的开始时间
设置动画的开始时间
设置播放范围的结束时间
动画首选项
设置当前时间
设置动画的结束时间

图10-3

10.2.1 时间滑块

"时间滑块"可以控制动画的播放范围、关键帧（红色线条显示）和播放范围内的受控制帧，如图10-4所示。

关键帧标记　　　当前时间

图10-4

技巧与提示

在"时间滑块"上的任意位置单击鼠标左键，即可改变当前时间，场景会跳到动画的该时间处。

按住K键，然后在视图中按住鼠标左键水平拖曳鼠标，场景动画便会随光标的移动而不断更新。

按住Shift键在"时间滑块"上单击鼠标左键并在水平位置拖曳出一个红色的范围，选择的时间范围会以红色显示出来，如图10-5所示。水平拖曳选择区域两端的箭头，可以缩放选择区域；水平拖曳选择区域中间的双箭头，可以移动选择区域。

缩放区域箭头　移动区域箭头　缩放区域箭头

图10-5

10.2.2 时间范围滑块

"时间范围滑块"用来控制动画的播放范围，如图10-6所示。

时间范围滑块
设置播放范围的开始时间
设置动画的开始时间
设置播放范围的结束时间
设置动画的结束时间

图10-6

"时间范围滑块"的用法有以下3种。

第1种：拖曳"时间范围滑块"可以改变播放范围。

第2种：拖曳"时间范围滑块"两端的█按钮可以缩放播放范围。

第3种：双击"时间范围滑块"，播放范围会变成动画开始时间数值框和动画结束时间数值框中的数值的范围，再次双击，可以返回先前的播放范围。

10.2.3 播放控制器

"播放控制器"主要用来控制动画的播放状态，如图10-7所示。各按钮及功能如表10-1所示。

图10-7

表10-1

按钮	作用	默认快捷键
	转至播放范围开头	无
	后退一帧	Alt+,
	后退到前一关键帧	,
	向后播放	无
	向前播放	Alt+V，按Esc键可以停止播放
	前进到下一关键帧	。
	前进一帧	Alt+。
	转至播放范围末尾	无

10.2.4 动画控制菜单

在"时间滑块"的任意位置单击鼠标右键，会弹出动画控制菜单，如图10-8所示。该菜单中的命令主要用于操作当前选择对象的关键帧。

图10-8

10.2.5 动画首选项

在"时间轴"右侧单击"动画首选项"按钮，或执行"窗口>设置/首选项>首选项"菜单命令，打开"首选项"对话框，在该对话框中可以设置动画和时间滑块的首选项，如图10-9所示。

图10-9

10.3 关键帧动画

在Maya动画系统中，使用最多的就是关键帧动画。所谓关键帧动画，就是在不同的时间（或帧）将能体现动画物体动作特征的一系列属性采用关键帧的方式记录下来，并根据不同关键帧之间的动作（属性值）差异自动进行中间帧的插入计算，最终生成一段完整的关键帧动画，如图10-10所示。

图10-10

为物体属性设置关键帧的方法有很多，下面介绍几种常用的方法。

10.3.1 设置关键帧

切换到"动画"模块，执行"动画>设置关键帧"菜单命令，可以完成一个关键帧的记录。用该命令设置关键帧的步骤如下。

第1步：用鼠标左键在拖曳时间滑块确定要记录关键帧的位置。

第2步：选择要设置关键帧的物体，修改相应的物体属性。

第3步：执行"动画>设置关键帧"菜单命令或按S键，为当前属性记录一个关键帧。

技巧与提示

通过这种方法设置的关键帧，在当前时间选择物体的属性值将始终保持一个固定不变的状态，直到再次修改该属性值并重新设置关键帧。如果要继续在不同的时间为物体属性设置关键帧，可以重复执行以上操作。

单击"动画>设置关键帧"菜单命令后面的按钮，打开"设置关键帧选项"对话框，如图10-11所示。

图10-11

【常用参数介绍】

在以下对象上设置关键帧：指定将在哪些属性上设置关键帧，共提供了以下4个选项。

所有操纵器控制柄和可设置关键帧的属性：当选择该选项时，将为当前操纵器和选择物体的所有可设置关键帧属性记录一个关键帧，这是默认选项。

所有可设置关键帧的属性：当选择该选项时，将为选择物体的所有可设置关键帧属性记录一个关键帧。

所有操纵器控制柄：当选择该选项时，将为选择操纵器所影响的属性记录一个关键帧。例如，当使用"旋转工具"时，将只会为"旋转X""旋转Y"和"旋转Z"属性记录一个关键帧。

当前操纵器控制柄：当选择该选项时，将为选择操纵器控制柄所影响的属性记录一个关键帧。例如，当使用"旋转工具"操纵器的y轴手柄时，将只会为"旋转Y"属性记录一个关键帧。

在以下位置设置关键帧：指定在设置关键帧时将采用何种方式确定时间，提供了以下两个选项。

当前时间：当选择该选项时，只在当前时间位置记录关键帧。

提示：当选择该选项时，在执行"设置关键帧"按钮 设置关键帧 时会打开"设置关键帧"对话框，询问在何处设置关键帧，如图10-12所示。

图10-12

设置IK/FK关键帧：当选择该选项，在为一个带有IK手柄的关节链设置关键帧时，能为IK手柄的所有属性和关节链的所有关节记录关键帧，它能够创建平滑的IK/FK动画。只有当"所有可设置关键帧的属性"选项处于选择状态时，这个选项才会有效。

设置FullBodyIK关键帧：当选择该选项，可以为全身的IK记录关键帧，一般保持默认设置。

层次：指定在有组层级或父子关系层级的物体中，将采用何种方式关键帧，提供了以下两个选项。

选定：当选择该选项时，将只在选择物体的属性上设置关键帧。

下方：当选择该选项时，将在选择物体和它的子物体属性上设置关键帧。

通道：指定将采用何种方式为选择物体的通道设置关键帧，提供了以下两个选项。

所有可设置关键帧：当选择该选项时，将在选择物体所有的可设置关键帧通道上记录关键帧。

来自通道盒：当选择该选项时，将只为当前物体从"通道盒/层编辑器"中选择的属性通道设置关键帧。

控制点：当选择该选项时，将在选择物体的控制点上设置关键帧。这里所说的控制点可以是NURBS曲面的CV控制点、多边形表面顶点或晶格点。如果在要设置关键帧的物体上存在有许多的控制点，Maya将会记录大量的关键帧，这样会降低Maya的操作性能，所以只有当非常有必要时才打开这个选项。

技巧与提示

请特别注意，当为物体的控制点设置了关键帧后，如果删除物体构造历史，将导致动画不能正确工作。

形状：当选择该选项时，将在选择物体的形状节点和变换节点设置关键帧；如果关闭该选项，将只在选择物体的变换节点设置关键帧。

10.3.2 设置变换关键帧

"关键帧"菜单中的"设置平移关键帧" 、"设置旋转关键帧" 和"设置缩放关键帧" ，可以为选择对象的相关属性设置关键帧，如图10-13所示。

图10-13

【设置变换关键帧的命令介绍】

设置平移关键帧：只为平移属性设置关键帧，快捷键为Shift+W。

设置旋转关键帧：只为旋转属性设置关键帧，快捷键为Shift+E。

设置缩放关键帧：只为缩放属性设置关键帧，快捷键为Shift+R。

10.3.3 自动关键帧

利用"时间轴"右侧的"自动关键帧切换"按钮，可以为物体属性自动记录关键帧。这样只需要改变当前时间和调整物体属性数值，省去了每次执行"设置关键帧"命令的麻烦。在使用自动设置关键帧功能之前，必须先采用手动方式为要制作动画的属性设置一个关键帧，之后自动设置关键帧功能才会发挥作用。

为物体属性自动记录关键帧的操作步骤如下。

第1步：先采用手动方式为要制作动画的物体属性设置一个关键帧。

第2步：单击"自动关键帧切换"按钮，使该按钮处于开启状态。

第3步：用鼠标左键在"时间轴"上拖曳时间滑块，确定要记录关键帧的位置。

第4步：改变先前已经设置了关键帧的物体属性数值，这时在当前时间位置会自动记录一个关键帧。

技巧与提示

如果要继续在不同的时间为物体属性设置关键帧，可以重复执行步骤3和步骤4的操作，直到再次单击"自动关键帧切换"按钮，使该按钮处于关闭状态，结束自动记录关键帧操作。

10.3.4 在通道盒中设置关键帧

在"通道盒/层编辑器"中设置关键帧是最常用的一种方法，这种方法十分简便，控制起来也很容易，其操作步骤如下。

第1步：用鼠标左键在"时间轴"上拖动时间滑块确定要记录关键帧的位置。

第2步：选择要设置关键帧的物体，修改相应的物体属性。

第3步：在"通道盒/层编辑器"中选择要设置关键帧的属性名称。

第4步：在属性名称上单击鼠标右键，然后在弹出的菜单中选择"为选定项设置关键帧"命令，如图10-14所示。

图10-14

技巧与提示

也可以在弹出的菜单中选择"为所有可设置关键帧的项设置关键帧"命令，为"通道盒/层编辑器"中的所有属性设置关键帧。

课堂案例

为对象设置关键帧	
场景位置	Scenes>CH10>10-1.mb
实例位置	Examples>CH10>10.1>10-1.mb
难易指数	★☆☆☆☆
技术掌握	掌握为对象的属性设置关键帧的方法

本例用关键帧技术制作帆船平移动画，效果如图10-15所示。

图10-15

01 打开学习资源中的"Scenes>CH10>10-1.mb"文件，场景中有一艘帆船模型，如图10-16所示。

图10-16

02 选择帆船模型，保持时间滑块在第1帧，在"通道盒/层编辑器"中的"平移X"属性上单击鼠标右键，接着在打开的菜单中选择"为选定项设置关键帧"命令，记录下当前时间"平移X"属性的关键帧，如图10-17所示。

03 将时间滑块拖曳到第24帧，设置"平移X"为40，并在该属性上单击鼠标右键，接着在打开的菜单中选择"为选定项设置关键帧"命令，记录下当前时间"平移X"属性的关键帧，如图10-18所示。

图10-17　　　　　　　图10-18

04 单击"向前播放"按钮▶，可以观察到帆船已经在移动了。

技巧与提示

若要取消没有受到影响的关键帧属性，可以执行"编辑>按类型删除>静态通道"菜单命令，删除没有用处的关键帧。例如，在图10-19中，为所有属性都设置了关键帧，而实际起作用的只有"平移X"属性，执行"静态通道"命令后，就只保留为"平移X"属性设置的关键帧，如图10-20所示。

图10-19　　　　　　　图10-20

若要删除已经设置好的关键帧，可以先选中对象，然后执行"编辑>按类型删除>通道"菜单命令，或在"时间轴"上选中要删除的关键帧，接着单击鼠标右键，在弹出的菜单中选择"删除"命令即可。

10.4　曲线图编辑器

"曲线图编辑器"是一个功能强大的关键帧动画编辑窗口。在Maya中，所有与编辑关键帧和动画曲线相关的工作几乎都可以利用"曲线图编辑器"来完成。

"曲线图编辑器"能让用户以曲线图表的方式形象化地观察和操纵动画曲线。所谓动画曲线，就是在不同时间为动画物体的属性值设置关键帧，并通过在关键帧之间连接曲线段形成一条能够反映动画时间与属性值对应关系的曲线。利用"曲线图编辑器"提供的各种工具和命令，可以对场景中动画物体上现有的动画曲线进行精确细致的编辑调整，最终创造出更加令人满意的关键帧动画效果。

执行"窗口>动画编辑器>曲线图编辑器"菜单命令，打开"曲线图编辑器"，如图10-21所示。

"曲线图编辑器"由菜单栏、工具栏、大纲列表和曲线图表视图4部分组成。

图10-21

10.4.1　工具栏

为了节省操作时间，提高工作效率，Maya在"曲线图编辑器"中增加了工具栏，如图10-22所示。工具栏中的多数工具按钮都可以在菜单栏的各个菜单中找到，因为在编辑动画曲线时这些命令和工具的使用频率很高，所以把它们做成工具按钮放在工具栏中。

图10-22

【曲线图编辑器工具介绍】

移动最近拾取的关键帧工具：使用这个工具，可以让用户利用鼠标中键在激活的动画曲线上直接拾取并拖曳一个最靠近的关键帧或切线手柄。用户不必精确选择它们就能够自由改变关键帧的位置和切线手柄的角度。

插入关键帧工具：使用这个工具，可以在现有动画曲线上插入新的关键帧。首先用鼠标左键单击一条要插入关键帧的动画曲线，使该曲线处于激活状态，然后拖曳鼠标中键确定在曲线上要插入关键帧的位置，当找到理想位置后松开鼠标中键，完成一个新关键帧的插入。新关键帧的切线将保持原有动画曲线的形状不被改变。

晶格变形关键帧：使用这个工具，可以在曲线图表视图中操纵动画曲线。该工具可以让用户围绕选择的一组关键帧周围创建"晶格"变形器，通过调节晶格操纵手柄，可以一次操纵许多个关键帧。这个工具提供了一种高级的控制动画曲线方式。

关键帧状态数值输入框：这个关键帧状态数值输入框能显示出选择关键帧的时间值

和属性值，用户也可以通过键盘输入数值的方式来编辑当前选择关键帧的时间值和属性值。

框显全部：激活该按钮，可以使所有动画曲线都能最大化显示在"曲线图编辑器"中。

框显播放范围：激活该按钮，可以使在"时间轴"定义的播放时间范围能最大化显示在"曲线图编辑器"中。

使视图围绕当前时间居中：激活该按钮，将在曲线图表视图的中间位置显示当前时间。

自动切线：该工具会根据相邻关键帧值将帧之间的曲线值钳制为最大点或最小点。

样条线切线：用该工具可以为选择的关键帧指定一种样条切线方式，这种方式能在选择关键帧的前后两侧创建平滑动画曲线。

钳制切线：用该工具可以为选择的关键帧指定一种钳制切线方式，这种方式创建的动画曲线同时具有样条线切线方式和线性切线方式的特征。当两个相邻关键帧的属性值非常接近时，关键帧的切线方式为线性；当两个相邻关键帧的属性值相差很大时，关键帧的切线方式为样条线。

线性切线：用该工具可以为选择的关键帧指定一种线性切线方式，这种方式使两个关键帧之间以直线连接。如果入切线的类型为线性，在关键帧之前的动画曲线段是直线；如果出切线的类型为线性，在关键帧之后的动画曲线段是直线。线性切线方式适用于表现匀速运动或变化的物体动画。

平坦切线：用该工具可以为选择的关键帧指定一种平直切线方式，这种方式创建的动画曲线在选择关键帧上入切线和出切线手柄是水平放置的。平直切线方式适用于表现存在加速和减速变化的动画效果。

阶跃切线：用该工具可以为选择的关键帧指定一种阶梯切线方式，这种方式创建的动画曲线在选择关键帧的出切线位置为直线，这条直线会在水平方向一直延伸到下一个关键帧位置，并突然改变为下一个关键帧的属性值。阶梯切线方式适用于表现瞬间突然变化的动画效果，如电灯的打开与关闭。

高原切线：用该工具可以为选择的关键帧指定一种高原切线方式，这种方式可以强制创建的动画曲线不超过关键帧属性值的范围。当想要在动画曲线上保持精确的关键帧位置时，这种切线方式是非常有用的。

缓冲区曲线快照：单击该工具，可以为当前动画曲线形状捕捉一个快照。通过与"交换缓冲区曲线"工具配合使用，可以在当前曲线和快照曲线之间进行切换，用来比较当前动画曲线和先前动画曲线的形状。

交换缓冲区曲线：单击该工具，可以在原始动画曲线（即缓冲区曲线快照）与当前动画曲线之间进行切换，同时也可以编辑曲线。利用这项功能，可以测试和比较两种动画效果的不同之处。

断开切线：用该工具单击选择的关键帧，可以将切线手柄在关键帧位置打断，这样允许单独操作一个关键帧的入切线手柄或出切线手柄，使进入和退出关键帧的动画曲线段彼此互不影响。

统一切线：用该工具单击选择的关键帧，在单独调整关键帧任何一侧的切线手柄之后，仍然能保持另一侧切线手柄的相对位置。

自由切线权重：当移动切线手柄时，用该工具可以同时改变切线的角度和权重。该工具仅应用于权重动画曲线。

锁定切线权重：当移动切线手柄时，用该工具只能改变切线的角度，而不能影响动画曲线的切线权重。该工具仅应用于权重动画曲线。

自动加载曲线图编辑器开/关：激活该工具后，每次在场景视图中改变选择的物体时，在"曲线图编辑器"中显示的物体和动画曲线也会自动更新。

从当前选择加载曲线图编辑器：激活该工具后，可以使用手动方式将在场景视图中选择的物体载入"曲线图编辑器"中显示。

时间捕捉开/关：激活该工具后，在曲线图表视图中移动关键帧时，将强迫关键帧捕捉到与其最接近的整数时间单位值位置，这是默认设置。

值捕捉开/关：激活该工具后，在曲线图表视图中移动关键帧时，将强迫关键帧捕捉到与其最接近的整数属性值位置。

启用规格化曲线显示：用该工具可以按比例缩减大的关键帧值或提高小的关键帧值，以使整条动画曲线沿属性数值轴向适配到-1~1的范围内。当想要查看、比较或编辑相关的动画曲线时，该工具非常有用。

禁用规格化曲线显示：用该工具可以为选择的动画曲线关闭标准化设置。当曲线返回到非标准化状态时，动画曲线将退回它们的原始范围。

重新规格化曲线：缩放当前显示在图表视图中的所有选定曲线，以适配在-1~1的范围内。

启用堆叠的曲线显示：激活该工具后，每个曲线均会使用其自身的值轴显示。默认情况下，该值已规格化为-1~1的值。

禁用堆叠的曲线显示：激活该工具后，可以不显示堆叠的曲线。

前方无限循环：在动画范围之外无限重复动画曲线的复制。

前方无限循环加偏移：在动画范围之外无限重复动画曲线的复制，并且循环曲线最后一个关键帧值将添加到原始曲线第1个关键帧值的位置。

后方无限循环：在动画范围之内无限重复动画曲线的复制。

后方无限循环加偏移：在动画范围之内无限重复动画曲线的复制，并且循环曲线最后一个关键帧值将添加到原始曲线第1个关键帧值的位置。

打开摄影表：单击该按钮，可以快速打开"摄影表"，并载入当前物体的动画关键帧，如图10-23所示。

图10-23

打开Trax编辑器：单击该按钮，可以快速打开"Trax编辑器"，并载入当前物体的动画片段，如图10-24所示。

图10-24

技巧与提示

"曲线图编辑器"中的菜单栏就不介绍了，这些菜单中的命令的用法大多与工具栏中的工具相同。

10.4.2 大纲列表

"曲线图编辑器"的大纲列表与执行"窗口>大纲视图"菜单命令打开的"大纲视图"窗口有许多共同的特性。大纲列表中显示动画物体的相关节点。如果在大纲列表中选择一个动画节点，该节点的所有动画曲线将显示在曲线图表视图中，如图10-25所示。

图10-25

10.4.3 曲线图表视图

在"曲线图编辑器"的曲线图表视图中，可以显示和编辑动画曲线段、关键帧和关键帧切线。如果在曲线图表视图中的任何位置单击鼠标右键，还会弹出一个快捷菜单，这个菜单中包含与"曲线图编辑器"的菜单栏相同的命令，如图10-26所示。

图10-26

技巧与提示

一些操作3D场景视图的快捷键在"曲线图编辑器"的曲线图表视图中仍然适用，这些快捷键及其功能如下。

按住Alt键在曲线图表视图中沿任意方向拖曳鼠标中键，可以平移视图。

按住Alt在曲线图表视图中拖曳鼠标右键或同时拖动鼠标的左键和中键，可以推拉视图。

按住快捷键Shift+Alt在曲线图表视图中沿水平或垂直方向拖曳鼠标中键，可以在单方向上平移视图。

按住快捷键Shift+Alt在曲线图表视图中沿水平或垂直方向拖曳鼠标右键或同时拖动鼠标的左键和中键，可以缩放视图。

课堂案例

用曲线图制作重影动画

场景位置	Scenes>CH10>10-2.mb
实例位置	Examples>CH10.2>10-2.mb
难易指数	★★☆☆☆
技术掌握	掌握调整运动曲线的方法

本例用"曲线图编辑器"制作重影动画，效果如图10-27所示。

图10-27

01 打开学习资源中的"Scenes>CH10>10-2.mb"文件,场景中有一个人物模型,如图10-28所示。

图10-28

02 在"大纲视图"中选择run1_skin(即人体模型)节点,单击"可视化>创建动画快照"菜单命令后面的■按钮,打开"动画快照选项"对话框,设置"结束时间"为50,"增量"为5,如图10-29所示,效果如图10-30所示。

图10-29

图10-30

03 在"大纲视图"中选择root骨架,然后打开"曲线图编辑器",选择"平移Z"节点,显示出z轴的运动曲线,如图10-31所示。

图10-31

04 在"曲线图编辑器"中,执行"曲线>简化曲线"菜单命令,以简化曲线,这样就可以很方便地通过调整曲线来改变人体的运动状态,如图10-32所示。选择曲线上所有的关键帧,如图10-33所示。接着单击工具栏中的"平坦切线"按钮■,使关键帧曲线都变成平直的切线,如图10-34所示。

图10-32

图10-33

图10-34

05 选择root骨架,然后执行"可视化>创建可编辑的运动轨迹"菜单命令,创建一条运动轨迹,如图10-35所示。

图10-35

06 在"曲线图编辑器"中,对"平移 Z"的运动曲线进行调整(多余的关键帧可按Delete键删除),这样就可以通过编辑运动曲线来控制人体的运动,调整好的曲线形状如图10-36所示。效果如图10-37所示。

图10-36

图10-37

07 在"大纲视图"中，选择run1_skin节点，单击"可视化>创建动画快照"命令后面的▣按钮，接着在打开的"动画快照选项"对话框中，设置"结束时间"为70，"增量"为5，单击"快照"按钮 快照 ，如图10-38所示。效果如图10-39所示。

图10-38   图10-39

08 通过观察可以发现，有几个快照模型的运动方向不正确，如图10-40所示。选择root骨架，然后将关键帧拖曳到出问题的时间点上，接着调整骨架的方向，使人物的运动方向正确，如图10-41所示。

图10-40   图10-41

09 调整完成后，快照模型会随即与原始模型同步，如图10-42所示。使用同样的方法，对其他有问题的快照模型进行调整，效果如图10-43所示。

图10-42   图10-43

10.5 受驱动关键帧动画

　　"受驱动关键帧"是Maya中一种特殊的关键帧，利用受驱动关键帧功能，可以将一个物体的属性与另一个物体属性建立连接关系，通过改变一个物体的属性值来驱动另一个物体属性值发生相应的改变。其中，能主动驱使其他物体属性发生变化的物体被称为驱动物体，而受其他物体属性影响的物体被称为被驱动物体。

　　执行"动画>设置受驱动关键帧>设置"菜单命令，打开"设置受驱动关键帧"对话框，该对话框由菜单栏、驱动列表和功能按钮3部分组成，如图10-44所示。为物体属性设置驱受动关键帧的工作主要在"设置受驱动关键帧"对话框中完成。

菜单栏

驱动列表

功能按钮

图10-44

🐾 **技巧与提示**

　　受驱动关键帧与正常关键帧的区别在于，正常关键帧是在不同时间值位置为物体的属性值设置关键帧，通过改变时间值使物体属性值发生变化。而受驱动关键帧是在驱动物体不同的属性值位置为被驱动物体的属性值设置关键帧，通过改变驱动物体属性值使被驱动物体属性值发生变化。

　　正常关键帧与时间相关，驱动关键帧与时间无关。当创建了受驱动关键帧之后，可以在"曲线图编辑器"中查看和编辑受驱动关键帧的动画曲线，这条动画曲线描述了驱动与被驱动物体之间的属性连接关系。

　　对于正常关键帧，在曲线图表视图中的水平轴向表示时间值，垂直轴向表示物体属性；但对于受驱动关键帧，在曲线图表视图中的水平轴向表示驱动物体的属性值，垂直轴向表示被驱动物体的属性值。

　　受驱动关键帧功能不只限于一对一的控制方式，可以使用多个驱动物体属性控制同一个被驱动物体属性，也可以使用一个驱动物体属性控制多个被驱动物体属性。

10.5.1 驱动列表

驱动列表中包含"驱动者"和"受驱动"，便于用户设置"驱动者"和"受驱动"之间的关联。

1.驱动者

"驱动者"列表由左、右两个列表框组成。左侧的列表框中将显示驱动物体的名称，右侧的列表框中将显示驱动物体的可设置关键帧属性。可以从右侧列表框中选择一个属性，该属性将作为设置受驱动关键帧时的驱动属性。

2.受驱动

"受驱动"列表由左、右两个列表框组成。左侧的列表框中将显示被驱动物体的名称，右侧的列表框中将显示被驱动物体的可设置关键帧属性。可以从右侧列表框中选择一个属性，该属性将作为设置受驱动关键帧时的被驱动属性。

10.5.2 菜单栏

"设置受驱动关键帧"对话框的菜单栏中包括"加载""选项""关键帧""选择"和"帮助"这5个菜单，如图10-45所示。下面简要介绍各菜单中命令的功能。

图10-45

1.加载

"加载"菜单包含3个命令，如图10-46所示。

图10-46

【加载菜单命令介绍】

作为驱动者选择：设置当前选择的物体将作为驱动物体被载入"驱动者"列表中。该命令与下面的"加载驱动者"按钮的功能相同。

作为受驱动项选择：设置当前选择的物体将作为被驱动物体被载入"受驱动"列表中。该命令与下面的"加载受驱动项"按钮的功能相同。

当前驱动者：执行该命令，可以从"驱动者"列表中删除当前的驱动物体和属性。

2.选项

"选项"菜单包含5个命令，如图10-47所示。

图10-47

【选项菜单命令介绍】

通道名称：设置右侧列表中属性的显示方式，共有"易读""长"和"短"3种方式。选择"易读"方式，属性将显示为中文，如图10-48所示；选择"长"方式，属性将显示为最全的英文，如图10-49所示；选择"短"方式，属性将显示为缩写的英文，如图10-50所示。

图10-48　　　　图10-49　　　　图10-50

加载时清除：当选择该选项时，在加载驱动或被驱动物体时，将删除"驱动者"或"受驱动"列表中的当前内容；如果关闭该选项，在加载驱动或被驱动物体时，将添加当前物体到"驱动者"或"受驱动"列表中。

加载形状：当选择该选项时，只有被加载物体的形状节点属性会出现在"驱动者"或"受驱动"列表窗口右侧的列表框中；如果关闭该选项，只有被加载物体的变换节点属性会出现在"驱动者"或"受驱动"列表窗口右侧的列表框中。

自动选择：当选择该选项时，如果在"设置受驱动关键帧"对话框中选择一个驱动或被驱动物体名称，在场景视图中将自动选择该物体；如果关闭该选项，当在"设置受驱动关键帧"对话框中选择一个驱动或被驱动物体名称，在场景视图中将不会选择该物体。

列出可设置关键帧的受驱动属性： 当选择该选项时，只有被载入物体的可设置关键帧属性会出现在"驱动者"列表窗口右侧的列表框中；如果关闭该选项，被载入物体的所有可设置关键帧属性和不可设置关键帧属性都会出现在"受驱动"列表窗口右侧的列表框中。

3.关键帧

"关键帧"菜单包含3个命令，如图10-51所示。

图10-51

【关键帧菜单命令介绍】

设置： 执行该命令，可以使用当前数值连接选择的驱动与被驱动物体属性。该命令与下面的"关键帧"按钮的功能相同。

转到上/下一个： 执行这两个命令，可以周期性循环显示当前选择物体的驱动或被驱动属性值。利用这两个功能，可以查看物体在每一个驱动关键帧所处的状态。

4.选择

"选择"菜单只包含一个"受驱动项目"命令，如图10-52所示。在场景视图中选择被驱动物体，这个物体就是在"受驱动"窗口左侧列表框中选择的物体。例如，如果在"受驱动"窗口左侧列表框中选择名称为nurbsCylinder1的物体，执行"选择>受驱动项目"命令，可以在场景视图中选择这个名称为nurbsCylinder1的被驱动物体。

受驱动项目

图10-52

10.5.3 功能按钮

"设置受驱动关键帧"对话框下面的几个功能按钮非常重要，设置受驱动关键帧动画基本都靠这几个按钮来完成，如图10-53所示。

关键帧	加载驱动者	加载受驱动项	关闭

图10-53

【设置受驱动关键帧按钮介绍】

关键帧 `关键帧`：只有在"驱动者"和"受驱动"窗口右侧列表框中选择了要设置驱动关键帧的物体属性之后，该按钮才可用。单击该按钮，可以使用当前数值连接选择的驱动与被驱动物体属性，即为选择物体属性设置一个受驱动关键帧。

加载驱动者 `加载驱动者`：单击该按钮，将当前选择的物体作为驱动物体加载到"驱动者"列表窗口中。

加载受驱动项 `加载受驱动项`：单击该按钮，将当前选择的物体作为被驱动物体载入"受驱动"列表窗口中。

关闭 `关闭`：单击该按钮可以关闭"设置受驱动关键帧"对话框。

> **技巧与提示**
>
> 受驱动关键帧动画很重要，将在后面的动画综合运用章节中安排一个大型实例来讲解受驱动关键帧的设置方法。

10.6 运动路径动画

运动路径动画是Maya提供的另一种制作动画的技术，运动路径动画可以沿着指定形状的路径曲线平滑地让物体产生运动效果。运动路径动画适用于表现汽车在公路上行驶、飞机在天空中飞行、鱼在水中游动等动画效果。

运动路径动画可以利用一条NURBS曲线作为运动路径来控制物体的位置和旋转角度，能被制作成动画的物体类型不仅仅是几何体，也可以利用运动路径来控制摄影机、灯光、粒子发射器或其他辅助物体沿指定的路径曲线运动。

"运动路径"菜单包含"连接到运动路径" 、"流动路径对象" 和"设定运动路径关键帧" 这3个子命令，如图10-54所示。

图10-54

10.6.1 连接到运动路径

用"连接到运动路径"命令 可以将选定对象放置和连接到当前曲线，当前曲线将成为运动路径。打开"连接到运动路径选项"对话框，如图10-55所示。

图10-55

【常用参数介绍】

时间范围：指定创建运动路径动画的时间范围，共有以下3种设置方式。

时间滑块：当选择该选项时，将按照在"时间轴"上定义的播放开始和结束时间来指定一个运动路径动画的时间范围。

起点：当选择该选项时，下面的"开始时间"选项才起作用，可以通过输入数值的方式来指定运动路径动画的开始时间。

开始/结束：当选择该选项时，下面的"开始时间"和"结束时间"选项才起作用，可以通过输入数值的方式来指定一个运动路径动画的时间范围。

开始时间：当选择"起点"或"开始/结束"选项时该选项才可用，利用该选项可以指定运动路径动画的开始时间。

结束时间：当选择"开始/结束"选项时该选项才可用，利用该选项可以指定运动路径动画的结束时间。

参数化长度：指定 Maya 用于定位沿曲线移动的对象的方法。

跟随：当选择该选项时，在物体沿路径曲线移动时，Maya不但会计算物体的位置，也将计算物体的运动方向。

前方向轴：指定物体的哪个局部坐标轴与向前向量对齐，提供了X、Y和Z这3个选项。

X：当选择该选项时，指定物体局部坐标轴的x轴向与向前向量对齐。

Y：当选择该选项时，指定物体局部坐标轴的y轴向与向前向量对齐。

Z：当选择该选项时，指定物体局部坐标轴的z轴向与向前向量对齐。

上方向轴：指定物体的哪个局部坐标轴与向上向量对齐，提供了X、Y和Z这3个选项。

X：当选择该选项时，指定物体局部坐标轴的x轴向与向上向量对齐。

Y：当选择该选项时，指定物体局部坐标轴的y轴向与向上向量对齐。

Z：当选择该选项时，指定物体局部坐标轴的z轴向与向上向量对齐。

世界上方向类型：指定上方向向量对齐的世界上方向向量类型，共有以下5种类型。

场景上方向：指定上方向向量尝试与场景的上方向轴，而不是与世界上方向向量对齐，世界上方向向量将被忽略。

对象上方向：指定上方向向量尝试对准指定对象的原点，而不是与世界上方向向量对齐，世界上方向向量将被忽略。

对象旋转上方向：指定相对于一些对象的局部空间，而不是场景的世界空间来定义世界上方向向量。

向量：指定上方向向量尝试尽可能紧密地与世界上方向向量对齐。世界上方向向量是相对于场景世界空间来定义的，这是默认设置。

法线：指定"上方向轴"指定的轴将尝试匹配路径曲线的法线。曲线法线的插值不同，这具体取决于路径曲线是否是世界空间中的曲线，或曲面曲线上的曲线。

技巧与提示

如果路径曲线是世界空间中的曲线，曲线上任何点的法线方向总是指向该点到曲线的曲率中心，如图10-56所示。

图10-56

当在运动路径动画中使用世界空间曲线时，如果曲线形状由凸变凹或由凹变凸，曲线的法线方向将翻转180°，倘若将"世界上方向类型"设置为"法线"类型，可能无法得到希望的动画结果。

如果路径曲线是依附于表面上的曲线，曲线上任何点的法线方向就是该点在表面上的法线方向，如图10-57所示。

图10-57

当在运动路径动画中使用依附于表面上的曲线时，倘若将"世界上方向类型"设置为"法线"类型，可以得到最直观的动画结果。

世界上方向向量：指定"世界上方向向量"相对于场景的世界空间方向，因为Maya默认的世界空间是y轴向上，因此默认值为（0，1，0），即表示"世界上方向向量"将指向世界空间的y轴正方向。

世界上方向对象：该选项只有设置"世界上方向类型"为"对象上方向"或"对象旋转上方向"选项时才起作用，可以通过输入物体名称来指定一个世界向上对象，使向上向量总是尽可能尝试对齐该物体的原点，以防止物体沿路径曲线运动时发生意外的翻转。

反转上方向：当选择该选项时，"上方向轴"将尝试用向上向量的相反方向对齐它自身。

反转前方向：当选择该选项时，将反转物体沿路径曲线向前运动的方向。

倾斜：当选择该选项，且使物体沿路径曲线运动时，在曲线弯曲位置会朝向曲线曲率中心倾斜，就像摩托车在转弯时总是向内倾斜一样。只有当选择"跟随"选项时，"倾斜"选项才起作用。

倾斜比例：设置物体的倾斜程度，较大的数值会使物体倾斜效果更加明显。如果输入一个负值，物体将会向外侧倾斜。

倾斜限制：限制物体的倾斜角度。如果增大"倾斜比例"数值，物体可能在曲线上曲率大的地方产生过度的倾斜，利用该选项可以将倾斜效果限制在一个指定的范围内。

🌀 课堂案例
制作连接到运动路径动画
场景位置　Scenes>CH10>10-3.mb
实例位置　Examples>CH10>10.3>10-3.mb
难易指数　★★☆☆☆
技术掌握　掌握连接到运动路径命令的用法

本例使用"连接到运动路径"命令🖼制作运动路径动画，效果如图10-58所示。

图10-58

① 打开学习资源中的"Scenes>CH10>10-3.mb"文件，场景中有一个金鱼模型，如图10-59所示。

② 使用"EP曲线工具"🖼绘制一条曲线作为金鱼的运动路径，如图10-60所示。

图10-59　　　　　　　图10-60

③ 选择金鱼模型，然后加选曲线，如图10-61所示。接着执行"动画>运动路径>连接到运动路径"菜单命令🖼。

④ 播放动画，可以观察到金鱼沿着曲线运动，但游动的朝向不正确，如图10-62所示。

图10-61　　　　　　　图10-62

05 选择金鱼模型，然后在"通道盒/层编辑器"面板中设置"上方向扭曲"为180，如图10-63所示。接着播放动画，可以观察到金鱼的运动朝向已经正确了，如图10-64所示。

图10-63　　　　　　　　图10-64

技巧与提示

金鱼在曲线上运动时，在曲线的两端会出现带有数字的两个运动路径标记，这些标记表示金鱼在开始和结束的运动时间，如图10-65所示。

图10-65

若要改变金鱼在曲线上的运动速度或距离，可以通过在"曲线图编辑器"中编辑动画曲线来完成。

10.6.2 流动路径对象

使用"流动路径对象"命令可以沿着当前运动路径或围绕当前物体周围创建晶格变形器，使物体沿路径曲线运动的同时也能跟随路径曲线曲率的变化改变自身形状，创建出一种流畅的运动路径动画效果。

打开"流动路径对象选项"对话框，如图10-66所示。

图10-66

【常用参数介绍】

分段： 代表将创建的晶格细分数。"前""上"和"侧"与创建路径动画时指定的轴相对应。

晶格围绕： 指定创建晶格物体的位置，共提供了以下两个选项。

对象： 当选择该选项时，将围绕物体创建晶格，这是默认选项。

曲线： 当选择该选项时，将围绕路径曲线创建晶格。

局部效果： 当围绕路径曲线创建晶格时，该选项将非常有用。如果创建了一个很大的晶格，多数情况下，可能不希望在物体靠近晶格一端时仍然被另一端的晶格点影响。例如，如果设置"晶格围绕"为"曲线"，并将"分段：前"设置为35，这意味着晶格物体将从路径曲线的起点到终点共有35个细分。当物体沿着路径曲线移动通过晶格时，它可能只被3~5个晶格分割度围绕。如果"局部效果"选项处于关闭状态，这个晶格中的所有晶格点都将影响物体的变形，这可能会导致物体脱离晶格，因为距离物体位置较远的晶格点也会影响到它，如图10-67所示。

图10-67

局部效果： 利用"前""上"和"侧"这3个属性数值输入框，可以设置晶格能够影响物体的有效范围。一般情况下，设置的数值应该使晶格点的影响范围能够覆盖整个被变形的物体。

课堂案例

制作字幕穿越动画

场景位置	Scenes>CH10>10-4.mb
实例位置	Examples>CH10>10-4.mb
难易指数	★★☆☆☆
技术掌握	掌握流动路径对象命令的用法

本例使用"连接到运动路径"和"流动路径对象"命令制作字母穿越动画，效果如图10-68所示。

图10-68

① 打开学习资源中的"Scenes>CH10>10-4.mb"文件，场景中有一条曲线和一段三维文字，如图10-69所示。

② 选择文字模型，加选曲线，接着打开"连接到运动路径选项"对话框，设置"时间范围"为"开始/结束"，"结束时间"为150，单击"附加"按钮，如图10-70所示。

图10-69　　　　　　　　图10-70

③ 选择文字模型，打开"流动路径对象选项"对话框，接着设置"分段:前"为15，单击"流"按钮，如图10-71所示。

④ 切换到摄影机视图，然后播放动画，可以观察到字幕沿着运动路径曲线慢慢穿过摄影机视图之外，如图10-72所示。

图10-71　　　　　　　　图10-72

10.6.3　设定运动路径关键帧

使用"设定运动路径关键帧"命令 可以采用制作关键帧动画的工作流程创建一个运动路径动画。使用这种方法，在创建运动路径动画之前不需要创建作为运动路径的曲线，路径曲线会在设置运动路径关键帧的过程中自动被创建。

10.7　约束

"约束"也是角色动画制作中经常使用的功能，它在角色装配中起到非常重要的作用。使用约束能以一个物体的变换设置来驱动其他物体的位置、方向和比例。根据使用约束类型的不同，得到的约束效果也各不相同。

处于约束关系下的物体，它们之间都是控制与被控制和驱动与被驱动的关系，通常把受其他物体控制或驱动的物体称为"被约束物体"，而把用来控制或驱动被约束物体的物体称为"目标物体"。

技巧与提示

创建约束的过程非常简单，先选择目标物体，再选择被约束物体，然后从"约束"菜单中选择想要执行的约束命令即可。

一些约束锁定了被约束物体的某些属性通道，例如"目标"约束会锁定被约束物体的方向通道（旋转X/旋转Y/旋转Z），被约束锁定的属性通道数值输入框将在"通道盒/层编辑器"或"属性编辑器"面板中显示为浅蓝色标记。

为了满足动画制作的需要，Maya提供了多种约束，常用的分别是"父对象"约束 、"点"约束 、"方向"约束 、"缩放"约束 、"目标"约束 、"极向量"约束 、"几何体"约束 、"法线"约束 和"切线"约束 ，如图10-73所示。

图10-73

10.7.1　父对象

使用"父对象"约束 可以将一个物体的位移和旋转关联到其他物体上，一个被约束物体的运动也能被多个目标物体平均位置约束。当"父对象"约束被应用于一个物体的时候，被约束物体将仍然保持独立，它不会成为目标物体层级或组中的一部分，但是被约束物体的行为看上去好像是目标物体的子物体。打开"父约束选项"对话框，如图10-74所示。

图10-74

【常用参数介绍】

平移：设置将要约束位移属性的具体轴向，既可以单独约束x、y、z其中的任何轴向，又可以选择"全部"选项来同时约束这3个轴向。

旋转：设置将要约束旋转属性的具体轴向，既可以单独约束x、y、z其中的任何轴向，又可以选择"全部"选项来同时约束这3个轴向。

10.7.2 点

使用"点"约束 可以让一个物体跟随另一个物体的位置移动，或使一个物体跟随多个物体的平均位置移动。如果想让一个物体匹配其他物体的运动，使用"点"约束是最有效的方法。打开"点约束选项"对话框，如图10-75所示。

图10-75

【常用参数介绍】

保持偏移：当选择该选项时，创建"点"约束后，目标物体和被约束物体的相对位移将保持在创建约束之前的状态，即可以保持约束物体之间的空间关系不变；如果关闭该选项，可以在下面的"偏移"数值框中输入数值来确定被约束物体与目标物体之间的偏移距离。

偏移：设置被约束物体相对于目标物体的位移坐标数值。

动画层：选择要向其中添加"点"约束的动画层。

将层设置为覆盖：选择该选项时，在"动画层"下拉列表中选择的层会在将约束添加到动画层时自动设定为覆盖模式。这是默认模式，也是建议使用的模式。关闭该选项时，在添加约束时层模式会设定为相加模式。

约束轴：指定约束的具体轴向，既可以单独约束其中的任何轴向，又可以选择"全部"选项来同时约束x、y、z这3个轴向。

权重：指定被约束物体的位置能被目标物体影响的程度。

10.7.3 方向

使用"方向"约束 可以将一个物体的方向与另一个或更多其他物体的方向相匹配。该约束对于制作多个物体的同步变换方向非常有用，如图10-76所示。打开"方向约束选项"对话框，如图10-77所示。

目标物体　　**被约束物体**

图10-76

图10-77

【常用参数介绍】

保持偏移：当选择该选项时，创建"方向"约束后，被约束物体的相对旋转将保持在创建约束之前的状态，即可以保持约束物体之间的空间关系和旋转角度不变；如果关闭该选项，可以在下面的"偏移"选项中输入数值来确定被约束物体的偏移方向。

偏移：设置被约束物体偏移方向x、y、z坐标的弧度数值。

约束轴：指定约束的具体轴向，既可以单独约束x、y、z其中的任何轴向，又可以选择"全部"选项来同时约束3个轴向。

权重：指定被约束物体的方向能被目标物体影响的程度。

课堂案例

用方向约束控制头部的旋转

场景位置　Scenes>CH10>10-5.mb
实例位置　Examples>CH10>10.5>10-5.mb
难易指数　★★☆☆☆
技术掌握　掌握方向约束的用法

　　本例用"方向"约束❮控制头部旋转动作，效果如图10-78所示。

图10-78

01 打开学习资源中的
"Scenes>CH10>10-5
.mb"文件，场景中有两
个人物模型，如图10-79
所示。

图10-79

02 先选择头部A的控制器（曲线），按住Shift键加选头部B的控制器（曲线），如图10-80所示。执行"约束>方向"菜单命令❮，打开"方向约束选项"对话框，选择"保持偏移"选项，单击"添加"按钮，如图10-81所示。

图10-80　　　　　　　　　　图10-81

03 选择头部B的控制器，在"通道盒/层编辑器"中可以观察到"旋转X""旋转Y"和"旋转Z"属性被锁定了，这说明头部B的旋转属性已经被头部A的旋转属性所影响，如图10-82所示。

04 用"旋转工具"❮旋转头部A的控制器，可以发现头部B的控制器也会跟着做相同的动作，但只限于旋转动作，如图10-83所示。

图10-82　　　　　　　　　　图10-83

10.7.4 缩放

　　使用"缩放"约束❮可以将一个物体的缩放效果与另一个或更多其他物体的缩放效果相匹配，该约束对于制作多个物体同步缩放比例非常有用。打开"缩放约束选项"对话框，如图10-84所示。

图10-84

技巧与提示

　　"缩放约束选项"对话框中的参数在前面的内容都讲解过，这里不再重复介绍。

10.7.5 目标

　　使用"目标"约束❮可以约束一个物体的方向，使被约束物体始终瞄准目标物体。目标约束的典型用法是将灯光或摄影机瞄准约束到一个物体或一组物体上，使灯光或摄影机的旋转方向受物体的位移属性控制，实现跟踪照明或跟踪拍摄效果，如图10-85所示。在角色装配中，"目标"约束的一种典型用法是建立一个定位器来控制角色眼球的运动。

图10-85

打开"目标约束选项"对话框，如图10-86所示。

图10-86

【常用参数介绍】

保持偏移：当选择该选项时，创建"目标"约束后，目标物体和被约束物体的相对位移和旋转将保持在创建约束之前的状态，即可以保持约束物体之间的空间关系和旋转角度不变；如果关闭该选项，可以在下面的"偏移"数值框中输入数值来确定被约束物体的偏移方向。

偏移：设置被约束物体偏移方向x、y、z坐标的弧度数值。通过输入需要的弧度数值，可以确定被约束物体的偏移方向。

目标向量：指定"目标向量"相对于被约束物体局部空间的方向，"目标向量"将指向目标点，从而迫使被约束物体确定自身的方向。

技巧与提示

"目标向量"用来约束被约束物体的方向，以便它总是指向目标点。"目标向量"在被约束物体的枢轴点开始，总是指向目标点。但是"目标向量"不能完全约束物体，因为"目标向量"不控制物体怎样在"目标向量"周围旋转，物体围绕"目标向量"周围旋转是由"上方向向量"和"世界上方向向量"来控制的。

上方向向量：指定"上方向向量"相对于被约束物体局部空间的方向。

世界上方向类型：选择"世界上方向向量"的作用类型，共有以下5个选项。

场景上方向：指定"上方向向量"尽量与场景的向上轴对齐，以代替"世界上方向向量"，"世界上方向向量"将被忽略。

对象上方向：指定"上方向向量"尽量瞄准被指定物体的原点，而不再与"世界上方向向量"对齐，"世界上方向向量"将被忽略。

技巧与提示

"上方向向量"尝试瞄准其原点的物体被称为"世界上方向对象"。

对象旋转上方向：指定"世界上方向向量"相对于某些物体的局部空间被定义，代替这个场景的世界空间，"上方向向量"在相对于场景的世界空间变换之后将尝试与"世界上方向向量"对齐。

向量：指定"上方向向量"将尽可能尝试与"世界上方向向量"对齐，这个"世界上方向向量"相对于场景的世界空间被定义，这是默认选项。

无：指定不计算被约束物体围绕"目标向量"周围旋转的方向。当选择该选项时，Maya将继续使用在指定"无"选项之前的方向。

世界上方向向量：指定"世界上方向向量"相对于场景的世界空间方向。

世界上方向对象：输入对象名称来指定一个"世界上方向对象"。在创建"目标"约束时，使"上方向向量"来瞄准该物体的原点。

约束轴：指定约束的具体轴向，既可以单独约束x轴、y轴、z轴其中的任何轴向，又可以选择"全部"选项来同时约束3个轴向。

权重：指定被约束物体的方向能被目标物体影响的程度。

课堂案例

用目标约束控制眼睛的转动

场景位置	Scenes>CH10>10-6.mb
实例位置	Examples>CH10>10.6>10-6.mb
难易指数	★★☆☆☆
技术掌握	掌握目标约束的用法

本例用"目标"约束控制眼睛转动，效果如图10-87所示。

图10-87

01 打开学习资源中的"Scenes>CH10>10-6.mb"文件，场景中有一个人物模型，如图10-88所示。

图10-88

02 执行"创建>定位器"菜单命令 ▓，在场景中创建一个定位器，然后将其命名为LEye_locator（用来控制左眼），如图10-89所示。

图10-89

技巧与提示
选择定位器，然后在"通道盒/层编辑器"面板中单击定位器的名称，激活输入框后，即可重命名定位器的名称，如图10-90所示。也可以在"大纲视图"中直接修改。

图10-90

03 在"大纲视图"中选择LEye（即左眼）节点，如图10-91所示。加选LEye_locator节点，接着执行"约束>点"菜单命令 ▓，此时定位器的中心与左眼的中心将重合在一起，如图10-92所示。

图10-91   图10-92

04 由于本例是用"目标"约束来控制眼睛的转动，所以不需要"点"约束了。在"大纲视图"中选择LEye_locator_PointConstraint1节点，然后按Delete键将其删除，如图10-93所示。

图10-93

技巧与提示
为眼球和定位器创建约束，是用来将定位器移至眼球的中心，因此最后将LEye_locator_PointConstraint1节点删除。

05 用同样的方法为右眼创建一个定位器（命名为REye_locator），然后选择两个定位器，接着按快捷键Ctrl+G为其编组，并将组命名为locator，如图10-94所示。将定位器拖曳到远离眼睛的方向，如图10-95所示。

图10-94   图10-95

06 选择LEye_locator节点和REye_locator节点，然后执行"修改>冻结变换"菜单命令，将变换属性值归零处理，接着选择locator节点，执行"修改>居中枢轴"菜单命令，如图10-96所示。

07 先选择LEye_locator节点，加选LEye节点，接着打开"目标约束选项"对话框，选择"保持偏移"选项，单击"添加"按钮，如图10-97所示。

图10-96   图10-97

08 用"移动工具"移动LEye_locator节点，可以观察到左眼也会跟着LEye_locator节点一起移动，如图10-98所示。

09 用相同的方法为REye_locator节点和REye节点创建一个"目标"约束，此时拖曳locator节点，可以发现两个眼睛都会跟着一起移动，如图10-99所示。

图10-98　　　　　　　　图10-99

10.7.6 极向量

使用"极向量"约束可以让IK旋转平面手柄的极向量终点跟随一个物体或多个物体的平均位置移动。在角色装配中，经常用"极向量"约束将控制角色胳膊或腿部关节链上的IK旋转平面手柄的极向量终点约束到一个定位器上，这样做的目的是避免在操作IK旋转平面手柄时，由于手柄向量与极向量过于接近或相交所引起关节链意外发生反转的现象，如图10-100所示。打开"极向量约束选项"对话框，如图10-101所示。

图10-100

图10-101

10.7.7 几何体

使用"几何体"约束可以将一个物体限制到NURBS曲线、NURBS曲面或多边形曲面上，如图10-102所示。如果想要使被约束物体的自身方向能适应于目标物体表面，也可以在创建"几何体"约束之后再创建一个"法线"约束。打开"几何体约束选项"对话框，如图10-103所示。

图10-102

图10-103

10.7.8 法线

使用"法线"约束可以约束一个物体的方向，使被约束物体的方向对齐到NURBS曲面或多边形曲面的法线向量。当需要一个物体能以自适应方式在形状复杂的表面上移动时，"法线"约束将非常有用。如果没有"法线"约束，制作沿形状复杂的表面移动物体的动画将十分烦琐和费时。打开"法线约束选项"对话框，如图10-104所示。

图10-104

10.7.9 切线

使用"切线"约束可以约束一个物体的方向，使被约束物体移动时的方向总是指向曲线的切线方向，如图10-105所示。当需要一个物体跟随曲线的方向运动时，"切线"约束将非常有用。例如可以利用"切线"约束来制作汽车行驶时，轮胎沿着曲线轨迹滚动的效果。打开"切线约束选项"对话框，如图10-106所示。

图10-105

图10-106

10.8 综合实例：线变形动画

场景位置	无
实例位置	Examples>CH10>10-7.mb
难易指数	★★☆☆☆
技术掌握	掌握使用线工具变形器制作动画的方法

"线工具"变形器可以使用一条或多条NURBS曲线来改变可变形物体的形状。本例主要介绍"线工具"变形器的使用方法，效果如图10-107所示。

图10-107

10.8.1 创建曲线和曲面

① 切换到front（前）视图，接着执行"创建>CV曲线工具"菜单命令，并绘制一条图10-108所示的曲线。

② 以上一步绘制的曲线为参照，再绘制一条图10-109所示的曲线。

图10-108

图10-109

技巧与提示

在Maya安装路径下的icons文件夹内找到MayaStartupImage.png图片文件，可以参照该图片绘制曲线。

③ 使用"CV曲线工具"绘制出其他曲线，如图10-110所示。

④ 执行"创建>NURBS基本体>平面"菜单命令，创建一个图10-111所示的NURBS平面。

图10-110

图10-111

⑤ 在"通道盒/层编辑器"中将NURBS平面的"U向面片数"和"V向面片数"分别设置为150和180，如图10-112所示。

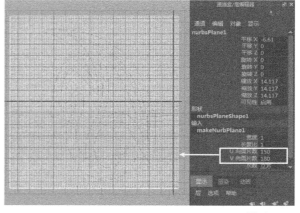

图10-112

10.8.2 创建线变形

① 在"变形"菜单中，单击"线"命令后面的按钮，在打开"工具设置"面板中，单击"重置工具"按钮，此时光标会变成十字形状，接着单击选择NURBS平面，并按Enter键确认，如图10-113所示。

② 打开"大纲视图"，然后选择场景中的所有曲线，接着按Enter键确认，如图10-114所示。

图10-113　　　　　　　图10-114

10.8.3　设置线变形属性

01 选择场景中所有的曲线，然后使用"移动工具"将曲线向z轴方向移动，可以看到NURBS平面受到了曲线的影响，但是目前曲线影响NURBS平面的范围过大，导致图形稍显臃肿，如图10-115所示。

图10-115

02 保持对曲线的选择，然后打开"属性编辑器"面板，接着在Wire1选项卡中展开"衰减距离"卷展栏，并将curve1、curve2、curve3和curve4参数全部调整为0.5，可以看到NURBS平面受曲线影响的范围缩小了，如图10-116所示。

图10-116

10.8.4　创建曲线动画

01 在第1帧处，设置曲线的平移属性为0，然后按快捷键Shift+W设置"平移 X""平移 Y"和"平移 Z"参数，如图10-117所示。

02 在第18帧处，使用"移动工具"将曲线在z轴方向上移动0.367，然后按快捷键Shift+W设置"平移X""平移Y"和"平移Z"参数，如图10-118所示。

图10-117　　　　　　　图10-118

03 在"大纲视图"中，将曲线隐藏，然后播放动画，可以看到随时间的推移，NURBS平面上渐渐凸显出Maya的标志，如图10-119所示。

图10-119

10.9　本章小结

本章主要讲解了Maya 2016的关键帧动画和路径动画技术。尤其是关键帧动画技术，不仅可以用在动画方面，还可以用在特效方面，需要多加练习。

10.10　课后习题：制作运动路径关键帧动画

场景位置	Scenes>CH10>10-8.mb
实例位置	Examples>CH10>10.8>10-8.mb
难易指数	★★☆☆☆
技术掌握	掌握设定运动路径关键帧命令的用法

本例使用"设定运动路径关键帧"命令 制作运动路径关键帧动画，效果如图10-120所示。

图10-120

制作提示

第1步：选择鱼模型，然后执行"约束>运动路径>设定运动路径关键帧"菜单命令。

第2步：创建完多个关键帧后，会生成一条曲线。修改曲线可以调整鱼的游动路径。

步骤如图10-121所示。

为模型执行"设定运动路径关键帧"
命令，然后调整模型的位置和方向

图10-121

第11章

动力学与流体

Maya提供了强大的动力学和流体功能，可以用来模拟各种物理现象。本章将讲解Maya的动力学和流体的运用。这部分内容比较多，主要包含粒子系统、柔体、动力场、刚体和流体。

课堂学习目标

掌握粒子的创建方法

掌握粒子的属性

掌握实例化器的使用方法

掌握粒子碰撞事件编辑器的使用方法

掌握柔体的使用方法

掌握柔体与刚体的运用

掌握流体的创建与编辑方法

掌握海洋的创建方法

掌握尾迹的使用方法

11.1 粒子系统

粒子是制作特效动画常用的方式之一，很多特效动画技术都是基于粒子开发的。Maya的nParticle是基于Nucleus的一套强大系统，从Maya 2009开始，Nucleus就为粒子增加了强大的功能，后续的Maya版本又增加了nCloth（布料系统）和nHair（毛发系统），使Nucleus家族越来越壮大，功能也越来越强大。而且nObject（基于Nucleus的对象）可以自由交互，也就是nParticle、nCloth和nHair也相互产生动力学影响，这使得nParticle可以发挥出最大功能，实现各种粒子效果，如图11-1所示。

图11-1

技巧与提示

粒子是Maya的一种物理模拟，其运用非常广泛，如火山喷发，夜空中绽放的礼花，秋天漫天飞舞的枫叶等，都可以通过粒子系统来实现。

切换到FX模块，如图11-2所示。此时Maya会自动切换到动力学菜单。创建与编辑粒子主要用nParticle菜单来完成，如图11-3所示。

图11-2　　　　图11-3

技巧与提示

以下讲解的命令都在nParticle菜单下，只针对常用的命令进行讲解。

11.1.1 nParticle工具

"nParticle工具" 是用来创建粒子的，打开"nParticle工具"的"工具设置"面板，如图11-4所示。

图11-4

【常用参数介绍】

粒子名称： 为即将创建的粒子命名。命名粒子有助于在"大纲视图"窗口识别粒子。

保持： 该选项会影响粒子的速度和加速度属性，一般情况下都采用默认值1。

粒子数： 设置要创建的粒子的数量，默认值为1。

最大半径： 如果设置的"粒子数"大于1，则可以将粒子随机分布在单击的球形区域中。若要选择球形区域，可以将"最大半径"设定为大于0的值。

草图粒子： 选择该选项后，拖动鼠标可以绘制连续的粒子流的草图。

草图间隔： 用于设定粒子之间的像素间距。值为0时将提供接近实线的像素；值越大，像素之间的间距也越大。

创建粒子栅格： 创建一系列格子阵列式的粒子。

粒子间距： 当启用"创建粒子栅格"选项时，该设置才可用，可以在栅格中设定粒子之间的间距（按单位）。

放置： 包含了"使用光标"和"使用文本字段"两个选项。

使用光标： 使用光标方式创建阵列。

使用文本字段： 使用文本方式创建粒子阵列。

最小角： 设置3D粒子栅格中左下角的x、y、z坐标。

最大角： 设置3D粒子栅格中右上角的x、y、z坐标。

课堂案例

练习创建粒子的几种方法

场景位置	无
实例位置	无
难易指数	★☆☆☆☆
技术掌握	掌握用粒子工具创建粒子的几种方法

01 执行"nParticle>粒子工具"菜单命令■，此时光标会变成➕状。在视图中连续单击鼠标左键即可创建出多个粒子，如图11-5所示。

图11-5

02 打开"粒子工具"的"工具设置"面板，然后设置"粒子数"为100，如图11-6所示。接着在场景中单击鼠标左键，效果如图11-7所示。

图11-6

图11-7

技巧与提示

上述步骤创建出来的粒子数仍然是100，因为"最大半径"为0，100个粒子都集中在一点，所以看起来只有一个粒子。

03 在"粒子工具"的"工具设置"面板中设置"最大半径"为5，如图11-8所示。然后在视图中单击鼠标左键，效果如图11-9所示。

图11-8

图11-9

04 在"工具设置"面板中设置"创建粒子栅格"选项，如图11-10所示。然后在视图中绘制两个点，如图11-11所示。接着按Enter键完成操作，效果如图11-12所示。

图11-10

图11-11

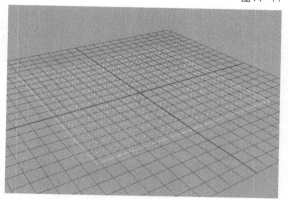

图11-12

11.1.2 粒子属性

在场景中选择粒子，或在"大纲视图"中选择nParticle节点，如图11-13所示。打开"属性编辑器"面板，接着切换到nParticleShape选项卡，如图11-14所示。在该选项卡下，提供了调整粒子外形、颜色和动力学等效果的属性。

图11-13   图11-14

【nParticleShape节点介绍】

启用：选择该选项后粒子会具有动力学效果，默认选择此选项。

1.计数

"计数"卷展栏中的属性主要用于显示场景中的粒子总数和发生碰撞的总数，如图11-15所示。

图11-15

2.寿命

"寿命"卷展栏中的属性主要用于控制粒子的寿命模式、寿命长短以及寿命的随机性等，如图11-16所示。

图11-16

3.粒子大小

"粒子大小"卷展栏中的属性主要用于控制粒子的大小和大小的随机化等，如图11-17所示。

图11-17

4.碰撞

"碰撞"卷展栏中的属性主要用于控制毛发碰撞特性，包括碰撞强度、弹力和摩擦力等，如图11-18所示。

图11-18

5.动力学特性

"动力学特性"卷展栏中的属性主要用于控制粒子的质量、阻力以及权重等，如图11-19所示。

图11-19

6.力场生成

"力场生成"卷展栏中的属性可以为nObject和当前粒子间产生一个吸引力或排斥力，如图11-20所示。

图11-20

7.旋转

"旋转"卷展栏中的属性可以为每个粒子添加旋转效果，如图11-21所示。

图11-21

8.风场生成

"风场生成"卷展栏中的属性可以通过nObject对象运动生成风场，如图11-22所示。

图11-22

9.液体模拟

"液体模拟"卷展栏中的属性可以使粒子模拟出液体效果，如图11-23所示。

图11-23

10.输出网格

当粒子转换为多边形网格后，可以使用"输出网格"卷展栏中的属性设置粒子所对应的网格的类型、大小和平滑度等，如图11-24所示。

图11-24

11.缓存

"缓存"卷展栏中的属性主要用于控制粒子的缓存，如图11-25所示。

图11-25

12.发射属性（另请参见发射器选项卡）

"发射属性（另请参见发射器选项卡）"卷展栏中的属性主要用于控制发射粒子的数量和细节级别等，如图11-26所示。

图11-26

13.着色

"着色"卷展栏中的属性主要用于控制粒子的形状、颜色和不透明效果等，如图11-27所示。

图11-27

14.每粒子（数组）属性

"每粒子（数组）属性"卷展栏中的属性主要用于控制每个粒子，通常情况下会用表达式或ramp节点来控制这些属性，如图11-28所示。

图11-28

15.添加动态属性

"添加动态属性"卷展栏中的属性可以为粒子添加自定义属性、不透明度和颜色，如图11-29所示。

图11-29

16.目标权重和对象

"目标权重和对象"卷展栏中的属性可以更改权重，以说明目标对象对受约束对象位置的影响程度，如图11-30所示。

图11-30

17.实例化器（几何体替换）

当用其他对象替换粒子时，可以在"实例化器（几何体替换）"卷展栏中设置替换对象的效果，如图11-31所示。

图11-31

18.精灵属性

当粒子为精灵类型时，将会激活"精灵属性"卷展栏中的属性，这些属性可以设置精灵粒子的效果，如图11-32所示。

图11-32

11.1.3 Nucleus属性

Nucleus节点是nObject的常规解算器节点，它可以用来控制力（重力和风）、地平面属性以及时间和比例属性的设置，这些设置应用于连接到特定Nucleus解算器的所有nObject对象节点。在创建nObject之后，Maya会自动创建Nucleus节点，可以在"大纲视图"中选择Nucleus节点，如图11-33所示。然后在"属性编辑器"面板中的nucleus选项卡下调整其属性，如图11-34所示。

图11-33

图11-34

【nucleus节点介绍】

启用：选择该选项后粒子会具有动力学效果，默认选择此选项。

可见性：选择该选项时，在场景中会显示nucleus节点的图标。

1.变换属性

"变换属性"卷展栏中的属性主要用于调整Nucleus解算器的变换属性，包括位置、方向和缩放等，如图11-35所示。

图11-35

2.重力和风

"重力和风"卷展栏中的属性主要用于控制Nucleus解算器的重力和风力等，如图11-36所示。

图11-36

3.地平面

"地平面"卷展栏中的属性主要用于在场景中添加一个碰撞平面，如图11-37所示。该平面是一个不可见的平面，但是具有动力学碰撞效果。

图11-37

4.解算器属性

"解算器属性"卷展栏中的属性主要用于控制Nucleus解算器的计算精度，如图11-38所示。

图 11-38

5.时间属性

"时间属性"卷展栏中的属性主要用于控制Nucleus解算器的作用时间范围，如图11-39所示。

图11-39

6.比例属性

"比例属性"卷展栏中的属性主要用于控制Nucleus解算器的相对时间和空间的比例，如图11-40所示。

图11-40

技巧与提示

Nucleus解算器中的工作单位为米，而Maya的默认工作单位为厘米，因此当场景中对象的单位与Nucleus解算器不匹配时，可以使用"空间比例"属性将两者统一，这样作用对象才会受到正确的动力学影响。

11.1.4 创建发射器

使用"创建发射器"命令▨可以创建出粒子发射器，同时可以选择发射器的类型。打开"发射器选项（创建）"对话框，如图11-41所示。

图11-41

【常用参数介绍】

发射器名称：用于设置所创建发射器的名称。命名发射器有助于在"大纲视图"窗口识别发射器。

解算器：在创建发射器时，会自动创建新的解算器。

1.基本发射器属性

展开"基本发射器属性"卷展栏，如图11-42所示。

图11-42

【常用参数介绍】

发射器类型：指定发射器的类型，包含"泛向""方向"和"体积"3种类型。

泛向：该发射器可以在所有方向发射粒子，如图11-43所示。

图11-43

方向：该发射器可以让粒子沿通过"方向X""方向Y"和"方向Z"属性指定的方向发射，如图11-44所示。

体积：该发射器可以从闭合的体积发射粒子，如图11-45所示。

图11-44   图11-45

速率（粒子数/秒）：设置每秒发射粒子的数量。

对象大小决定的缩放率：当设置"发射器类型"为"体积"时才可用。如果启用该选项，则发射粒子的对象的大小会影响每帧的粒子发射速率。对象越大，发射速率越高。

需要父对象UV（NURBS）：该选项仅适用于NURBS曲面发射器。如果启用该选项，则可以使用父对象UV驱动一些其他参数（如颜色或不透明度）的值。

循环发射：通过该选项可以重新启动发射的随机编号序列。

无（禁用timeRandom）：随机编号生成器不会重新启动。

帧（启用timeRandom）：序列会以在下面的"循环间隔"选项中指定的帧数重新启动。

循环间隔：定义当使用"循环发射"时重新启动随机编号序列的间隔（帧数）。

2.距离/方向属性

展开"距离/方向属性"卷展栏，如图11-46所示。

图11-46

【常用参数介绍】

最大距离：设置发射器执行发射的最大距离。

最小距离：设置发射器执行发射的最小距离。

> **技巧与提示**
> 发射器发射出来的粒子将随机分布在"最大距离"和"最小距离"之间。

方向X/Y/Z：设置相对于发射器的位置和方向的发射方向。这3个选项仅适用于"方向"发射器和"体积"发射器。

扩散：设置发射扩散角度，仅适用于"方向"发射器。该角度定义粒子随机发射的圆锥形区域，可以输入0~1的任意值。值为0.5表示90°；值为1表示180°。

3.基础发射速率属性

展开"基础发射速率属性"卷展栏，如图11-47所示。

图11-47

【常用参数介绍】

速率：为已发射粒子的初始发射速度设置速度倍增。值为1时速度不变；值为0.5时速度减半；值为2时速度加倍。

速率随机：通过"速率随机"可以为发射速度添加随机性，而无须使用表达式。

切线速率：为曲面和曲线发射设置发射速度的切线分量的大小，如图11-48所示。

法线速率：为曲面和曲线发射设置发射速度的法线分量的大小，如图11-49所示。

图11-48   图11-49

4.体积发射器属性

展开"体积发射器属性"卷展栏，如图11-50所示。该卷展栏下的参数仅适用于"体积"发射器。

图11-50

【常用参数介绍】

体积形状：指定要将粒子发射到的体积的形状，共有"立方体""球体""圆柱体""圆锥体"和"圆环"这5种。

体积偏移X/Y/Z：设置将发射体积从发射器的位置偏移。如果旋转发射器，会同时旋转偏移方向，因为它是在局部空间内操作。

体积扫描：定义除"立方体"外的所有体积的旋转范围，其取值范围为0°~360°。

截面半径：仅适用于"圆环"体积形状，用于定义圆环的实体部分的厚度（相对于圆环的中心环的半径）。

离开发射体积时消亡：如果启用该选项，则发射的粒子将在离开体积时消亡。

5.体积速率属性

展开"体积速率属性"卷展栏，如图11-51所示。该卷展栏下的参数仅适用于"体积"发射器。

图11-51

【常用参数介绍】

远离中心：指定粒子离开"立方体"或"球体"体积中心点的速度。

远离轴：指定粒子离开"圆柱体""圆锥体"或"圆环"体积的中心轴的速度。

沿轴：指定粒子沿所有体积的中心轴移动的速度。中心轴定义为"立方体"和"球体"体积的y轴正方向。

绕轴：指定粒子绕所有体积的中心轴移动的速度。

随机方向：为粒子的"体积速率属性"的方向和初始速度添加不规则性，有点像"扩散"对其他发射器类型的作用。

方向速率：在由所有体积发射器的"方向X""方向Y"和"方向Z"属性指定的方向上增加速度。

大小决定的缩放速率：如果启用该选项，则当增加体积的大小时，粒子的速度也会相应加快。

11.1.5 从对象发射

"从对象发射"命令 ▣ 可以指定一个物体作为发射器来发射粒子，这个物体既可以是几何物体，也可以是物体上的点。打开"发射器选项（从对象发射）"对话框，如图11-52所示。从"发射器类型"下拉列表中可以观察到，"从对象发射"的发射器共有4种，分别是"泛向""方向""表面"和"曲线"。

图11-52

![技巧与提示] **技巧与提示**

"发射器选项（从对象发射）"对话框中的参数与"创建发射器（选项）"对话框中的参数基本相同，这里不再重复介绍。

![课堂案例] **课堂案例**

从对象内部发射粒子

场景位置	Scenes>CH11>11-2.mb
实例位置	Examples>CH11>11-2.mb
难易指数	★★☆☆☆
技术掌握	掌握用泛向发射器从物体发射粒子的方法

本例用"泛向"发射器以物体作为发射源发射粒子，效果如图11-53所示。

图11-53

01 打开学习资源中的"Scenes>CH11>11-2.mb"文件，场景中有一个苍蝇模型，如图11-54所示。

02 选择模型，然后执行"nParticle>从对象发射"菜单命令 ▣。此时，场景中会生成发射器和解算器，如图11-55所示。

图11-54 　　　　　　　　　图11-55

03 播放动画，第5帧、第12帧和第18帧的粒子发射效果如图11-56所示。

图11-56

11.1.6 逐点发射速率

用"逐点发射速率"命令 ▣ 可以为每个粒子、CV点、顶点、编辑点或"泛向""方向"粒子发射器的晶格点使用不同的发射速率。例如，可以从圆形的编辑点发射粒子，并改变每个点的发射速率，如图11-57所示。

图11-57

![技巧与提示] **技巧与提示**

请特别注意，"逐点发射速率"命令只能在点上发射粒子，不能在曲面或曲线上发射粒子。

11.1.7 使用选定发射器

使用"使用选定发射器"命令 ▓ 可以在创建好发射器后，使用不同的发射器来发射相同的粒子。

11.1.8 目标

"目标"命令 ▓ 可以使粒子朝一个指定的物体运动，最终附着在物体上。打开"目标选项"对话框，如图11-58所示。

图11-58

【常用参数介绍】

目标权重：设定被吸引到目标的后续对象的所有粒子数量。可以将"目标权重"设定为0~1之间的值，当该值为0时，说明目标的位置不影响后续粒子；当该值为1时，会立即将后续粒子移动到目标对象位置。

使用变换作为目标：使粒子跟随对象的变换，而不是其粒子、CV、顶点或晶格点。

11.1.9 实例化器

"实例化器"命令 ▓ 可以使用物体模型来代替粒子，创建出物体集群，使其继承粒子的动画规律和一些属性，并且可以受到动力场的影响。打开"粒子实例化器选项"对话框，如图11-59所示。

图11-59

【常用参数介绍】

粒子实例化器名称：设置粒子替换生成的替换节点的名字。

旋转单位：设置粒子替换旋转时的旋转单位。

可以选择"度"或"弧度"，默认为"度"。

旋转顺序：设置粒子替代后的旋转顺序。

细节级别：设定在粒子位置是否会显示源几何体，或者是否会改为显示边界框（边界框会加快场景播放速度）。

几何体：在粒子位置显示源几何体。

边界框:为实例化层次中的所有对象显示一个框。

边界框:为实例化层次中的每个对象分别显示框。

循环："无"表示实例化单个对象；"顺序"表示循环"实例化对象"列表中的对象。

循环步长单位：如果使用的是对象序列，可以选择将"帧"数或"秒"数用于"循环步长"值。

循环步长：如果使用的是对象序列，可以输入粒子年龄间隔，序列中的下一个对象按该间隔出现。例如，"循环步长"为2秒时，会在粒子年龄超过2、4、6等的帧处显示序列中的下一个对象。

实例化对象：当前准备替换的对象列表，排列序号为0~n。

添加当前选择 �▓ ：单击该按钮可以向"实例化对象"列表添加选定对象。

移除项目 ▓ ：从"实例化对象"列表中移除选择的对象。

上移 ▓ ：向上移动选择的对象序号。

下移 ▓ ：向下移动选择的对象序号。

允许所有数据类型：选择该选项后，可以扩展属性的下拉列表。扩展下拉列表中包括数据类型与选项数据类型不匹配的属性。

要实例化的粒子对象：选择场景中要被替代的粒子对象。

位置：设定实例物体的位置属性，或者输入节点类型，同时也可以在"属性编辑器"面板中编辑该输入节点来控制属性。

缩放：设定实例物体的缩放属性，或者输入节点类型，同时也可以在"属性编辑器"面板中编辑该输入节点来控制属性。

斜切：设定实例物体的斜切属性，或者输入节点类型，同时也可以在"属性编辑器"面板中编辑该输入节点来控制属性。

可见性：设定实例物体的可见性，或者输入节点类型，同时也可以在"属性编辑器"面板中编辑该输入节点来控制属性。

对象索引：如果设置"循环"为"顺序"方式，则该选项不可用；如果"循环"设置为"无"，则该选项可以通过输入节点类型来控制实例物体的先后顺序。

旋转类型：设定实例物体的旋转类型，或者输入节点类型，同时也可以在"属性编辑器"面板中编辑该输入节点来控制属性。

旋转：设定实例物体的旋转属性，或者输入节点类型，同时也可以在"属性编辑器"面板中编辑该输入节点来控制属性。

目标方向：设定实例物体的目标方向属性，或者输入节点类型，同时也可以在"属性编辑器"面板中编辑该输入节点来控制属性。

目标位置：设定实例物体的目标位置属性，或者输入节点类型，同时也可以在"属性编辑器"面板中编辑该输入节点来控制属性。

目标轴：设定实例物体的目标轴属性，或者输入节点类型，同时也可以在"属性编辑器"面板中编辑该输入节点来控制属性。

目标上方向轴：设定实例物体的目标上方向轴属性，或者输入节点类型，同时也可以在"属性编辑器"面板中编辑该输入节点来控制属性。

目标世界上方向：设定实例物体的目标世界上方向属性，或者输入节点类型，同时也可以在"属性编辑器"面板中编辑该输入节点来控制属性。

循环开始对象：设定循环的开始对象属性，同时也可以在"属性编辑器"面板中编辑该输入节点来控制属性。该选项只有在设置"循环"为"顺序"方式时才能被激活。

年龄：设定粒子的年龄，可以在"属性编辑器"面板中编辑输入节点来控制该属性。

📎 课堂案例
将粒子替换为实例对象

场景位置	Scenes>CH11>11.3>11-3.mb
实例位置	Examples>CH11>11.3>11-3.mb
难易指数	★☆☆☆☆
技术掌握	掌握将粒子替换为实例对象的方法

本例用"实例化器（替换）"命令将粒子替代为蝴蝶后的效果如图11-60所示。

图11-60

01 打开学习资源中的"Scenes>CH11>11.3>11-3.mb"文件，场景中有一个带动画的蝴蝶模型，如图11-61所示。

图11-61

02 执行"nParticle>粒子工具"菜单命令▦，然后在场景中创建一些粒子，如图11-62所示。接着打开"属性编辑器"面板，切换到nucleus1选项卡，设置"重力"为0，如图11-63所示。

图11-62

图11-63

03 选择粒子，执行"字段/解算器>湍流"菜单命令▤，然后在"属性编辑器"面板中设置"幅值"为10，如图11-64所示。

图11-64

④ 在"大纲视图"中选择nParticle1和group45节点，如图11-65所示。执行"nParticle>实例化器"菜单命令 ，效果如图11-66所示。

图11-65　　　　　　　　　　图11-66

⑤ 选择粒子，在"属性编辑器"面板中展开"实例化器（几何体替换）>旋转选项"卷展栏，接着设置"目标方向"为"力"，如图11-67所示。播放动画，效果如图11-68所示。

图11-67

图11-68

11.1.10 粒子碰撞事件编辑器

使用"粒子碰撞事件编辑器"命令 可以设置粒子与物体碰撞之后发生的事件，如粒子消亡之后改变的形态、颜色等。打开"粒子碰撞事件编辑器"对话框，如图11-69所示。

图11-69

【常用参数介绍】

对象/事件：单击"对象"列表中的粒子可以选择粒子对象，所有属于选定对象的事件都会显示在"事件"列表中。

更新对象列表 更新对象列表 ：在添加或删除粒子对象和事件时，单击该按钮可以更新对象列表。

选定对象：显示选择的粒子对象。

选定事件：显示选择的粒子事件。

设置事件名称：创建或修改事件的名称。

新建事件 新建事件 ：单击该按钮可以为选定的粒子增加新的碰撞事件。

所有碰撞：选择该选项后，Maya将在每次粒子碰撞时都执行事件。

碰撞编号：如果关闭"所有碰撞"选项，则事件会按照所设置的"碰撞编号"进行碰撞。如1表示第1次碰撞，2表示第2次碰撞。

类型：设置事件的类型。"发射"表示当粒子与物体发生碰撞时，粒子保持原有的运动状态，并且在碰撞之后能够发射新的粒子；"分割"表示当粒子与物体发生碰撞时，粒子在碰撞的瞬间会分裂成新的粒子。

随机粒子数：当关闭该选项时，分裂或发射产生的粒子数目由"粒子数"值决定；当选择该选项时，分裂或发射产生的粒子数目为1与该选项数值之间的随机数值。

粒子数：设置在事件之后所产生的粒子数量。

扩散：设置在事件之后粒子的扩散角度。0表示不扩散，0.5表示扩散90°，1表示扩散180°。

目标粒子：可以用于为事件指定目标粒子对象。输入要用作目标粒子的名称（可以使用粒子对象的形状节点的名称或其变换节点名称）。

继承速度：设置事件后产生的新粒子继承碰撞粒子速度的百分比。

原始粒子消亡：选择该选项后，当粒子与物体发生碰撞时会消亡。

事件程序：可以用于输入当指定的粒子（拥有事件的粒子）与对象碰撞时将被调用的MEL脚本事件程序。

课堂案例

创建粒子碰撞事件

场景位置	Scenes>CH11>11-4.mb
实例位置	Examples>CH11>11-4.mb
难易指数	★★☆☆☆
技术掌握	掌握创建粒子碰撞事件的方法

本例用"粒子碰撞事件编辑器"创建粒子碰撞，效果如图11-70所示。

图11-70

01 打开学习资源中的"Scenes>CH11>11-4.mb"文件，场景中有一个带粒子动画的茶具模型，如图11-71所示。

图11-71

02 在"大纲视图"中选择nParticle1节点，如图11-72所示。打开"粒子碰撞事件编辑器"对话框，设置"类型"为"发射"，"粒子数"为3，"扩散"为0.3，选择"原始粒子消亡"选项，单击"创建事件"按钮，如图11-73所示。

图11-72

图11-73

03 此时会生成一个新的粒子，如图11-74所示。播放粒子动画，可以观察到在粒子产生碰撞之后，又发射出了新的粒子，如图11-75所示。

图11-74

图11-75

04 由上图可以看出新粒子没有与地面产生碰撞。选择nParticle2节点，在"属性编辑器"面板中展开"碰撞"卷展栏，接着设置"碰撞层"为2，如图11-76所示。效果如图11-77所示。

图11-76

图11-77

技巧与提示

地面的碰撞体也属于碰撞层2，所以要将粒子的"碰撞层"设置为2，这样nParticle2才会与地面产生碰撞效果。

11.1.11 精灵向导

用"精灵向导"命令可以对粒子指定矩形平面，每个平面可以显示指定的纹理或图形序列。打开"精灵向导"对话框，如图11-78所示。

图11-78

【常用参数介绍】

精灵文件：单击右边的"浏览"按钮，可以选择要指定精灵粒子的图片或序列文件。

基础名称: 显示选择的图片或图片序列文件的名称。

11.2 柔体

柔体是将几何物体表面的CV点或顶点转换成柔体粒子，然后通过对不同部位的粒子给予不同权重值的方法来模拟自然界中的柔软物体，这是一种动力学解算方法。标准粒子和柔体粒子有些不同，一方面柔体粒子互相连接时有一定的几何形状；另一方面，它们又以固定形状而不是以单独的点的方式集合体现在屏幕上及最终渲染中。柔体可以用来模拟有一定几何外形但又不是很稳定且容易变形的物体，如面料和波纹等，如图11-79所示。

图11-79

在Maya 2016中，执行"nParticle>柔体"菜单命令█可以创建柔体，如图11-80所示。

图11-80

11.2.1 创建柔体

"柔体"命令█主要用来创建柔体，打开"软性选项"对话框，如图11-81所示。

图11-81

【常用参数介绍】

创建选项: 选择柔体的创建方式，包含以下3种。

生成柔体: 将对象转化为柔体。如果未设置对象的动画，并将使用动力学设置其动画，可以选择该选项。如果已在对象上使用非动力学动画，并且希望在创建柔体之后保留该动画，也可以使用该选项。

复制，将副本生成柔体: 将对象的副本生成柔体，而不改变原始对象。如果使用该选项，则可以启用"将非柔体作为目标"选项，以使原始对象成为柔体的一个目标对象。柔体跟在已设置动画的目标对象后面，可以编辑柔体粒子的目标权重以创建有弹性的或抖动的运动效果。

复制，将原始生成柔体: 该选项的使用方法与"复制，将副本生成柔体"类似，可以使原始对象成为柔体，同时复制出一个原始对象。

复制输入图表: 使用任一复制选项创建柔体时，复制上游节点。如果原始对象具有希望能够在副本中使用和编辑的依存关系图输入，可以启用该选项。

隐藏非柔体对象: 如果在创建柔体时复制对象，那么其中一个对象会变为柔体。如果启用该选项，则会隐藏不是柔体的对象。

> **技巧与提示**
>
> 注意，如果以后需要显示隐藏的非柔体对象，可以在"大纲视图"中选择该对象，然后执行"显示>显示>显示当前选择"菜单命令。

将非柔体作为目标: 选择该选项后，可以使柔体跟踪或移向从原始几何体或重复几何体生成的目标对象。使用"绘制柔体权重工具"可以通过在柔体表面上绘制，逐粒子在柔体上设定目标权重。

> **技巧与提示**
>
> 注意，如果在关闭"将非柔体作为目标"选项的情况下创建柔体，仍可以为粒子创建目标。选择柔体粒子，按住Shift键选择要成为目标的对象，然后执行"粒子>目标"菜单命令，可以创建出目标对象。

权重: 设定柔体在从原始几何体或重复几何体生成的目标对象后面有多近。值为0可以使柔体自由地弯曲和变形；值为1可以使柔体变得僵硬；0~1的值具有中间的刚度。

如果不启用"隐藏非柔体对象"选项，则可以在"大纲视图"中选择柔体，而不选择非柔体。如果无意中将场应用于非柔体，它会变成默认情况下受该场影响的刚体。

课堂案例

制作柔体动画

场景位置	Scenes>CH11>11-5.mb
实例位置	Examples>CH11>11.5>11-5.mb
难易指数	★★☆☆☆
技术掌握	掌握柔体动画的制作方法

本例用"柔体"命令制作柔体动画，效果如图11-82所示。

图11-82

① 打开学习资源中的"Scenes>CH11>11-5.mb"文件，场景中有一个海马模型，如图11-83所示。

图11-83

② 选择海马模型，切换到"建模"模块，执行"变形>晶格"菜单命令，接着在"通道盒/层编辑器"面板中设置"S分段数"为4，"T分段数"为10，"U分段数"为6，如图11-84所示。

图11-84

③ 切换到FX模块，为晶格执行"nParticle>柔体"菜单命令，此时在晶格节点下生成了一个ffd1LatticeParticle（粒子）节点，如图11-85所示。选择ffd1LatticeParticle节点，然后执行"字段/解算器>

重力"菜单命令，接着在场景中创建一个多边形平面，如图11-86所示。

④ 选择多边形平面，然后执行"nCloth>创建被动碰撞对象"菜单命令，如图11-87所示。

图11-85

图11-86　　　　图11-87

⑤ 选择ffd1LatticeParticle（粒子）节点，然后在"属性编辑器"面板中展开"碰撞"卷展栏，接着选择"自碰撞"选项，设置"反弹"为1，如图11-88所示。

⑥ 选择nRigid1节点，然后在"属性编辑器"面板中展开"碰撞"卷展栏，接着设置"反弹"为1，如图11-89所示。最后播放动画，效果如图11-90所示。

图11-88　　　　图11-89

图11-90

11.2.2 创建弹簧

因为柔体内部是由粒子构成的，所以只用权重来控制是不够的，会使柔体显得过于松散。使用"弹簧"命令 就可以解决这个问题，为一个柔体添加弹簧，可以建造柔体内在的结构，以改善柔体的形体效果。打开"弹簧选项"对话框，如图11-91所示。

图11-91

【常用参数介绍】

弹簧名称：设置要创建的弹簧的名称。

添加到现有弹簧：将弹簧添加到某个现有弹簧对象，而不是添加到新弹簧对象。

不复制弹簧：如果在两个点之间已经存在弹簧，则可避免在这两个点之间再创建弹簧。当启用"添加到现有弹簧"选项时，该选项才起作用。

设置排除：选择多个对象时，会基于点之间的平均长度，使用弹簧将来自选定对象的点链接到每隔一个对象中的点。

创建方法：设置弹簧的创建方法，共有以下3种。

最小值/最大值：仅创建处于"最小距离"和"最大距离"选项范围内的弹簧。

全部：在所有选定的成对点之间创建弹簧。

线框：在柔体外部边上的所有粒子之间创建弹簧。对于从曲线生成的柔体（如绳索），该选项很有用。

最小/最大距离：当设置"创建方法"为"最小值/最大值"时，这两个选项用来设置弹簧的范围。

线移动长度：该选项可以与"线框"选项一起使用，用来设定在边粒子之间创建多少个弹簧。

使用逐弹簧刚度/阻尼/静止长度：可用于设定各个弹簧的刚度、阻尼和静止长度。创建弹簧后，如果启用这3个选项，Maya将使用应用于弹簧对象中所有弹簧的"刚度""阻尼"和"静止长度"属性值。

刚度：设置弹簧的坚硬程度。如果弹簧的坚硬度增加过快，那么弹簧的伸展或者缩短也会非常快。

阻尼：设置弹簧的阻尼力。如果该值较高，弹簧的长度变化就会变慢；若该值较低，弹簧的长度变化就会加快。

静止长度：设置播放动画时弹簧尝试达到的长度。如果关闭"使用逐弹簧静止长度"选项，"静止长度"将设置为与约束相同的长度。

末端1权重：设置应用到弹簧起始点上的弹力的大小。值为0时，表明起始点不受弹力的影响；值为1时，表明受到弹力的影响。

末端2权重：设置应用到弹簧结束点上的弹力的大小。值为0时，表明结束点不受弹力的影响；值为1时，表明受到弹力的影响。

11.2.3 绘制柔体权重工具

"绘制柔体权重工具"主要用于修改柔体的权重，与骨架、蒙皮中的权重工具相似。打开"绘制柔体权重工具"的"工具设置"面板，如图11-92所示。

技巧与提示

创建柔体时，只有当设置"创建选项"为"复制，将副本生成柔体"或"复制，将原始生成柔体"时，并开启"将非柔体作为目标"选项时，才能使用"绘制柔体权重工具"修改柔体的权重。

图11-92

11.3 动力场

使用动力场可以模拟出各种物体因受到外力作用而产生的不同特性。在Maya中，动力场并非可见物体，就像物理学中的力一样，看不见，也摸不着，但是可以影响场景中能够看到的物体。在动力学的模拟过程中，并不能通过人为设置关键帧来对物体制作动画，这时力场就可以成为制作动力学对象的动画工具。不同的力场可以创建出不同形式的运动，如使用"重力"场或"一致"场可以在一个方向上影响动力学对象，也可以创建出旋涡场和径向场等，就好比对物体施加了各种不同种类的力一样，所以可以把场作为外力来使用。图11-93所示的是使用动力场制作的特效。

图11-93

技巧与提示

在Maya中，可以将动力场分为以下3大类。

第1类：独立力场。这类力场通常可以影响场景中的所有范围。它不属于任何几何物体（力场本身也没有任何形状），如果打开"大纲视图"，会发现该类型的力场只有一个节点，不受任何其他节点的控制。

第2类：物体力场。这类力场通常属于一个有形状的几何物体，它相当于寄生在物体表面来发挥力场的作用。在工作视图中，物体力场表现为在物体附近的一个小图标，打开"大纲视图"，物体力场会表现为归属在物体节点下方的一个场节点。一个物体可以包含多个物体力场，可以对多种物体使用物体力场，而不仅仅是曲面或多边形物体。如可以对曲线、粒子物体、晶格体、面片的顶点使用物体力场，甚至可以使用力场影响CV点、控制点或晶格变形点。

第3类：体积力场。体积力场是一种定义了作用区域形状的力场，这类力场对物体的影响受限于作用区域的形状，在工作视图中，体积力场会以一个几何物体显示。用户可以自己定义体积力场的形状，供选择的有球体、立方体、圆柱体、圆锥体和圆环5种。

在Maya 2016中，打开"字段/解算器"菜单可创建动力场，如图11-94所示。动力场共有10种，分别是"空气""阻力""重力""牛顿""径向""湍流""统一""旋涡""体积轴"和"体积曲线"。

图11-94

11.3.1 空气

"空气"场是由点向外某一方向产生的推动力，可以把受到影响的物体沿着这个方向向外推出，如同被风吹走一样。Maya提供了3种类型的"空气"场，分别是"风""尾迹"和"扇"。打开"空气选项"对话框，如图11-95所示。

图11-95

【常用参数介绍】

空气场名称：设置空气场的名称。

风：产生接近自然风的效果。

尾迹：产生阵风效果。

扇：产生像风扇吹出的风一样的效果。

幅值：设置空气场的强度。所有10个动力场都用该参数来控制力场对受影响物体作用的强弱。该值越大，力的作用越强。

技巧与提示

"幅值"可取负值，负值代表相反的方向。对于"牛顿"场，正值代表引力场，负值代表斥力场；对于"径向"，正值代表斥力场，负值代表引力场；对于"阻力"场，正值代表阻碍当前运动，负值代表加速当前运动。

衰减：在一般情况下，力的作用会随距离的加大而减弱。

方向X/Y/Z：调节x/y/z轴方向上作用力的影响。

速率：设置空气场中的粒子或物体的运动速度。

继承速率：控制空气场作为子物体时，空力场本身的运动速率给空气带来的影响。

继承旋转：控制空气场作为子物体时，空气场本身的旋转给空气带来的影响。

仅组件：选择该选项时，空气场仅对气流方向上的物体起作用；如果关闭该选项，空气场对所有物体的影响力都是相同的。

启用扩散：指定是否使用"扩散"角度。如果选择"启用扩散"选项，空气场将只影响"扩散"设置指定的区域内的连接对象，运动以类似圆锥的形状呈放射状向外扩散；如果关闭"启用扩散"选项，空气场将影响"最大距离"设置内的所有连接对象的运动方向是一致的。

使用最大距离：选择该选项后，可以激活下面的"最大距离"选项。

最大距离：设置力场的最大作用范围。

体积形状：决定场影响粒子/刚体的区域。

体积排除：选择该选项后，将划分一个粒子或刚体不受场影响的区域。

体积偏移X/Y/Z：从场的位置偏移体积。如果旋转场，也会旋转偏移方向，因为它在局部空间内操作。

体积扫描：定义除"立方体"外的所有体积的旋转范围，其取值范围为0°~360°。

截面半径：定义"圆环"的实体部分的厚度（相对于圆环的中心环的半径），中心环的半径由场的比例确定。如果缩放场，则"截面半径"将保持其相对于中心环的比例。

11.3.2 阻力

物体在穿越不同密度的介质时，由于阻力的改变，物体的运动速率也会发生变化。"阻力"场可以用来给运动中的动力学对象添加一个阻力，从而改变物体的运动速度。打开"阻力选项"对话框，如图11-96所示。

图11-96

【常用参数介绍】

阻力场名称：设置阻力场的名字。

幅值：设置阻力场的强度。

衰减：当阻力场远离物体时，阻力场的强度就越小。

使用方向：设置阻力场的方向。

X/Y/Z方向：沿x轴、y轴和z轴设定阻力的影响方向。必须启用"使用方向"选项后，这3个选项才可用。

11.3.3 重力

"重力"场主要用来模拟物体受到万有引力作用而向某一方向进行加速运动的状态。使用默认参数值，可以模拟物体受地心引力的作用而产生自由落体的运动效果。打开"重力选项"对话框，如图11-97所示。

图11-97

11.3.4 牛顿

"牛顿"场可以用来模拟物体在相互作用的引力和斥力下的作用，相互接近的物体间会产生引力和斥力，其值的大小取决于物体的质量。打开"牛顿选项"对话框，如图11-98所示。

图11-98

11.3.5 径向

"径向"场可以将周围各个方向的物体向外推出。"径向"场可以用于控制爆炸等由中心向外辐射散发的各种现象。将"幅值"值设置为负值时，也可以用来模拟把四周散开的物体聚集起来的效果。打开"径向选项"对话框，如图11-99所示。

图11-99

11.3.6 湍流

"湍流"场是经常用到的一种动力场。用

"湍流"场可以使范围内的物体产生随机运动效果，常常应用在粒子、柔体和刚体中。打开"湍流选项"对话框，如图11-100所示。

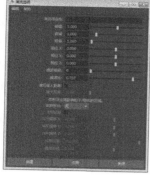

图11-100

【常用参数介绍】

频率： 该值越大，物体无规则运动的频率就越高。

相位X/Y/Z： 设定湍流场的相位移，这决定了中断的方向。

噪波级别： 值越大，湍流越不规则。"噪波级别"属性指定了要在噪波表中执行的额外查找的数量。值为0表示仅执行一次查找。

噪波比： 指定了连续查找的权重，权重得到累积。例如，如果将"噪波比"设定为0.5，则连续查找的权重为（0.5，0.25），以此类推；如果将"噪波级别"设定为0，则"噪波比"不起作用。

11.3.7 统一

"统一"场 可以将所有受到影响的物体向同一个方向移动，靠近均匀中心的物体将受到更大程度的影响。打开"一致选项"对话框，如图11-101所示。

图11-101

技巧与提示

对于单一的物体，统一场所起的作用与重力场类似，都是向某一个方向对物体进行加速运动。重力场、空气场和统一场的一个重要区别是：重力场和空气场是处于同一个重力场的运动状态（如位移、速度、加速度）下的，且与物体的质量无关，而处于同一个空气场和统一场中的物体的运动状态受到本身质量大小的影响，质量越大，位移、速度变化就越慢。

11.3.8 旋涡

受到"旋涡"场 影响的物体将以旋涡的中心围绕指定的轴进行旋转，利用"旋涡"场可以很轻易地实现各种旋涡状的效果。打开"旋涡选项"对话框，如图11-102所示。

图11-102

技巧与提示

"旋涡选项"对话框中的参数在前面的内容中已经介绍过，因此这里不再重复讲解。

11.3.9 体积轴

"体积轴"场 是一种局部作用的范围场，只有在选定的形状范围内的物体才可能受到体积轴场的影响。在参数方面，体积轴场综合了旋涡场、统一场和湍流场的参数，如图11-103所示。

图11-103

【常用参数介绍】

反转衰减： 当启用"反转衰减"并将"衰减"设定为大于0的值时，体积轴场的强度在体积的边缘上最强，在体积轴场的中心轴处衰减为0。

远离中心： 指定粒子远离"立方体"或"球体"体积中心点的移动速度。可以使用该属性创建爆炸效果。

远离轴：指定粒子远离"圆柱体""圆锥体"或"圆环"体积中心轴的移动速度。对于"圆环"，中心轴为圆环实体部分的中心环形。

沿轴：指定粒子沿所有体积中心轴的移动速度。

绕轴：指定粒子围绕所有体积中心轴的移动速度。当与"圆柱体"体积形状结合使用时，该属性可以创建旋转的气体效果。

方向速率：在所有体积的"方向X""方向Y"和"方向Z"属性指定的方向添加速度。

湍流速率：指定湍流随时间更改的速度。湍流每秒进行一次无缝循环。

湍流频率X/Y/Z：控制适用于发射器边界体积内部的湍流函数的重复次数，低值会创建非常平滑的湍流。

湍流偏移X/Y/Z：用该选项可以在体积内平移湍流，为其设置动画可以模拟吹动的湍流风。

细节湍流：设置第2个更高频率湍流的相对强度，第2个湍流的速度和频率均高于第1个湍流。当"细节湍流"不为0时，模拟运行可能有点慢，因为要计算第2个湍流。

11.3.10 体积曲线

"体积曲线"场可以沿曲线的各个方向移动对象以及定义绕该曲线的半径，在该半径范围内轴场处于活动状态。

11.3.11 将选择对象作为场源

打开"字段/解算器"菜单可以执行"使用选定对象作为源"命令，如图11-104所示。该命令的作用是设定场源，这样可以让力场从所选物体处开始产生作用，并将力场设定为所选物体的子物体。

图11-104

技巧与提示

如果选择物体后再创建一个场，物体会受到场的影响，但是物体与场之间并不存在父子关系。在执行"使用选定对象作为源"命令之后，物体不受力场的影响，必须执行"字段/解算器>指定给选定对象"菜单命令后，物体才会受到场的影响。

11.3.12 影响选定对象

打开"字段/解算器"菜单可以执行"指定给选定对象"命令，如图11-105所示。该命令可以连接所选物体与所选力场，使物体受到力场的影响。

图11-105

技巧与提示

执行"窗口>关系编辑器>动力学关系"菜单命令，打开"动力学关系编辑器"窗口，在该窗口中也可以连接所选物体与力场，如图11-106所示。

图11-106

11.4 刚体

刚体是把几何物体转换为坚硬的多边形物体表面来进行动力学解算的一种方法，它可以用来模拟物理学中的动量碰撞等效果，如图11-107所示。

在Maya中，若要创建与编辑刚体，需要切换到FX模块，然后在"字段/解算器"菜单下就可以完成创建与编辑操作，如图11-108所示。

图11-107　　图11-108

刚体可以分为主动刚体和被动刚体两大类。主动刚体拥有一定的质量，可以受动力场、碰撞和非关键帧化的弹簧影响，从而改变运动状态；被动刚体相当于无限大质量的刚体，它能影响主动刚体的运动。但是被动刚体可以用来设置关键帧，一般被动刚体在动力学动画中被用来制作地面、墙壁、岩石和障碍物等比较固定的物体，如图11-109所示。

图11-109

在使用刚体时需要注意以下5点。

第1点：只能使用物体的形状节点或组节点来创建刚体。

第2点：曲线和细分曲面几何体不能用来创建刚体。

第3点：刚体碰撞时根据法线方向来计算。制作内部碰撞时，需要反转外部物体的法线方向。

第4点：为被动刚体设置关键帧时，在"时间轴"和"通道盒/层编辑器"面板中均不会显示关键帧标记，需要打开"曲线图编辑器"才能看到关键帧的信息。

第5点：因为曲面刚体解算的速度比较慢，所以要尽量使用多边形刚体。

11.4.1 创建主动刚体

主动刚体拥有一定的质量，可以受动力场、碰撞和非关键帧化的弹簧影响，从而改变运动状态。执行"创建主动刚体"命令，打开"刚性选项"对话框，其参数分为3大部分，分别是"刚体属性""初始设置"和"性能属性"，如图11-110所示。

图11-110

【常用参数介绍】

刚体名称：设置要创建的主动刚体的名称。

1.刚体属性

展开"刚体属性"卷展栏，如图11-111所示。

图11-111

【常用参数介绍】

活动：使刚体成为主动刚体。如果关闭该选项，则刚体为被动刚体。

粒子碰撞：如果已使粒子与曲面发生碰撞，且曲面为主动刚体，则可以启用或禁用"粒子碰撞"选项，以设定刚体是否对碰撞力作出反应。

质量：设定主动刚体的质量。质量越大，对碰撞对象的影响也就越大。Maya将忽略被动刚体的质量属性。

设置质心：该选项仅适用于主动刚体。

质心X/Y/Z：指定主动刚体的质心在局部空间坐标中的位置。

静摩擦力：设定刚体阻止从另一刚体的静止接触中移动的阻力大小。值为0时，刚体可自由移动；值为1时，则移动将减小。

动摩擦力：设定移动刚体阻止从另一刚体曲面中移动的阻力大小。值为0时，刚体可自由移动；值为1时，则移动将减小。

当两个刚体接触时，每个刚体的"静摩擦力"和"动摩擦力"均有助于其运动。若要调整刚体在接触中的滑动和翻滚，可以尝试使用不同的"静摩擦力"和"动摩擦力"值。

反弹度：设定刚体的弹性。

阻尼：设定与刚体移动方向相反的力。该属性类似于阻力，它会在与其他对象接触之前、接触之中以及接触之后影响对象的移动。正值会减弱移动；负值会加强移动。

冲量X/Y/Z：使用幅值和方向，在"冲量位置X/Y/Z"中指定的局部空间位置的刚体上创建瞬时力。数值越大，力的幅值就越大。

冲量位置X/Y/Z：在冲量冲击的刚体局部空间中指定位置。如果冲量冲击质心以外的点，则刚体除了随其速度更改而移动以外，还会围绕质心旋转。

自旋冲量X/Y/Z：朝X、Y、Z值指定的方向，将瞬时旋转力（扭矩）应用于刚体的质心，这些值将设定幅值和方向。值越大，旋转力的幅值就越大。

2.初始设置

展开"初始设置"卷展栏，如图11-112所示。

图11-112

【常用参数介绍】

初始自旋 X/Y/Z：设定刚体的初始角速度，这将自旋该刚体。

设置初始位置：选择该选项后，可以激活下面的"初始位置 X""初始位置 Y"和"初始位置 Z"选项。

初始位置 X/Y/Z：设定刚体在世界空间中的初始位置。

设置初始方向：选择该选项后，可以激活下面的"初始方向 X""初始方向 Y"和"初始方向 Z"选项。

初始方向 X/Y/Z：设定刚体的初始局部空间方向。

初始速度 X/Y/Z：设定刚体的初始速度和方向。

3.性能属性

展开"性能属性"卷展栏，如图11-113所示。

图11-113

【常用参数介绍】

替代对象：允许选择简单的内部"立方体"或"球体"作为刚体计算的替代对象，原始对象仍在场景中可见。如果使用替代对象"球体"或"立方体"，则播放速度会提高，但碰撞反应将与实际对象不同。

细分因子：Maya会在设置刚体动态动画之前在内部将NURBS对象转化为多边形。"细分因子"将设定转化过程中创建的多边形的近似数量。数量越小，创建的几何体越粗糙，且会降低动画精确度，但可以提高播放速度。

碰撞层：可以用碰撞层来创建相互碰撞的对象专用组。只有碰撞层编号相同的刚体才会相互碰撞。

缓存数据：选择该选项时，刚体在模拟动画时的每一帧位置和方向数据都将被存储起来。

11.4.2 创建被动刚体

被动刚体相当于无限大质量的刚体，它能影响主动刚体的运动。执行"创建被动刚体"命令，打开"刚性选项"对话框，其参数与主动刚体的参数相同，如图11-114所示。

图11-114

技巧与提示

选择"活动"选项可以使刚体成为主动刚体；关闭"活动"选项，则刚体为被动刚体。

课堂案例

制作桌球动画

场景位置	Scenes>CH11>11-6.mb
实例位置	Examples>CH11>11.6>11-6.mb
难易指数	★★★☆☆
技术掌握	掌握创建动力学刚体的方法

本例将学习使用Maya动力学模块中的刚体系统来模拟桌球的动画，案例效果如图11-115所示。

图11-115

01 打开学习资源中的"Scenes>CH11>11-6.mb"文件，场景中是一套桌球的模型，如图11-116所示。

图11-116

02 选择场景中的所有模型，然后执行"修改>冻结变换"菜单命令，接着执行"编辑>按类型删除>历史"菜单命令，清除模型的历史记录，如图11-117和图11-118所示。

图11-117　　　　　图11-118

03 打开"大纲视图"窗口，然后选择所有的桌球模型，并执行"字段/解算器>创建主动刚体"菜单命令，如图11-119所示。

图11-119

04 保持对所有桌球模型的选择，然后执行"字段/解算器>重力"菜单命令，为桌球模型创建重力，如图11-120所示。

图11-120

05 选择球桌模型，然后执行"字段/解算器>创建被动刚体"菜单命令，如图11-121所示。

图11-121

技巧与提示

此时播放动画，可以观察到没有动画效果，这是因为没有给桌球的母球一个向前的推动力。

06 使用"移动工具" 将球杆模型移动至图11-122所示的位置。

07 在右视图中使用"旋转工具" 将球杆模型沿x轴旋转-5，如图11-123所示。

图11-122　　　　　图11-123

技巧与提示

将球杆旋转是为了避免球杆与球桌之间产生穿插，并使球杆能够撞击到母球的中间位置。

08 在第1帧处，选择球杆模型，然后按S键设置球杆模型的关键帧，如图11-124所示。

09 在第8帧处，使用"移动工具" 将球杆模型向母球方向移动，接着按S键设置关键帧，如图11-125所示。

图11-124　　　　　图11-125

技巧与提示

此时播放动画，依然没有预期的动画效果，这是因为球杆与母球之间没有动力学关系。

10 选择球杆模型，然后执行"字段/解算器>创建被动刚体"菜单命令，如图11-126所示。

图11-126

⑪ 选择母球模型，然后执行"字段/解算器>创建主动刚体"菜单命令，如图11-127所示。

图11-127

⑫ 将时间尺的范围调整至48帧，然后播放动画，此时可以观察到球杆与母球之间已经产生了碰撞效果，而其他的桌球也受到了母球的碰撞，如图11-128所示。最终动画效果如图11-129所示。

图11-128

图11-129

11.4.3 约束

在制作刚体碰撞效果时，往往需要将刚体控制在一个理想的范围内，或者是不想刚体随意运动，这时就需要使用"约束"将刚体控制住，在"字段/解算器"菜单下就可以完成创建与编辑约束，如图11-130所示。

图11-130

1.创建钉子约束

用"创建钉子约束"命令可以将主动刚体固定到世界空间的一点，相当于将一根绳子的一端系在刚体上，而另一端固定在空间的一个点上。执行"创建钉子约束"命令，打开"约束选项"对话框，如图11-131所示。

图11-131

【常用参数介绍】

约束名称：设置要创建的钉子约束的名称。

约束类型：选择约束的类型，包含"钉子""固定""铰链""弹簧"和"屏障"这5种。

穿透：当刚体之间产生碰撞时，选择该选项可以使刚体之间相互穿透。

设置初始位置：选择该选项后，可以激活下面的"初始位置"属性。

初始位置：设置约束在场景中的位置。

初始方向：仅适用于"铰链"和"屏障"约束，可以通过输入X、Y、Z的值来设置约束的初始方向。

刚度：设置"弹簧"约束的弹力。在具有相同距离的情况下，该数值越大，弹簧的弹力越大。

阻尼：设置"弹簧"约束的阻尼力。阻尼力的强度与刚体的速度成正比；阻尼力的方向与刚体速度的方向成反比。

设置弹簧静止长度：当设置"约束类型"为"弹簧"时，选择该选项可以激活下面的"静止长度"选项。

静止长度：设置在播放场景时弹簧尝试达到的长度。

2.创建固定约束

用"创建固定约束"命令可以将两个主动刚体或将一个主动刚体与一个被动刚体链接在一起，其作用就如同金属钉通过两个对象末端的球关节将其连接，如图11-132所示。"固定"约束经常用来创建类似链或机器臂中的链接效果。执行"创建固定约束"命令，打开

"约束选项"对话框,如图11-133所示。

图11-132

图11-133

图11-135

技巧与提示

"创建固定约束"命令的参数与"创建钉子约束"命令的参数相同,只是前者的"约束类型"默认为"固定"类型。

3.创建铰链约束

"创建铰链约束"命令是通过一个铰链沿指定的轴约束刚体。可以使用"铰链"约束创建诸如铰链门、连接列车车厢的链或时钟的钟摆之类的效果。可以在一个主动或被动刚体以及工作区中的一个位置创建"铰链"约束,也可以在两个主动刚体或一个主动刚体和一个被动刚体之间创建"铰链"约束。执行"创建铰链约束"命令,打开"约束选项"对话框,如图11-134所示。

图11-134

4.创建屏障约束

用"创建屏障约束"命令可以创建无限屏障平面,超出后刚体重心将不会移动。可以使用"屏障"约束来创建阻塞其他对象的对象,例如墙或地板。可以使用"屏障"约束替代碰撞效果来节省处理时间,但是对象将偏转但不会弹开平面。注意,"屏障"约束仅适用于单个活动刚体;它不会约束被动刚体。执行"创建屏障约束"命令,打开"约束选项"对话框,如图11-135所示。

11.5 流体

流体最早是工程力学的分支学科,用来计算没有固定形态的物体在运动中的受力状态。随着计算机图形学的发展,流体也不再是现实学科的附属物了。Maya的流体功能是一个非常强大的流体动画特效制作工具,使用流体可以模拟出没有固定形态的物体的运动状态,如云雾、爆炸、火焰和海洋等,如图11-136所示。

在Maya中,流体可分为两大类,分别是2D流体和3D流体。切换到FX模块,然后展开"流体"菜单,如图11-137所示。

图11-136

图11-137

技巧与提示

如果没有容器,流体将不能生存和发射粒子。Maya中的流体指的是单一的流体,也就是不能让两个或两个以上的流体相互作用。Maya提供了很多自带的流体特效文件,可以直接调用。

11.5.1 3D容器

"3D容器"命令 主要用来创建3D容器。打开"创建具有发射器的3D容器选项"对话框,如图11-138所示。

图11-138

【常用参数介绍】

X/Y/Z分辨率：设置容器中流体显示的分辨率。分辨率越高，流体越清晰。

X/Y/Z大小：设置容器的大小。

11.5.2 2D容器

"2D容器"命令 主要用来创建2D容器。打开"创建具有发射器的2D容器选项"对话框，如图11-139所示。

图11-139

> 技巧与提示
>
> "创建具有发射器的2D容器选项"对话框中的参数与"创建具有发射器的3D容器选项"对话框中的参数基本相同，这里不再重复讲解。

11.5.3 流体属性

在场景中选择流体，然后打开"属性编辑器"面板，接着切换到fluidShape选项卡，如图11-140所示。在该选项卡下，提供了调整流体形态、颜色和动力学等效果的属性。

图11-140

【fluidShape节点介绍】

禁用求值： 选择该选项后流体将不会进行动力学计算，也就不会具有动态效果。

1.容器特性

"容器特性"卷展栏中的属性主要用于控制流体容器的大小和精度，如图11-141所示。

图11-141

2.内容方法

"内容方法"卷展栏中的属性主要用于控制流体的各个属性是否具有动力学效果，如图11-142所示。

图11-142

3.显示

"显示"卷展栏中的属性主要用于设置流体容器的外观，如图11-143所示。

图11-143

4.动力学模拟

"动力学模拟"卷展栏中的属性主要用于控制流体的基础动力学属性和解算的精度，如图11-144所示。

图11-144

5.液体

"液体"卷展栏中的属性可以使流体模拟液体效果，如图11-145所示。

图11-145

6.自动调整大小

"自动调整大小"卷展栏中的属性可以使流体容器的大小随着流体的大小自动调整,如图11-146所示。

图11-146

7.自吸引和排斥

"自吸引和排斥"卷展栏中的属性可以使流体容器中的体素之间生成吸引力和排斥力,如图11-147所示。

图11-147

8.内容详细信息

"内容详细信息"卷展栏中的属性主要用于控制流体的密度、速度、湍流、温度、燃料和颜色等物理属性,如图11-148所示。

图11-148

9.栅格缓存

"栅格缓存"卷展栏中的属性主要用于设置是否读取流体属性信息,如图11-149所示。

图11-149

10.表面

"表面"卷展栏中的属性主要用于设置流体的渲染方式,如图11-150所示。

图11-150

11.输出网格

"输出网格"卷展栏中的属性主要用于控制分辨率、平滑度和流体到多边形网格转化的速度,如图11-151所示。

图11-151

12.着色

"着色"卷展栏中的属性可将内置着色效果应用到流体上,如图11-152所示。

图11-152

13.着色质量

"着色质量"卷展栏中的属性主要用于控制渲染的着色质量,如图11-153所示。

图11-153

14.纹理

"纹理"卷展栏中的属性使用内置到fluidShape节点的纹理,可以增加采样时间,以获得高质量渲染,如图11-154所示。

图11-154

15.照明

"照明"卷展栏中的属性主要用于控制流体的光照效果，如图11-155所示。

图11-155

11.5.4 添加/编辑内容

"添加/编辑内容"菜单包含6个子命令，分别是"发射器""从对象发射""渐变""绘制流体工具""连同曲线"和"初始状态"，如图11-156所示。

图11-156

1.发射器

选择容器以后，执行"发射器"命令可以为当前容器添加一个发射器。打开"发射器选项"对话框，如图11-157所示。

图11-157

【常用参数介绍】

发射器名称：设置流体发射器的名称。

将容器设置为父对象：选择该选项后，可以将创建的发射器设置为所选容器的子物体。

发射器类型：包含"泛向"和"体积"两种。

泛向：该发射器可以向所有方向发射流体。

体积：该发射器可以从封闭的体积发射流体。

密度速率（/体素/秒）：设定每秒内将密度值发射到栅格体素的平均速率。负值会从栅格中移除密度。

热量速率（/体素/秒）：设定每秒内将温度值发射到栅格体素的平均速率。负值会从栅格中移除热量。

燃料速率（/体素/秒）：设定每秒内将燃料值发射到栅格体素的平均速率。负值会从栅格中移除燃料。

技巧与提示

"体素"是"体积"和"像素"的缩写，表示把平面的像素推广到立体空间中，可以理解为立体空间内体积的最小单位。另外，密度是流体的可见特性；热量的高低可以影响一个流体的反应；速度是流体的运动特性；燃料是密度定义的可发生反应的区域。密度、热量、燃料和速度是动力学流体必须模拟的，可以通过用速度的力量来推动容器内所有的物体。

流体衰减：设定流体发射的衰减值。对于"体积"发射器，衰减指定远离体积轴（取决于体积形状）移动时发射衰减的程度；对于"泛向"发射器，衰减以发射点为基础，从"最小距离"发射到"最大距离"。

循环发射：在一段间隔（以帧为单位）后重新启动随机流。

无（禁用timeRandom）：不进行循环发射。

帧（启用timeRandom）：如果将"循环发射"设定为"帧（启用timeRandom）"，并将"循环间隔"设定为1，将导致在每一帧内重新启动随机流。

循环间隔：设定相邻两次循环的时间间隔，其单位是"帧"。

最大距离：从发射器创建新的特性值的最大距离，不适用于"体积"发射器。

最小距离：从发射器创建新的特性值的最小距离，不适用于"体积"发射器。

体积形状：设定"体积"发射器的形状，包括"立方体""球体""圆柱体""圆锥体"和"圆环"这5种。

体积偏移X/Y/Z：设定体积偏移发射器的距离，这个距离基于发射器的局部坐标。旋转发射器时，设定的体积偏移也会随之旋转。

体积扫描：设定发射体积的旋转角度。

截面半径：仅应用于"圆环"体积，用于定义圆环的截面半径。

2.从对象发射

用"从对象发射"命令可以将流体从选定对象上发射出来。打开"从对象发射选项"对话框，如图11-158所示。

图11-158

【常用参数介绍】

发射器类型：选择流体发射器的类型，包含"泛向""表面"和"曲线"这3种。

泛向：这种发射器可以从各个方向发射流体。

表面：这种发射器可以从对象的表面发射流体。

曲线：这种发射器可以从曲线上发射流体。

技巧与提示

必须保证曲线和表面在流体容器内，否则它们不会发射流体。如果曲线和表面只有一部分在流体容器内部，则只有在容器内部的部分才会发射流体。

3.渐变

用"渐变"命令为流体的密度、速度、温度和燃料填充渐变效果。打开"流体渐变选项"对话框，如图11-159所示。

图11-159

【常用参数介绍】

密度：设定流体密度的梯度渐变，包含"恒定""X渐变""Y渐变""Z渐变""-X渐变""-Y渐变""-Z渐变"和"中心渐变"这8种。图11-160所示的分别是这8种渐变效果。

图11-160

速度：设定流体发射梯度渐变的速度。

温度：设定流体温度的梯度渐变。

燃料：设定流体燃料的梯度渐变。

4.绘制流体工具

用"绘制流体工具"可以绘制流体的密度、颜色、燃料、速度和温度等属性。打开"绘制流体工具"的"工具设置"面板，如图11-161所示。

图11-161

【常用参数介绍】

自动设置初始状态：如果启用该选项，那么在退出绘制流体工具、更改当前时间或更改当前选择时，会自动保存流体的当前状态；如果禁用该选项，并且在播放或单步执行模拟之前没有设定流体的初始状态，那么原始绘制的值将会丢失。

可绘制属性：设置要绘制的属性，共有以下8个选项。

密度：绘制流体的密度。

密度和颜色：绘制流体的密度和颜色。

密度和燃料：绘制流体的密度和燃料。

速度：绘制流体的速度。

温度：绘制流体的温度。

燃料：绘制流体的燃料。

颜色：绘制流体的颜色。

衰减：绘制流体的衰减程度。

颜色值：当设置"可绘制属性"为"颜色"或"密度和颜色"时，该选项才可用，主要用来设置绘制的颜色。

速度方向：使用"速度方向"设置可选择如何定义所绘制的速度笔划的方向。

来自笔划：速度向量值的方向来自沿当前绘制切片的笔刷的方向。

按指定：选择该选项时，可以激活下面的"已指定"数值输入框，可以通过输入x、y、z的数值来指定速度向量值。

绘制操作：选择一个操作以定义希望绘制的值如何受影响。

替换：使用指定的明度值和不透明度替换绘制的值。

添加：将指定的明度值和不透明度与绘制的当前体素值相加。

缩放：按明度值和不透明度因子缩放绘制的值。

平滑：将值更改为周围的值的平均值。

值：设定执行任何绘制操作时要应用的值。

最小值/最大值：设定可能的最小和最大绘制值。默认情况下，可以设置绘制值为0~1的值。

钳制：选择是否要将值钳制在指定的范围内，而不管绘制时设定的"值"数值。

下限：将"下限"值钳制为指定的"钳制值"。

上限：将"上限"值钳制为指定的"钳制值"。

钳制值：为"钳制"设定"上限"和"下限"值。

整体应用 整体应用 ：单击该按钮可以将笔刷设置应用于选定节点上的所有属性值。

图11-162

图11-163

图11-164

图11-165

5.连同曲线

用"连同曲线"命令可以让流体从曲线上发射出来，同时可以控制流体的密度、颜色、燃料、速度和温度等属性。打开"使用曲线设置流体内容选项"对话框，如图11-166所示。

图11-166

【常用参数介绍】

密度：设定曲线插入当前流体的密度值。

速度：设定曲线插入当前流体的速度值（包含速度大小和方向）。

温度：设定曲线插入当前流体的温度值。

燃料：设定曲线插入当前流体的燃料值。

颜色：设定曲线插入当前流体的颜色值。

衰减：设定曲线插入当前流体的衰减值。

操作：可以向受影响体素的内容"添加"内容或"替换"受影响体素的内容。

添加：曲线上的流体参数设置将添加到相应位置的原有体素上。

替换：曲线上的流体参数设置将替换相应位置的原有体素设置。

曲线采样数：设定曲线计算流体的次数。该数值越大，效果越好，但计算量会增大。

半径：设定流体沿着曲线插入时的半径。

基于曲率的速度：选择该选项时，流体的速度将受到曲线的曲率影响。曲率大的地方速度会变慢；曲率小的地方速度会加快。

设置初始状态：设定当前帧的流体状态为初始状态。

技巧与提示

要用"连同曲线"命令来控制物体的属性，必须设定流体容器为"动态栅格"或"静态栅格"。另外该命令类似于"从对象发射"中的"曲线"发射器，"曲线"发射器是以曲线为母体，而"连同曲线"是从曲线上发射，即使删除了曲线，流体仍会在容器中发射出来，如图11-167所示。

图11-167

6.初始状态

"初始状态"命令可以用Maya自带流体的初始状态来快速定义物体的初始状态。打开"初始状态选项"对话框，如图11-168所示。

图11-168

【常用参数介绍】

流体分辨率： 设置流体分辨率的方式，共有以下两种。

按现状： 将流体示例的分辨率设定为当前流体容器初始状态的分辨率。

从初始状态： 将当前流体容器的分辨率设定为流体示例初始状态的分辨率。

课堂案例

制作影视流体文字动画

场景位置	无
实例位置	Examples>CH11>11.7>11-7.mb
难易指数	★☆☆☆☆
技术掌握	掌握使用绘制流体工具制作流体文字的方法

本例用"绘制流体工具"制作影视流体文字动画，效果如图11-169所示。

图11-169

01 新建一个场景，单击"流体>2D容器"菜单命令后面的按钮，在打开的"创建具有发射器的

2D容器选项"卷展栏中取消选择"添加发射器"选项，单击"应用并关闭"按钮，如图11-170所示。

图11-170

02 打开2D容器的"属性编辑器"面板，然后切换到fluidShape1选项卡，设置"基本分辨率"为120，"大小"为（60，15，0.25），"边界X"和"边界Y"都为"无"，如图11-171所示。效果如图11-172所示。

图11-171　　　　　　　图11-172

03 单击"流体>添加/编辑内容>绘制流体工具"菜单命令后面的按钮，在打开"绘制流体工具"的"工具设置"面板中展开"属性贴图>导入"卷展栏，接着单击"导入"按钮，如图11-173所示。指定学习资源中的"Examples>CH11>11.7>Maya.jpg"文件，效果如图11-174所示。

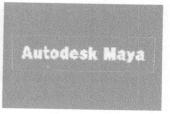

图11-173　　　　　　　图11-174

04 在2D容器的"属性编辑器"面板中展开"自动调整大小"卷展栏，选择"自动调整大小"选项。接着展开"内容详细信息>密度"卷展栏，设置"密度比例"为2，"消散"为0.3，如图11-175所示。

05 播放动画，然后渲染出效果最明显的帧。图11-176所示的分别是第1帧、第23帧和第112帧的渲染效果。

图11-175   图11-176

11.5.5 海洋

使用"海洋"命令 可以模拟出很逼真的海洋效果，无论是平静的海洋，还是狂暴的海洋，Maya都可以轻松地完成模拟，如图11-177所示。

图11-177

执行"海洋"命令 可以创建出海洋流体效果，场景中会生成预览平面和海洋平面，如图11-178所示。中间的矩形平面是海洋的预览平面，可以预览海洋的效果；圆形的平面是海洋平面，最终渲染的就是海洋平面。打开"创建海洋"对话框，如图11-179所示。

图11-178   图11-179

【常用参数介绍】

附加到摄影机：启用该选项后，可以将海洋附加到摄影机。自动附加海洋时，可以根据摄影机缩放和平移海洋，从而为给定视点保持最佳细节量。

创建预览平面：启用该选项后，可以创建预览平面，通过置换在着色显示模式中显示海洋的着色面片。可以缩放和平移预览平面，以预览海洋的不同部分。

预览平面大小：设置预览平面的x、z方向的大小。

11.5.6 海洋属性

选择预览平面，然后打开"属性编辑器"面板，切换到oceanShader选项卡。在该选项卡中可以设置海洋的形态和外观，如图11-180所示。海洋的最终效果是由oceanShader节点决定的，该节点实际上就是一种材质。

图11-180

【oceanShader节点介绍】

类型：可以切换到其他材质节点。

1.海洋属性

"海洋属性"卷展栏中的属性主要用于调整海洋的形态，如图11-181所示。

图11-181

2.公用材质属性

"公用材质属性"卷展栏中的属性主要用于控制海洋的颜色、透明度和漫反射等，如图11-182所示。

图11-182

3.镜面反射着色

"镜面反射着色"卷展栏中的属性主要用于控制海洋的高光颜色、高光范围、反射率以及环境颜色等，如图11-183所示。

图11-183

4.辉光

"辉光"卷展栏中的属性主要用于控制海洋的发光效果,如图11-184所示。

图11-184

5.蒙版不透明度

在使用蒙版进行渲染时,"蒙版不透明度"卷展栏中的属性主要用于控制海洋在蒙版中的显示方式,如图11-185所示。

图11-185

6.光线跟踪选项

"光线跟踪选项"卷展栏中的属性主要用于控制折射的效果,如图11-186所示。

图11-186

课堂案例

创建海洋

场景位置	无
实例位置	Examples>CH11>11-8.mb
难易指数	★☆☆☆☆
技术掌握	掌握海洋的创建方法

本例用"海洋"命令🔲制作海洋效果,如图11-187所示。

图11-187

01 新建一个场景,执行"流体>海洋"菜单命令🔲,效果如图11-188所示。

02 打开海洋的"属性编辑器"面板,切换到oceanShader1选项卡,接着设置"比例"为1.5,如图11-189所示。

图11-188   图11-189

03 设置"波高度""波湍流"和"波峰"的曲线形状,然后设置"泡沫发射"为0.736,"泡沫阀值"为0.43,"泡沫偏移"为0.265,如图11-190所示。

图11-190

04 选择动画效果最明显的帧,然后渲染出单帧图,最终效果如图11-191所示。

图11-191

11.5.7 使碰撞

"使碰撞"命令🔲主要用来制作流体和物体之间的碰撞效果,使它们相互影响,以避免流体穿过物体。打开"使碰撞选项"对话框,如图11-192所示。

图11-192

【常用参数介绍】

细分因子： Maya在模拟动画之前会将NURBS对象内部转化为多边形，"细分因子"用来设置在该转化期间创建的多边形数目。创建的多边形越少，几何体越粗糙，动画的精确度越低（这意味着有更多流体通过几何体），但会加快播放速度并延长处理时间。

11.5.8 生成运动场

"生成运动场"命令主要用来模拟物体在流体容器中移动时，物体对流体动画产生的影响。当一个物体在流体中运动时，该命令可以对流体产生推动和粘滞效果。

技巧与提示

物体必须置于流体容器的内部，"生成运动场"命令才起作用，并且该命令对海洋无效。

11.5.9 添加动力学定位器

"添加动力学定位器"命令包含了"曲面""动态船""动态简单"和"动态曲面"这4个命令，如图11-193所示。

图11-193

1.曲面

该命令使表面定位器仅在 y 方向上跟随海洋或池塘运动。

2.动态船

该命令使定位器在 y 方向上跟随海洋或池塘运动，但在 x 和 z 方向进行另外的旋转，以使船可以在波浪中起伏翻转。打开"创建动力学船定位器"对话框，如图11-194所示。

图11-194

【常用参数介绍】

自由变换： 选择该选项时，可以用自由交互的形式来改变定位器的位置；关闭该选项时，定位器的 y 方向将被约束。

3.动态简单

该命令使定位器在 y 方向上跟随海洋运动，但会另外对动态属性（在"属性编辑器"面板的"附加属性"部分中）做出相应反应。打开"添加动力学简单定位器"对话框，如图11-195所示。

图11-195

4.动态曲面

该命令使定位器将NURBS球体（浮标）添加到海洋，它将在水中上下漂动。该运动限制为沿 y 方向。打开"创建动力学表面定位器"对话框，如图11-196所示。

图11-196

11.5.10 创建船

"创建船"命令包含了"漂浮选定对象""生成船"和"生成摩托艇"这3个命令，如图11-197所示。

图11-197

1.漂浮选定对象

"漂浮选定对象"命令可以使选定对象跟随海洋波动而上下起伏，并且可以控制其浮力、重力和阻尼等流体动力学属性。这个命令的原理是为海洋创建动力学定位器，然后将所选对象作为动力学定位器的子物体，一般用来模拟海面上的漂浮物体（如救生圈等）。打开"漂浮选定对象"对话框，如图11-198所示。

图11-198

2.生成船

用"生成船"命令可以将所选对象设定为船体，使其跟随海洋起伏而上下浮动，并且可以将物体进行旋转，使其与海洋的运动相匹配，以模拟出船舶在水中的动画效果。这个命令的原理是为海洋创建船舶定位器，然后将所选物体设定为船舶定位器的子物体，从而使船舶跟随海洋起伏而浮动或旋转。打开"生成船"对话框，如图11-199所示。

图11-199

3.生成摩托艇

用"生成摩托艇"命令可以将所选物体设定为机动船，使其跟随海洋起伏而上下波动，并且可以将物体进行适当的旋转，使其与海洋的运动相匹配，以模拟出机动船在水中的动画效果。这个命令的原理是为海洋创建船舶定位器，然后将所选物体设定为船舶定位器的子物体，从而使船舶跟随海洋起伏而波动或旋转。打开"生成摩托艇"对话框，如图11-200所示。

图11-200

技巧与提示

"生成摩托艇"命令与"生成船"命令很相似，但"生成摩托艇"包含的属性更多，可以控制物体的运动、急刹、方向舵和摆动等效果。

11.5.11 创建尾迹

"创建尾迹"命令主要用来创建海面上的尾迹效果。打开"创建尾迹"对话框，如图11-201所示。

图11-201

【常用参数介绍】

尾迹大小：设定尾迹发射器的大小。数值越大，波纹范围也越大。

尾迹强度：设定尾迹的强度。数值越大，波纹上下波动的幅度也越大。

泡沫创建：设定伴随尾迹产生的海水泡沫的大小。数值越大，产生的泡沫就越多。

技巧与提示

可以将尾迹发射器设置为运动物体的子物体，让尾迹波纹跟随物体一起运动。

课堂案例

模拟船舶行进时的尾迹

场景位置	无
实例位置	Examples>CH11>11-9.mb
难易指数	★☆☆☆☆
技术掌握	掌握海洋尾迹的创建方法

本例用"创建尾迹"命令模拟船舶尾迹动画，效果如图11-202所示。

图11-202

01 打开"创建海洋"对话框，设置"预览平面大小"为70，单击"创建海洋"按钮，如图11-203所示。效果如图11-204所示。

图11-203 　　　　图11-204

⑫ 选择海洋，打开"创建尾迹"对话框，设置"泡沫创建"为6，单击"创建尾迹"按钮，如图11-205所示。此时在海洋中心会创建一个海洋尾迹发射器OceanWakeEmitter1，如图11-206所示。

图11-205　　　　　　　　　图11-206

⑬ 选择海洋尾迹发射器OceanWakeEmitter1，在第1帧设"平移Z"为-88，接着按S键设置一个关键帧，如图11-207所示；在第100帧设置"平移Z"为88，按S键设置一个关键帧，如图11-208所示。

图11-207　　　　　　　　　图11-208

> **技巧与提示**
>
> 按S键设置关键帧是为"通道盒/层编辑器"面板中所有可设置动画的属性都设置关键帧，因此在设置好关键帧以后，可以执行"编辑>按类型删除>静态通道"菜单命令，删除没有用的关键帧，如图11-209所示。
>
>
>
> 图11-209

⑭ 选择动画效果最明显的帧，然后渲染出单帧图，最终效果如图11-210所示。

图11-210

11.6 综合实例：制作海洋特效

场景位置	Scenes>CH11>11.10>11-10.mb
实例位置	Examples>CH11>11.10>11-10.mb
难易指数	★★★☆☆
技术掌握	掌握海洋的创建、漂浮物的设定、尾迹的创建等制作海洋特效的思路和方法

在Maya中使用"海洋"命令可以模拟出很逼真的海洋效果。本例主要学习海洋特效的制作方法，效果如图11-211所示。

图11-211

11.6.1 创建海洋特效

⑴ 打开学习资源中的"Scenes>CH11>11.10>11-10.mb"文件，场景中有一个船的模型，如图11-212所示。

⑵ 执行"流体>海洋"菜单命令，在场景中创建海洋，可以看到场景中有一个预览平面，如图11-213所示。

图11-212　　　　　　　　　图11-213

> **技巧与提示**
>
> 预览平面并非真正的模型，不能对其进行编辑，只能用来预览海洋的动画效果。可以缩放和平移该平面以预览海洋的不同部分，但无法进行渲染。

⑶ 选择场景中的预览平面，使用"缩放工具"将其调整得大一些，在"属性编辑器"面板中，设置"分辨率"为200，如图11-214所示。

图11-214

284

04 对场景进行渲染，可以看到Maya的海洋效果非常逼真，如图11-215所示。

图11-215

图11-218

图11-219

11.6.2 漂浮选定对象

01 选择船体模型，然后执行"流体>创建船>漂浮选定对象"菜单命令，如图11-216所示。

图11-216

技巧与提示

当船体成为海洋的漂浮物以后，可以看到在"大纲视图"窗口中生成了一个locator1物体，并且船体的模型成了locator1的子物体。

02 播放动画，可以看到船体随着海浪上下浮动，效果如图11-217所示。

图11-217

11.6.3 创建船体尾迹

01 在"大纲视图"窗口中选择locator1节点，单击"流体>创建尾迹"命令后面的■按钮，在打开的"创建尾迹"对话框中设置"尾迹大小"为52.05，"尾迹强度"为5.11，"泡沫创建"为6.37，单击"创建尾迹"按钮，如图11-218所示。

02 播放动画，可以看到从船体底部产生圆形的波浪效果，如图11-219所示。

11.6.4 创建船体动画

01 在第1帧处，使用"移动工具"■将locator1移动到图11-220所示的位置，然后按快捷键Shift+W设置模型在"平移"属性上的关键帧。

图11-220

02 在第50帧处，使用"移动工具"■将locator1移动到图11-221所示的位置，接着按快捷键Shift+W设置模型在"平移"属性上的关键帧。

图11-221

03 播放动画，可以看到船尾出现了尾迹的效果，如图11-222所示。但是船体尾迹的波浪效果只在fluidTexture3D物体中产生，而fluidTexture3D物体以外的地方将不会产生尾迹的效果，如图11-223所示。

图11-222

图11-223

11.6.5 调整船体尾迹

01 选择场景中的fluid Texture3D物体，然后使用"缩放工具" ▣将其调整为图11-224所示的大小。

图11-224

技巧与提示

fluidTexture3D物体的大小不宜调整得过大，以尾迹效果在摄影机视图中不发生穿帮效果为宜，否则会大大增加系统资源的占用。

02 选择船体模型，加选fluidTexture3D1节点，然后执行"流体>使碰撞"菜单命令，如图11-225所示。

03 播放动画，可以看到船尾的效果更加真实、强烈，如图11-226所示。

图11-225   图11-226

11.6.6 设置海洋参数

01 打开海洋的"属性编辑器"面板，然后按照图11-227和图11-228所示的参数进行设置。

图11-227   图11-228

02 播放动画，然后选择中间的一帧测试渲染，效果如图11-229所示。

03 为场景设置灯光，然后渲染出图。将渲染出来的单帧图在Photoshop中进行后期处理，最终效果如图11-230所示。

图11-229   图11-230

11.7　本章小结

动力学和流体是三维动画中比较重要的环节，可以模拟出逼真的雨、火、烟等特效。本章主要介绍了粒子动画、柔体动画、刚体动画、火焰以及海洋的制作方法。虽然本章的内容比较多，但是并不是很难，重点知识也比较突出。

11.8　课后习题:游动的鱼群

场景位置	Scenes>CH11>11-11.mb
实例位置	Examples>CH11>11-11.mb
难易指数	★★★☆☆
技术掌握	掌握"创建曲线流"命令的使用方法

使用Maya的"创建曲线流"命令可以创建出粒子沿曲线流动的特效。本例将使用该命令结合粒子替代来制作鱼群游动的动画，效果如图11-231所示。

图11-231

制作提示

第1步：为曲线执行"创建曲线流"菜单命令生成粒子流效果。

第2步：使用"实例化器"菜单命令，将粒子替换为鱼，从而形成鱼群效果。

步骤如图11-232所示。

图11-232

第12章

布料与毛发

本章主要介绍了布料的制作方法、毛发的制作方法、XGen的使用方法。通过对本章的学习，读者可以掌握角色布料与毛发的制作方法。

课堂学习目标

掌握nCloth的使用方法

掌握nHair的使用方法

掌握使用XGen制作毛发的方法

掌握XGen的其他用法

12.1 布料

布料模拟是三维动画中最常见的特效之一，几乎所有三维动画中都会出现布料效果。在Maya中可以使用nCloth功能快速、简单地模拟出各种布料效果，例如衣服、旗帜、窗帘以及桌布等，如图12-1和图12-2所示。

图12-1   图12-2

在Maya中，创建布料的命令都安排在FX模块的nCloth菜单中，如图12-3所示。

图12-3

12.1.1 创建被动碰撞对象

"创建被动碰撞对象"命令■可以使选定对象转换为被动碰撞对象，并创建相应的nRigid节点，如图12-4所示。nParticle、nCloth和nHair可以与被动碰撞对象产生碰撞效果。

图12-4

12.1.2 nRigid属性

在"大纲视图"中选择nRigid节点，然后打开"属性编辑器"面板，接着切换到nRigidShape选项卡，如图12-5所示。在该选项卡下，提供了调整碰撞体动力学的属性。

图12-5

【nRigidShape节点介绍】

启用：选择该选项，可以使被动碰撞对象具有动力学特性。

1.碰撞

"碰撞"卷展栏中的属性主要用于控制布料碰撞特性，包括碰撞强度、弹力和摩擦力等，如图12-6所示。

图12-6

2.力场生成

"力场生成"卷展栏中的属性可以为nObject和当前粒子间产生一个吸引力或排斥力，如图12-7所示。

图12-7

3.风场生成

"风场生成"卷展栏中的属性确定了可以通过nObject对象运动生成的风场的特征，如图12-8所示。

图12-8

288

4.质量设置

"质量设置"卷展栏中的属性主要用于解决布料网格之间的碰撞交叉问题，如图12-9所示。

图12-9

5.时间属性

"时间属性"卷展栏中的属性主要用于控制Nucleus解算器的作用时间范围，如图12-10所示。

图12-10

12.1.3 创建nCloth

"创建nCloth"命令可以将选择的多边形对象转换为nCloth对象。执行该命令后，Maya会创建nucleus节点和nCloth节点，如图12-11所示。

图12-11

12.1.4 nCloth属性

在"大纲视图"中选择nCloth节点，然后打开"属性编辑器"面板，接着切换到nClothShape选项卡，如图12-12所示。在该选项卡下，提供了调整布料的动力学特性、力场生成、时间属性等属性。

图12-12

【nClothShape节点介绍】

启用：选择该选项，可以使被动碰撞对象具有动力学特性。

1.碰撞

"碰撞"卷展栏中的属性主要用于控制布料碰撞特性，包括碰撞强度、弹力和摩擦力等，如图12-13所示。

图12-13

2.动力学特性

"动力学特性"卷展栏中的属性主要用于控制粒子的质量、阻力以及权重等，如图12-14所示。

图12-14

3.力场生成

"力场生成"卷展栏中的属性可以为nObject和当前粒子间产生一个吸引力或排斥力，如图12-15所示。

图12-15

4.风场生成

"风场生成"卷展栏中的属性确定了可以通过

nObject对象运动生成的风场的特征，如图12-16所示。

图12-16

5.压力

"压力"卷展栏中的属性主要用于控制布料受到的内部或外部压力，例如膨胀的气球或压扁的易拉罐等，该卷展栏中的属性如图12-17所示。

图12-17

6.质量设置

"质量设置"卷展栏中的属性主要用于解决布料网格之间的碰撞交叉问题，如图12-18所示。

图12-18

7.缓存

"缓存"卷展栏中的属性主要用于控制布料可以缓存的属性，如图12-19所示。

图12-19

8.诊断设置

"诊断设置"卷展栏中的属性主要用于设置缓存使用量的类型，如图12-20所示。

图12-20

9.时间属性

"时间属性"卷展栏中的属性主要用于控制Nucleus解算器的作用时间范围，如图12-21所示。

图12-21

12.1.5 显示当前网格

执行"显示当前网格"命令█后，目标对象只

显示nCloth对象的特性。例如，在"通道盒/层编辑器"面板中只能查看nClothShape节点的属性，如图12-22所示。

图12-22

12.1.6 显示输入网格

执行"显示输入网格"命令█后，目标对象可以显示多边形和nCloth对象的特性。例如，在"通道盒/层编辑器"面板中还能查看多边形和nClothShape节点的属性，如图12-23所示。

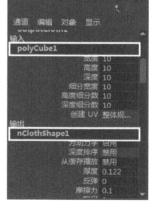

图12-23

技巧与提示

将多边形转换为nCloth对象后，可以使用"显示输入网格"命令█显示多边形的属性，调整布料的外形，再使用"显示当前网格"命令█恢复到布料效果。通过这种方法可以对布料对象修改形状，或者添加细分丰富布料效果。

12.1.7 移除nCloth

"移除nCloth"命令█可以删除对象上的nCloth节点，这样对象就不具备nCloth特性了。

12.2 毛发

和布料模拟一样，毛发也是三维动画中最常见

的特效之一。Maya的nHair系统最大的优点是强大的动力学效果，使用nHair可以模拟出逼真的毛发运动，并且还可以与其他对象产生交互，使角色动画更加丰富、细腻。另外nHair还可以模拟出各种特殊的毛发，例如卷发、直发和辫子等，如图12-24和图12-25所示。

图12-24

图12-25

在Maya中，创建毛发的命令都安排在FX模块的nHair菜单中，如图12-26所示。

图12-26

12.2.1 创建头发

"创建头发"命令█主要用来在选择表面上生

成毛发。单击该命令后面的█按钮，打开"创建头发选项"对话框，如图12-27所示。

图12-27

【常用参数介绍】

输出：设置输出毛发的类型，包括Paint Effects、NURBS曲线和Paint Effects and NURBS曲线。

创建静止曲线：选择该选项可以为毛发创建静止曲线。

与网格碰撞：选择该选项后，Maya会将选定的网格转化为被动碰撞对象。

栅格：以对象的网格为基础生成毛发，该选项与对象的UV息息相关。

在选定曲面点/面上：以选择对象的点和面为基础生成毛发。

U/V数：用来控制U/V方向上的毛囊数量。

被动填充：用来控制被动毛发曲线与主动发毛曲线的比例。

随机化：用来控制毛囊分布的随机程度。

每束头发数：用来控制每个毛囊渲染的头发数量。

有界限的边：选择该选项时，将沿U和V参数的边创建毛囊。

均衡：选择该选项时，Maya会补偿UV空间和世界空间之间的不均匀贴图，从而均衡毛囊分布，使其不会堆积于极点。

动力学：选择该选项时，创建动态毛发。

静态：选择该选项时，创建静态毛发。

每根头发点数：用来控制每根头发的点/分段数。该值越高，头发曲线会变得越平滑。

长度：以世界空间单位（场景视图中的默认栅格单位）计算的头发长度。如果场景比例非常大，那么可能需要增加该值。

将头发放置到：将要创建的头发放置在新的头发系统或现有头发系统中。

12.2.2 头发属性

在创建毛发后，Maya会生成nucleus、hairSystem、hairSystemFollicles及pfxHair节点，如图12-28所示。

在"大纲视图"中选择hairSystem节点，然后打开"属性编辑器"面板，接着切换到hairSystemShape选项卡，如图12-29所示。在该选项卡下，提供了调整毛发外形、颜色和动力学等效果的属性。

图12-28

图12-29

【hairSystemShape节点介绍】

模拟方式：用来设置毛发的模拟方式，包括"禁用""静态""仅动力学毛囊""所有毛囊"这4个选项。

显示质量：用来控制场景中毛发数量的显示比例。

使用Nucleus解算器：选择该选项使毛发系统使用Nucleus解算器进行动力学解算。

1.束和头发形状

"束和头发形状"卷展栏中的属性主要用于控制毛发束，以及整体毛发的形状，如图12-30所示。

图12-30

2.碰撞

"碰撞"卷展栏中的属性主要用于控制毛发碰撞特性，包括碰撞强度、弹力和摩擦力等，如图12-31所示。

图12-31

3.动力学特性

"动力学特性"卷展栏中的属性主要用于控制毛发的动力学特性，包括各种阻力和发毛的质量等，如图12-32所示。

图12-32

4.湍流

"湍流"卷展栏中的属性主要用于控制受到扰乱力场的强度等，如图12-33所示。

图12-33

5.缓存

"缓存"卷展栏中的属性主要用于控制毛发可以缓存的属性，如图12-34所示。

图12-34

6.着色

"着色"卷展栏中的属性主要用于控制毛发的纹理和颜色，包括头发颜色、不透明度和随机杂色等，如图12-35所示。

图12-35

7.置换

"置换"卷展栏中的属性主要用于控制毛发的置换属性，包括每根毛发上的卷曲和子束等，如图12-36所示。

图12-36

8.多条纹

当毛发对象中包含画笔特效时，可以通过"多条纹"卷展栏中的属性复制毛发，如图12-37所示。

图12-37

12.2.3 指定头发系统

将选择对象指定给头发系统，该头发系统可以是一个新头发系统，也可以是一个现有头发系统，如图12-38所示。

新建头发系统
hairSystemShape1

图12-38

12.2.4 动力学化选定曲线

"动力学化选定曲线"命令可将选定曲线转化为动力学曲线，单击该命令后面的按钮，打开"使曲线动力学化选项"对话框，如图12-39所示。

图12-39

12.2.5 转化当前选择

将选择对象转化为毛囊、开始曲线、静止曲线、当前位置、头发系统、头发约束或结束CV，如图12-40所示。

图12-40

12.2.6 设置静止位置

该菜单下包括"从开始"和"来自当前"两个命令，如图12-41所示。这两个命令主要用来设置动力学曲线的静止位置。

从开始
来自当前

图12-41

【设置静止位置菜单命令介绍】

从开始: 以动力学曲线的开始位置作为静止位置。

来自当前: 以动力学曲线的当前位置作为静止位置。

> **技巧与提示**
> 静止位置表示头发在未受到力的作用时的位置。开始位置表示开始模拟时的头发位置。

12.2.7 设置开始位置

该菜单下包括"来自当前"和"从静止"两个命令，如图12-42所示。这两个命令主要用来设置毛发的开始位置。

来自当前
从静止

图12-42

【设置开始位置菜单命令介绍】

来自当前：以动力学曲线的当前位置作为开始位置。

从开始：以动力学曲线的静止位置作为开始位置。

12.2.8 缩放头发工具

"缩放头发工具" ⬛️主要用来调整毛发的长短。选择该工具后按住鼠标左键并向右拖曳可拉长毛发，如图12-43所示。如果按住鼠标左键并向左拖曳可缩短毛发，如图12-44所示。

图12-43　　　　　　　　图12-44

课堂案例

制作卡通角色毛发

场景位置	Scenes>CH12>12.2>12-2.mb
实例位置	Examples>CH12>12.2>12-2.mb
难易指数	★☆☆☆☆
技术掌握	掌握nHair的使用方法

本例通过制作一个带有毛发的动态角色来掌握nHair的使用方法和操作技巧，效果如图12-45所示。

图12-45

01 打开学习资源中的"Scenes>CH12>12.2>12-2.mb"文件，场景中有一个角色和一些曲线，如图12-46所示。

图12-46

02 在"大纲视图"中选择Geometry和hair_curve1节点，如图12-47所示。单击"nHair>动力学化选定曲线"菜单命令后面的▣按钮，在打开的"使曲线动力学化选项"对话框中设置"输出"为"Paint

Effects和NURBS曲线"，选择"将曲线基础捕捉到曲面"选项，单击"使曲线动力学化"按钮，如图12-48所示。

图12-47　　　　　　　　图12-48

03 此时，Maya会生成hairSystem1、nucleus1和hairSystem1OutputCurves节点，选择hairSystem1节点，如图12-49所示。执行"nHair>将Paint Effects笔刷指定给头发"菜单命令，此时Maya会生成pfxHair1节点，如图12-50所示。

图12-49　　　　　　　　图12-50

技巧与提示

将曲线动力学化后，只能为曲线增加动态效果，执行"nHair>将Paint Effects笔刷指定给头发"菜单命令后，曲线就具有毛发的外观了。

04 隐藏hair_curve1节点，选择hairSystem1节点，如图12-51所示。在hairSystem1节点的"属性编辑器"面板中设置"每束头发数"为30，"截面分段"为10，"稀释"为0.5，"束宽度"为2.5，"头发宽度"为0.005，如图12-52所示。

图12-51　　　　　　　　图12-52

05 在"束宽度比例"卷展栏中设置曲线的形状，如图12-53所示。

图12-53

06 展开"动力学特性"卷展栏，设置"拉伸阻力"为100，然后在"动力学特性>开始曲线吸引"卷展栏中设置"开始曲线吸引"为1.2，"吸引力阻尼"为0.2，接着在"动力学特性>开始曲线吸引>吸引比例"卷展栏中设置曲线的形状，如图12-54和图12-55所示。

图12-54

图12-55

07 展开"着色"卷展栏，设置"头发颜色"为（R:19，G:1，B:39），在"着色>头发颜色比例"卷展栏中设置"镜面反射颜色"为（R:96，G:66，B:129），如图12-56所示。

08 展开"置换"卷展栏，设置"卷曲"为3，"卷曲频率"为10，"噪波"为20，"噪波频率"为10，如图12-57所示。

图12-56

图12-57

09 在"置换>置换比例"卷展栏中调整曲线的形状，如图12-58所示。效果如图12-59所示。

图12-58

图12-59

10 使用同样的方法将hair_curve2中的曲线转换为动力学曲线，然后为动力学曲线添加Paint Effects笔刷效果，接着隐藏hair_curve2节点，如图12-60所示。

11 在hairSystem2节点的"属性编辑器"面板中设置"每束头发数"为20，"截面分段"为6，"稀释"为0.5，"束宽度"为2.5，"头发宽度"为0.005，如图12-61所示。

图12-60

图12-61

12 在"束宽度比例"卷展栏中设置曲线的形状，如图12-62所示。

图12-62

13 展开"动力学特性"卷展栏，设置"拉伸阻力"为100，在"动力学特性>开始曲线吸引"卷展栏中设置"开始曲线吸引"为1，"吸引力阻尼"为0.5，接着在"动力学特性>开始曲线吸引>吸引比例"卷展栏中设置曲线的形状，如图12-63所示。

图12-63

⑭ 展开"着色"卷展栏，设置"头发颜色"为（R:19，G:1，B:39），在"着色>头发颜色比例"卷展栏中设置"镜面反射颜色"为（R:96，G:66，B:129），如图12-64所示。

⑮ 展开"置换"卷展栏，设置"卷曲"为8，"卷曲频率"为15，"噪波"为10，"噪波频率"为10，如图12-65所示。

图12-64

图12-65

⑯ 在"置换>置换比例"卷展栏中调整曲线的形状，如图12-66所示。效果如图12-67所示。

图12-66

图12-67

⑰ 播放动画并进行观察，可以观察到随着角色的运动，头发产生了动态效果，效果如图12-68所示。

图12-68

12.3 XGen

XGen是由华特迪士尼动画工作室开发的一款以任意数量的随机或均匀放置的基本体填充多边形网格曲面的几何体实例化器。XGen能够以程序方式创建和设计角色的头发、毛发和羽毛。就布景而言，XGen可实现快速填充大规模环境，包括草原、森林、岩石地形和碎屑轨迹。使用XGen制作的毛发效果如图12-69和图12-70所示。

图12-69

图12-70

12.3.1 创建XGen对象

切换到"建模"模块，展开"生成"菜单，可以看到关于XGen的命令，如图12-71所示。也可以在工具架中切换到XGen选项卡，通过快捷按钮来创建XGen对象，如图12-72所示。

图12-71

图12-72

🔧 技巧与提示

如果不能使用XGen功能，可能是没有加载XGen。打开"插件管理器"对话框，然后选择xgenMR.py和xgenToolkit.mll选项，如图12-73所示。这样Maya才能使用XGen功能，并且可以使用Mental Ray渲染。

图12-73

选择要生成XGen的多边形对象，执行"生成>创建描述"菜单命令，此时会打开"创建XGen描述"对话框，如图12-74所示。

图12-74

技巧与提示

在工具架中单击 按钮，会打开XGen面板，然后单击"创建新描述"按钮，也可以打开"创建XGen描述"对话框，如图12-75所示。

图12-75

12.3.2 XGen的类型

"创建XGen描述"对话框主要用来设置XGen对象的名称、类型、分布以及控制方式，用户可以根据需要选择XGen的类型。

1.样条线

"样条线"主要用来制作长发和藤条等效果，如图12-76所示。

图12-76

2.可修饰样条线

"可修饰样条线"主要用来制作短发、毛发、草以及汗毛等效果，如图12-77所示。

图12-77

3.自定义几何体

"自定义几何体"主要用来制作森林、羽毛和岩石地形等效果，如图12-78所示。

图12-78

4.球体

"球体"主要用来制作鹅卵石、大理石或其他圆形对象，如图12-79所示。

图12-79

5.卡片

"卡片"主要用来制作位于平面枢轴点的面片或其他平面纹理，如图12-80所示。

图12-80

12.3.3 XGen编辑器

在"创建XGen描述"对话框中设置好文件名和类型后，单击"创建"按钮，如图12-81所示，进入下一步操作。

图12-81

此时会打开XGen编辑器面板，XGen 编辑器主要由菜单栏、工具栏、选项卡和属性栏组成，如图12-82所示。

图12-82

1.基本体选项卡

"基本体"选项卡中的属性主要用于生成和修改由选定"描述"实例化的基本体特性，如图12-83所示。

图12-83

2.预览/输出选项卡

"预览/输出"选项卡中的属性主要用于在预览和渲染时要如何显示头发修饰和实例化几何体。例如，使用这些属性，可以设置基本体预览颜色，指定渲染设置，以及创建自定义着色参数，如图12-84所示。

图12-84

3.修改器选项卡

"修改器"选项卡中的属性主要用于设置"样条线"基本体的外观和行为，例如为头发和毛发创建发束和发圈，以及生成力和风的效果，如图12-85所示。

在XGen编辑面板中单击 按钮，将会打开"添加修改器窗口"对话框，如图12-86所示。在该对话框中可以为样条线添加外观属性。

图12-85

图12-86

4.修饰选项卡

"修饰"选项卡中的属性主要通过笔刷的修饰工具创建胡须、胡茬、平头发型和短毛，修饰笔刷只能与

可修饰样条线描述一起使用，如图12-87所示。

图12-87

5.工具选项卡

"工具"选项卡中的XGen工具可以定形和修改XGen导向。例如，通过这些工具，可以将导向作为曲线进行编辑，为曲线生成导向，使用晶格结构来定形导向等，如图12-88所示。

图12-88

6.表达式选项卡

使用"表达式"选项卡可在XGen中创建全局表达式（全局表达式可应用于当前集合中的任何描述），并且将全局表达式的输出用作基于属性的表达式的常量值，并在多个运算符之间设置任何属性值，如图12-89所示。

图12-89

本例通过制作像素特效来掌握XGen的使用方法和操作技巧，效果如图12-90所示。

图12-90

① 新建一个场景，创建一个多边形立方体，然后选择立方体，切换到"建模"模块，执行"生成>将当前选择项导出为归档"菜单命令，如图12-91所示。为归档文件设置名称和保存的目录。

图12-91

② 新建一个多边形平面，调整平面的大小，如图12-92所示。接着选择平面，切换到FX模块，并在XGen工具架中单击⊠按钮，在打开的XGen面板中单击"创建新描述"按钮，如图12-93所示。

图12-92

图12-93

③ 在打开的"创建XGen描述"对话框中设置"新的描述名称"为pixel_description1，"创建新集合并命名为"为pixel_collection1，然后选择"自定义几何体/归档文件"选项，单击"创建"按钮，如图12-94所示。

图12-94

④ 在XGen面板中展开"归档文件"卷展栏，单击"添加"按钮，如图12-95所示。接着在打开的对话框中选择前面保存的归档文件，效果如图12-96所示。

图12-95

图12-96

⑤ 展开"基本体属性"卷展栏，然后设置"宽度"和"深度"均为0.1，如图12-97所示。

图12-97

⑥ 单击"长度"属性后面的▼按钮，在打开的菜单中选择"创建贴图"命令，如图12-98所示。在打开的"创建贴图"对话框中设置"贴图分别率"为5，单击"创建"按钮，如图12-99所示。

图12-98

图12-99

⑦ 打开Hypershade窗口，切换到"纹理"选项卡，在该选项卡中生成了一个file节点，如图12-100所示。为该节点指定"Scenes>CH12>12.3>dif.jpg"文件，再在XGen属性面板中单击▣按钮，如图12-101所示。效果如图12-102所示。

图12-100

图12-101　　　　　　　　　　　图12-102

(08) 从图12-102中可以看出，立方体的长度产生了变化，但是数量较少。在"生成器属性"卷展栏中设置"密度"为20，如图12-103所示。效果如图12-104所示。

图12-103　　　　　　　　　　　图12-104

(09) 在"基本体属性"卷展栏中单击"长度"属性后面的按钮，如图12-105所示。在打开的"XGen表达式编辑器"对话框中复制文本框里的表达式，如图12-106所示。

图12-105　　　　　　　　　　　图12-106

(10) 在"预览设置"卷展栏中单击"基本体颜色"属性后面的按钮，如图12-107所示。在打开的"XGen表达式编辑器"对话框中粘贴表达式，接着单击"应用"按钮，如图12-108所示。最终效果如图12-109所示。

图12-107

图12-108　　　　　　　　　　　图12-109

12.4　本章小结

布料和毛发是常见的三维特效，nCloth可以用来模拟衣服、毯子和窗帘等，而nHair可以用来模拟头发、绳子和锁链等。本章主要介绍通过使用nCloth、nHair及XGen来模拟布料和毛发效果。

12.5　课后习题：制作头发动态效果

场景位置	Scenes>CH12>12-4.mb
实例位置	无
难易指数	★☆☆☆☆
技术掌握	掌握nHair的使用方法

本例通过制作一个带有毛发的动态角色来掌握nHair的使用方法和操作技巧，效果如图12-110所示。

图12-110

制作提示

第1步：选择模型和曲线，利用笔刷为角色绘制更多的头发。

第2步：调整头发的宽度、疏密程度和颜色，然后调整拉伸阻力，让头发更好地附在角色上。

第3步：播放动画并进行观察，可以观察到随着角色的运动，头发产生了动态效果。

步骤参考如图12-111所示。

图12-111

第13章

Bifrost

本章将介绍Bifrost的使用方法，包括创建Bifrost流体、添加碰撞、控制流体的形态和范围、添加泡沫，以及优化Bifrost流体等内容。通过对本章的学习，可以掌握使用Bifrost制作各种液体效果的方法。

课堂学习目标

掌握使用Bifrost创建流体的方法

掌握Bifrost流体的属性

掌握碰撞对象的使用方法

掌握泡沫的使用方法

掌握终结平面的使用方法

13.1 Bifrost简介

Bifrost是一种可使用FLIP（流体隐式粒子）解算器创建模拟液体和空气动力学效果的程序框架，它的前身是参与过《阿凡达》的Naiad，在Autodesk收购Naiad之后，于Maya 2015正式加入Maya，并改名为Bifrost。

在Maya 2016中，用户可以使用Bifrost从发射器生成液体并使其在重力的作用下坠落，与碰撞对象进行交互以导向流并创建飞溅效果，还可以使用加速器创建喷射和其他效果。另外，Bifrost还可以创建流动气体效果，如烟、火等效果。使用Bifrost制作的海洋效果如图13-1所示。

图13-1

13.2 Bifrost菜单

切换到FX模块后，展开Bifrost菜单可以创建和修改Bifrost对象，如图13-2所示。

图13-2

> **技巧与提示**
>
> 如果不能使用Bifrost功能，可能是没有加载Bifrost。打开"插件管理器"对话框，然后选择BifrostMain.mll、bifrostshellnode.mll和bifrostvisplugin.mll选项，如图13-3所示。

图13-3

13.2.1 液体

"液体"命令可以将选择的多边形作为Bifrost流体发射器，执行该命令后Maya会生成bifrostLiquid和bifrostLiquidMesh节点，如图13-4所示。

选择作为Bifrost流体发射器的多边形（示例中以多边形球体作为发射源），打开"属性编辑器"面板，在pSphereShape选项卡中会增加Bifrost卷展栏，在该卷展栏中可以设置发射器的模式、物理属性以及粘滞等属性，如图13-5所示。

图13-4

图13-5

13.2.2 bifrostLiquidContainer属性

在"大纲视图"中选择bifrostLiquid节点，然后打开"属性编辑器"面板，接着切换到bifrostLiquidContainer选项卡，如图13-6所示。在该选项卡下，提供了设置Bifrost流体的解算精度、物理属性和泡沫等属性。

图13-6

1.解算器属性

"解算器属性"卷展栏中的属性主要用于控制Bifrost流体是否具有动力学特性，以及受到的重力大小，如图13-7所示。

图13-7

2.分辨率

"分辨率"卷展栏中的属性主要用于控制Bifrost流体的细腻程度,"主体素大小"的值越低,模拟的效果越细腻,如图13-8所示。

图13-8

3.Foam

Foam卷展栏中的属性主要用于为Bifrost流体添加泡沫效果,如图13-9所示。

图13-9

4.缓存

"缓存"卷展栏中的属性主要用于设置各类Bifrost流体效果的缓存,如图13-10所示。

图13-10

5.自适应性

"自适应性"卷展栏中的属性主要用于自动调整分辨率,以便在所需的时间和位置提供最多的细节,而不会浪费内存和计算时间,如图13-11所示。

图13-11

6.导向模拟

"导向模拟"卷展栏中的属性主要用于指定导向对象,以及优化导向模拟,如图13-12所示。

图13-12

7.禁用体积

"禁用体积"卷展栏中的属性可以将多边形对象用作输入网格,以设置Bifrost模拟区域周围的边界,以隔离到多边形对象内部的Bifrost粒子,而体积之外的区域不发射粒子,如图13-13所示。

图13-13

8.发射

"发射"卷展栏中的属性主要用于控制与液体主体分离的粒子,以及这些粒子的分布,如图13-14所示。

图13-14

9.碰撞

"碰撞"卷展栏中的属性主要用于控制Bifrost流体碰撞的体素比例,以影响碰撞的精度,如图13-15所示。

图13-15

10.加速

"加速"卷展栏中的属性主要用于控制Bifrost流体加速器的体素比例,以影响加速器的精度,如图13-16所示。

图13-16

11.旋涡

"旋涡"卷展栏中的属性主要用于增加液体Bifrost对象的涡流效果（仅适用于液体），如图13-17所示。

图13-17

12.曲面张力

"曲面张力"卷展栏中的属性主要用于控制在模拟液体Bifrost对象时是否增加曲面张力（仅适用于液体），在制作大型液体效果时建议关闭该功能，以减少不必要的计算，如图13-18所示。

图13-18

13.黏度

"黏度"卷展栏中的属性主要用于控制液体Bifrost对象的黏度（仅适用于液体），如图13-19所示。

图13-19

13.2.3 liquidShape属性

在"大纲视图"中选择bifrostLiquid节点，打开"属性编辑器"面板，切换到liquidShape选项卡，如图13-20所示。在该选项卡下，提供了设置Bifrost流体的显示效果和网格化的属性。

图13-20

1.渲染

"渲染"卷展栏中的属性主要用于控制Bifrost流体的显示质量，如图13-21所示。

图13-21

2.显示

"显示"卷展栏中的属性主要用于控制Bifrost流体的显示方式、粒子数量和粒子大小等，如图13-22所示。

图13-22

3.平铺视图

"平铺视图"卷展栏中的属性主要用于控制Bifrost体素分辨率的显示范围，如图13-23所示。

图13-23

4.Bifrost网格

"Bifrost网格"卷展栏中的属性可以将Bifrost流体粒子转换为网格，并且可以控制网格的精度，如图13-24所示。

图13-24

5.组件显示

"组件显示"卷展栏中的属性主要用于设置Bifrost流体粒子和体素的显示方式，如图13-25所示。

图13-25

13.2.4 Aero

Aero命令可以将选择的多边形作为Bifrost流体发射器，执行该命令后Maya会生成bifrostAero和bifrostAeroMesh节点，如图13-26所示。Aero主要用来制作烟雾、火焰或其他气体之类的效果，如图13-27所示。

由于Aero用来模拟气体，所以相比液体的Bifrost流体，Aero的流体属性中增加了对温度的控制，如图13-28所示。

图13-26

图13-27

图13-28

13.2.5 发射器

"发射器"命令可以为Bifrost流体容器添加发射器，一个Bifrost流体容器可以添加多个发射器。

13.2.6 碰撞对象

"碰撞对象"命令可以为Bifrost流体添加碰撞体，使流体与碰撞体产出碰撞效果。为对象执行"碰撞对象"命令后，在pPlaneShape选项卡（图中是以多边形平面创建的碰撞体）下的Bifrost卷展栏中会增加关于碰撞的属性，如图13-29所示。

图13-29

🎬 课堂案例

制作倒水效果

场景位置	Scenes>CH13>13-1.mb
实例位置	Examples>CH13>13-1.mb
难易指数	★☆☆☆☆
技术掌握	掌握创建和修改Bifrost对象的方法

本例通过制作倒水效果，来掌握Bifrost的属性，效果如图13-30所示。

01 打开学习资源中的"Scenes>CH13>13-1.mb"文件，场景中有一个带动画的杯子和瓶子模型，如图13-31所示。

图13-30

图13-31

02 在"大纲视图"中选择water节点，如图13-32所示。执行"Bifrost>液体"菜单命令，然后隐藏water节点，如图13-33所示。

图13-32

图13-33

03 选择glass和bifrostLiquid1节点，执行"Bifrost>碰撞对象"菜单命令，如图13-34所示。选择cup和bifrostLiquid1节点，执行"Bifrost>碰撞对象"菜单命令，如图13-35所示。

图13-34

图13-35

04 选择bifrostLiquid1节点，在"属性编辑器"面板中切换到bifrostLiquidContainer1选项卡，在"解算器属性"卷展栏中设置"重力幅值"为98，在"分辨率"卷展栏中设置"主体素大小"为0.1，如图13-36所示。

图13-36

05 展开"自适应性>传输"卷展栏，设置"传输步长自适应性"为0.7，"最小传输步数"为40，如图13-37所示。设置"碰撞"卷展栏中的"体素比例"为0.5，如图13-38所示。

图13-37

图13-38

06 选择bifrostLiquid1节点，然后执行"Bifrost>终结平面"菜单命令，接着播放动画，效果如图13-39所示。

图13-39

13.2.7 加速器

默认情况下Bifrost流体只受重力影响，"加速器"命令可以为Bifrost流体发射器施加一个力，使流体朝某一方向发射。为对象执行"加速器"命令后，在pSphereShape选项卡（图中是以多边形球体创建的发射）下的Bifrost卷展栏中会增加力的方向和大小等属性，如图13-40所示。

图13-40

13.2.8 泡沫

"泡沫"命令可以为Bifrost流体添加泡沫粒子，以创建气泡、泡沫和喷射效果。泡沫粒子可以基于各种因素（如液体速度、曲率和翻腾）进行发射。如果将液体发射到具有不同密度的液体中，也可以生成泡沫。

13.2.9 终结平面

"终结平面"命令可以创建一个无限大小的平面，该平面可以消除与之相交的Bifrost流体粒子，以减少粒子总数以及需要体素化的体积，并且可以降低内存和计算要求。

13.2.10 自适应摄影机

"自适应摄影机"命令可以添加自适应摄影机以控制Bifrost液体模拟中的泡沫发射。通过设置bifrostLiquidContainer选项卡下的"Foam>泡沫发射>Camera Adaptivity（摄影机自适应性）"属性，可以基于与摄影机之间的距离发射泡沫粒子，如图13-41所示。这样就可以在需要细节的摄影机附近创建高分辨率模拟，同时降低场景的其他区域中泡沫粒子的数量，大大节省计算资源。

图13-41

13.2.11 自适应网格

"自适应网格"命令可以将指定的网格对象（任意形状）作为Aero模拟中的自适应区域，并将其体素化。如果在自适应网格内，Aero以完全分辨率模拟，如容器的"主体素大小"属性设置定义的那样。如果在自适应网格之外的区域，Aero以较低的分辨率模拟。

13.2.12 导向

"导向"命令可以使用多边形网格或已缓存的低分辨率模拟，引导Bifrost液体模拟。该命令常用于制作海洋和类似效果。

13.2.13 移除

"移除"类别中的命令可以将Bifrost流体中的"发射器""碰撞对象""加速器""泡沫""自适应网格"和"导向"对象移除，使这些对象不再影响Bifrost流体。

13.2.14 计算并缓存到磁盘

"计算并缓存到磁盘"命令可以对选择的Bifrost流体对象进行解算并保存缓存到指定的目录。单击"计算并缓存到磁盘"命令后面的■按钮，在打开的"Bifrost计算和缓存选项"对话框中可以设置缓存的目录、名称、格式、压缩格式和时间范围等属性，如图13-42所示。

图13-42

13.2.15 清空暂时缓存

在Bifrost流体场景中播放动画后，Maya会自动解算Bifrost流体，并将解算后的数据存储在内存中，以方便用户观察模拟效果。执行"清空暂时缓存"命令，可以清除内存中的解算数据，释放内存空间。

13.2.16 停止后台处理

在Bifrost流体场景中播放动画后，Maya会自动解算Bifrost流体。执行"停止后台处理"命令后，Maya会停止解算。

技巧与提示

在Maya界面的右下角单击Stop按钮 Stop 也可以停止解算Bifrost流体，如图13-43所示。

图13-43

13.2.17 Bifrost选项

执行"Bifrost选项"命令，打开"Bifrost选项"对话框，在该对话框中可以设置是否后台处理和临时缓

存的相关属性，如图13-44所示。

图13-44

13.2.18 显示Bifrost HUD

选择"显示Bifrost HUD"选项可以在视图的左上角显示Bifrost流体的粒子和体素数量，如图13-45所示。

图13-45

13.3 综合实例: 制作喷泉

场景位置	Scenes>CH13>13-2.mb
实例位置	Examples>CH13>13-2.mb
难易指数	★☆☆☆☆
技术掌握	掌握加速器的使用方法

本例通过制作一个喷泉动画来掌握加速器的使用方法，效果如图13-46所示。

图13-46

01 打开学习资源中的"Scenes>CH13>13-2.mb"文件，场景中有一个喷泉模型，如图13-47所示。

图13-47

02 在"大纲视图"中选择emitter节点，执行"Bifrost>液体"菜单命令，如图13-48所示。选择collider和bifrostLiquid1节点，然后执行"Bifrost>碰撞对象"菜单命令，如图13-49所示。

图13-48　　　　　　　图13-49

03 选择emitter和bifrostLiquid1节点，执行"Bifrost>加速器"菜单命令，如图13-50所示。选择emitter节点，在"属性编辑器"面板中切换到emitterShape选项卡中，在"Bifrost>加速>几何体影响"卷展栏中设置"影响"为3，"方向"为（0，1，0），如图13-51所示。

图13-50　　　　　　　图13-51

04 播放动画，可以看到Bifrost流体向上发射，效果如图13-52所示。

05 选择bifrostLiquid1节点，然后在"属性编辑器"面板中切换到bifrostLiquidContainer1选项卡，接着在"分辨率"卷展栏中设置"主体素大小"为0.1，如图13-53所示。

图13-52　　　　　　　图13-53

06 选择bifrostLiquid1节点，然后执行"Bifrost>终结平面"菜单命令，接着播放动画，效果如图13-54所示。

图13-54

13.4　本章小结

　　Bifrost是Maya 2015加入的新功能，主要用来模拟流体和大型海域。在Maya 2016中对Bifrost修复了一些问题，并增加了新功能。本章主要介绍了使用Bifrost来模拟液体效果，读者可以结合书中的内容制作其他类似效果。

13.5　课后习题：制作水龙头流水效果

场景位置	Scenes>CH13>13-3.mb
实例位置	Examples>CH13>13-3.mb
难易指数	★☆☆☆☆
技术掌握	掌握Bifrost网格的使用方法

　　本例将使用Bifrost网格来制作一个水龙头出水动画，效果如图13-55所示。

图13-55

制作提示

　　第1步：打开场景中的水龙头模型，使用液体功能来制作流水的粒子。

　　第2步：处理好穿透杯子的流水粒子之后，显示流水的模型。

　　第3步：合理调整流水的模型，渲染出较真实的流水效果。

　　步骤如图13-56所示。

图13-56

第14章

综合实例

Maya是一款功能齐全的三维动画制作软件，从建模到渲染都提供了成熟的解决方案。本章主要通过3个案例来练习建模、灯光、材质、渲染和特效等环节的内容。

课堂学习目标

掌握建模的流程

掌握制作材质的流程

掌握渲染的流程

掌握制作特效动画的流程

14.1 综合实例：制作容器和红心

场景位置	无
实例位置	Examples>CH14>4-1.mb
难易指数	★★★☆☆
技术掌握	掌握曲面和多边形的各个命令

本例结合了大量的曲面和多边形命令来制作一个红心容器模型，效果如图14-1所示。

图14-1

14.1.1 创建NURBS曲面模型

01 切换到side（侧）视图，执行"创建>曲线工具>CV曲线工具"菜单命令，并在前视图中绘制一条图14-2所示的曲线。

02 选择曲线，然后执行"曲面>旋转"菜单命令，将上一步绘制的曲线生成曲面，如图14-3所示。

图14-2　　　　　　　　　　　图14-3

14.1.2 转化NURBS曲面模型

01 选择曲面模型，单击"修改>转化>NURBS到多边形"菜单命令后面的■按钮，在打开的"将NURBS转化为多边形选项"对话框中，设置"类型"为"四边形"，"细分方法"为"计数"，"计数"为1800，单击"细分"按钮，如图14-4

所示。效果如图14-5所示。

图14-4　　　　　　　　　　图14-5

02 执行"编辑网格>插入循环边"菜单命令，在容器口的位置插入循环边，然后调整循环边，使容器口变得光滑，如图14-6所示。

03 在容器的底部插入一条循环边，然后调整底部的形状，如图14-7所示。

图14-6　　　　　　　　　　图14-7

14.1.3 编辑网格模型

01 切换到"面"编辑模式，选择图14-8所示的面。执行"编辑网格>挤出"菜单命令，设置"局部平移Z"为0.04，如图14-9所示。

图14-8　　　　　　　　　　图14-9

02 使用"挤出"命令，然后设置"局部平移Z"为0.04，如图14-10所示。

图14-10

03 使用同样的方法制作其他面，如图14-11所示。然后按3键平滑显示，此时容器支撑架的位置就产生了规则的花纹，如图14-12所示。

图14-11　　　　　　　　　图14-12

⑭ 切换到"顶点"编辑模式，选择图14-13所示的点。单击"编辑网格>切角顶点"菜单命令█后面的█按钮，在打开的"切角顶点选项"对话框中设置"宽度"为0.45，单击"切角顶点"按钮，如图14-14所示。效果如图14-15所示。

图14-13

图14-14　　　　　　　　　图14-15

⑮ 切换到"面"编辑模式，选择图14-16所示的面，接着执行"挤出"命令█，设置"局部平移Z"为−0.03，如图14-17所示。

图14-16　　　　　　　　　图14-17

⑯ 使用同样的方法制作杯壁外侧的凹槽，如图14-18和图14-19所示。

图14-18　　　　　　　　　图14-19

⑰ 切换到杯身的"边"编辑模式，然后选择图14-20所示的边，接着执行"编辑网格>倒角"菜单命令█，效果如图14-21所示。

图14-20　　　　　　　　　图14-21

⑱ 选择图14-22所示的循环面，然后执行"编辑网格>挤出"菜单命令█，将这些面挤出一定的厚度，如图14-23所示。

图14-22　　　　　　　　　图14-23

⑲ 执行"编辑网格>插入循环边"菜单命令█，在杯底处添加两条循环边，如图14-24所示。接着选择图14-25所示的循环面，执行"编辑网格>挤出"菜单命令█，将面向内部挤压，如图14-26所示。

图14-24

图14-25　　　　　　　　　图14-26

⑩ 执行"编辑网格>插入循环边"菜单命令█，然后为容器模型卡线，如图14-27所示。

⑪ 执行"创建>多边形基本体>球体"菜单命令█，然后使用"捕捉到点"功能█将球体吸附到杯身上，如图14-28所示。

图14-27　　　　　　　　　图14-28

⑫ 切换到top（顶）视图，将球体的枢轴移至容器的中心，如图14-29所示。打开"特殊复制选项"对话框，设置"旋转"为（0，9，0），"副本数"为40，单击"特殊复制"按钮，如图14-30所示。效果如图14-31所示。

图14-29

图14-30

图14-31

⑬ 使用同样的方法在容器的底部制作出呈环形摆放的小球，效果如图14-32所示。

图14-32

14.1.4　制作红心模型

① 执行"创建>多边形基本体>立方体"菜单命令，创建一个立方体，在"通道盒/层编辑器"面板中设置"细分宽度""高度细分数"和"深度细分数"均为2，如图14-33所示。

图14-33

② 切换到"顶点"编辑模式，调整立方体的形状，如图14-34所示。执行"网格>平滑"菜单命令，对其进行平滑处理，效果如图14-35所示。

图14-34

图14-35

14.1.5　最终调整

① 将红心模型移动到容器里，然后复制出若干个模型，使容器内填满红心模型，如图14-36所示。

② 清除所有模型的构建历史，然后删除曲线，最终效果如图14-37所示。

图14-36

图14-37

14.2　综合实例：制作葡萄

场景位置	Scenes>CH14>14.2>14-2.mb
实例位置	Examples>CH14>14.2>14-2.mb
难易指数	★★★☆☆
技术掌握	掌握misss_fast_simple_maya材质的用法

本例用Mental Ray的misss_fast_simple_maya材质制作葡萄次表面散射材质，效果如图14-38所示。

图14-38

① 打开学习资源中的"Scenes>CH14>14.2>14-2.mb"文件，场景中有一个葡萄模型，如图14-39所示。

图14-39

技巧与提示

注意，次表面散射材质对灯光的位置非常敏感，所以在创建灯光的时候，要多进行调试。一般而言，场景至少需要设置两盏灯光。

02 打开Hypershade窗口，在"创建"面板中选择"mental ray>材质>misss_fast_simple_maya"节点，如图14-40所示。

图14-40

03 在"特性编辑器"面板中，为"漫反射颜色"属性连接学习资源中的"Examples>CH14>14.2>FLAK_02B.jpg"文件，接着设置"漫反射权重"为0.16。展开"次表面散射层"卷展栏，设置"前SSS颜色"为（R:142，G:0，B:47），"前SSS半径"为3，如图14-41所示。

图14-41

04 为misss_fast_simple_maya1节点的"后SSS颜色"属性连接学习资源中的"Examples>CH14>14.2>back07L.jpg"文件，设置file2节点的"颜色平衡"卷展栏下的"颜色增益"为（R:15，G:1，B:43），如图14-42所示。

图14-42

05 选择misss_fast_simple_maya1节点，设置"次表面散射层"卷展栏下的"后SSS权重"为8，"后SSS半径"为2.5，"后SSS深度"为0，如图14-43所示。

图14-43

06 展开"镜面反射层"卷展栏，设置"光泽度"为30，如图14-44所示。为"镜面反射颜色"属性连接学习资源中的"Examples>CH14>14.2>STAN_06B.jpg"文件，展开file3节点的"颜色平衡"卷展栏，设置"颜色增益"为（R:136，G:136，B:136），如图14-45所示。

图14-44

图14-45

07 在"创建"面板中选择"mental ray>旧版>mib_lookup_background"节点，如图14-46所示。选择"摄影机"选项卡，接着选择cameraShape1节点，将mib_lookup_background1节点连接到cameraShape1节点的"环境着色器"属性上，如图14-47所示。

图14-46

图14-47

08 选择mib_lookup_background1节点，在"特性编辑器"面板中，为"纹理"属性连接学习资源中的"Examples>CH14>14.2>aa.jpg"文件，如图14-48所示。

图14-48

09 创建一个Phong材质，为phong1节点的"颜色"属性连接学习资源中的"Examples>CH14>14.2>152G1.jpg"文件，接着选择该file节点，设置"颜色平衡"卷展栏下的"颜色增益"为（R:52，G:74，B:25），如图14-49所示。

图14-49

10 打开"渲染设置"对话框，设置渲染器为mental ray。在"质量"选项卡下展开"采样"卷展栏，设置"总体质量"为1，"照明质量"为2，"间接漫反射(GI)模式"为"最终聚集"，"间接漫反射质量"为2。展开"过滤"卷展栏，设置"过滤器大小"为（2，2），如图14-50所示。

图14-50

11 打开"渲染视图"，执行"渲染>渲染>camera1"命令，如图14-51所示。最终效果如图14-52所示。

图14-51　　　　　　　图14-52

图14-56

14.3　综合实例：制作火球

场景位置	无
实例位置	Examples>CH14>14-3.mb
难易指数	★★★☆☆
技术掌握	掌握真实火焰动画特效的制作方法

相信很多用户都在为不能制作出真实的火焰动画特效而烦恼。针对这个问题，本节就安排一个火球燃烧实例来讲解如何用流体制作火焰动画特效。图14-53所示的是本例的渲染效果。

图14-53

01 新建一个场景，然后执行"流体>3D容器"菜单命令，在视图中创建一个3D容器，如图14-54所示。

图14-54

02 选择容器，按快捷键Ctrl+A打开3D容器的"属性编辑器"面板，接着设置"分辨率"为（70，70，70），"边界X/Y/Z"为"无"，如图14-55所示。展开"内容方法"卷展栏，设置"密度""速度""温度"和"燃料"均为"动态栅格"，如图14-56所示。

图14-55

03 在"属性编辑器"面板中，选择fluidEmitter1选项卡，在"基本发射器属性"卷展栏下设置"发射器类型"为"体积"，如图14-57所示。接着展开"体积发射器属性"卷展栏，设置"体积形状"为"球体"，如图14-58所示。

图14-57　　　　　　　图14-58

04 在"流体属性"卷展栏下设置"流体衰减"为0，在"流体发射湍流"卷展栏下设置"湍流"为10，"湍流速度"为2，"湍流频率"为（2，2，2），如图14-59所示。

图14-59

05 选择fluidShape1选项卡，展开"动力学模拟"卷展栏，设置"阻尼"为0.006，"模拟速率比例"为4，如图14-60所示。展开"内容详细信息>速度"卷展栏，设置"速度比例"为（1，0.5，1），"漩涡"为10，如图14-61所示。

图14-60　　　　　　　　图14-61

06　展开"密度"卷展栏，设置"浮力"为1.6，"消散"为1，如图14-62所示。在"温度"卷展栏下设置"浮力"为5，"消散"为3，"扩散"和"湍流"均为0，如图14-63所示。

图14-62　　　　　　　　图14-63

07　展开"燃料"卷展栏，设置"反应速度"为0.03，如图14-64所示。

08　展开"着色>颜色"卷展栏，设置"选定颜色"为黑色，如图14-65所示。

图14-64　　　　　　　　图14-65

09　展开"白炽度"卷展栏，设置第1个色标的"选定位置"为0.642，"选定颜色"为黑色，接着设置第2个色标的"选定位置"为0.717，"选定颜色"为（R:229，G:51，B:0），设置第3个色标的"选

定位置"为0.913，"选定颜色"为（R:765，G:586，B:230），设置"输入偏移"为0.8，如图14-66所示。

10　展开"不透明度"卷展栏，将曲线调节成图14-67所示的形状。

图14-66　　　　　　　　图14-67

11　展开"着色质量"卷展栏，设置"质量"为5，"渲染插值器"为"平滑"，如图14-68所示。

12　展开"显示"卷展栏，设置"着色显示"为"密度"，"不透明度预览增益"为0.8，如图14-69所示。

图14-68　　　　　　　　图14-69

13　播放动画，最终效果如图14-70所示。

图14-70